シチズンシップと環境

アンドリュー・ドブソン
Andrew Dobson

福士正博・桑田 学 訳

Citizenship and the Environment

日本経済評論社

Citizenship and the Environment was originally published
in English in 2003.
This translation is published by arrangement with
Oxford University Press.

目次

凡例

一 原著においてイタリック体で表記されている箇所は、訳書では傍点を付した。
一 必要に応じて訳注をもうけた。
一 引用文の翻訳に際しては、すでに邦訳のある場合には適宜参照したが、必要に応じて訳文を変更している場合がある。
一 本書の主題である citizenship はしばしば「市民権」と訳されてきたが、ここではシチズンシップとカタカナ表記のまま訳した。これは本書における citizenship が権利ばかりでなく、義務や責任、市民的徳や参加などの意味も含んでいるためである。
一 本書では public sphere を文脈に応じて「公的領域」と「公共圏」とに訳語を使い分けた。

謝辞

本書が取り上げている論題について私は、バーミンガム大学、ダンディー大学、レディング大学、ノッティンガム大学、ロンドンスクール・オブ・エコノミクス、ルレオ工科大学、ヴァレンシア大学、キール大学、オープン・ユニヴァーシティ、サンティアゴ大学、教育・技術開発庁で報告してきましたが、そこで参加者からいただいた御意見に感謝いたします。多くの友人や同僚に私の研究を読んでいただきました。なかでも以下の方々には謝意を表しておきたいと思います。ロバート・バレット、ジョン・バリー、マーク・ブレッド、デレック・ベル、マーガレット・カノバン、ロビン・エッカースレイ、セシル・ファーブル、ジョン・ホートン、ケン・ジョーンズ、ローズマリー・オーケン、ライア・プロコヴィック、エンジェル・リベロ、マイク・サワード、ピーター・ステファンズ、菅波英美、エンジェル・ヴァレンシア、ロブ・ウォーカー、マーセル・ウィッセンバーグ。彼らが行った反論や提案に対応しようとする私の試みについてはお認めいただけるとは思いますが、どなたもそれに十分満足するということはおそらくないと思います。もちろん、何人かの人は、本書の範囲を越えた課題——あるいは少なくとも私が一時的に考察外に置いておいた——を指摘されました。また、オープン・ユニヴァーシティでの初年度を通じて私を支援してくれたフラン・フォード、そして献身的に編集を行ってくれたオックスフォード・プレスのドミニク・バイアットに深く感謝したいと思います。

二〇〇三年一月

オープン・ユニヴァーシティ　ミルトンキーンズ

アンドリュー・ドブソン

序章

イギリスでは欧州連合（EU）指令によって処分場に送られる家庭廃棄物の大幅な減量化が要求されている――現在それらは一四〇〇にのぼる。「EUの処分場指令は、イギリスに、二〇一三年から二〇二〇年までのさらなる減量化も含め、二〇一〇年までに処分場に送られる生分解性自治体廃棄物の減量化を要求している。これらの目標が達成できなかった場合、最高で年間一億八千万ポンドの罰金が課せられることになる」（Strategy Unit 2002 : 9）。指令は、イギリス政府に、廃棄物投棄の習慣を公衆やその諸機関に止めさせる最善の方法を編み出すという厄介な課題を突き付けている。ダウニング街には、そうした問題に対する回答を用意する戦略ユニットが設置され、二〇〇一年一一月、環境・食料及び農村事情省大臣マーガレット・ベケットは、年内に、「戦略ユニット廃棄物調査」の実施を発表した。その提案には、人々の好みが環境とは逆方向に動いている時に、環境に有益な行動をさせるにはどうしたら良いかに関する一般的見解に対して興味深い見方が示されていた。

報告書によれば、家庭廃棄物は年率三％で増加（GDPよりも早く）しており、報告者はその理由を憂慮している（Strategy Unit 2002 : 8）。そこで示された回答は、「企業にとっても、世帯主にとっても、処分場の代わりを求める金銭的インセンティブがない」というものである（Strategy Unit 2002：8）。この前提の確立によって、問題の解決策は明確になり、報告書は予想どおり「世帯主に廃棄物を減らしたり、リサイクルする新しい金銭的インセンティブを設ける地方当局の自由の拡大」を提案している。「現在、世帯主は、どの程度廃棄物を出したか、リサイクルしたかどうかにかかわらず、同額の住民税（Council Tax）を支払っている。このことは、彼らがより持続可能な方法で廃棄物を管理するインセンティブを持っていないことを意味している」（Strategy Unit 2002：13）。二〇〇二年夏に浮上した具体的な提案は、割り当て袋以上の廃棄物を出した人々に、一袋一ポンド（〇・六ユーロ）、あるいは月五ポンド（三ユーロ）の罰金を科すというものであった。

ある観点からすると、ここに理論的欠点はないかもしれない。人々は廃棄物税の支払いを避けたいのであれば、廃棄物の減量化に努めなければならない。その提案は、人々がある利益を目指して行動するか、自分にとって不利益になるようなものは避けようとする「利己的合理的主体」モデルに基づいている。その提案計画に対する批判者はただちに、このモデルには機能不全を招く要因があることを指摘した。その計画の背後にある考えに無関心な人々は、計画の基礎にある行動モデルに抵抗しないだろう。しかしそれでは期待した結果を全くもたらさないことになってしまう。ガーディアン紙の見出しによれば、「大衆は税の支払いより、車にお金をかけ、歩道や、農村あるいは他人の家の裏庭にまでゴミを捨てようとする」（*Guardian*, 12 July 2002）というのである。

しかし、持続可能性に向けて金銭的インセンティブを設けようという者は、それがうまく機能していること、またそれを証明する多くの証拠があると主張している。たとえば、彼らはイギリスの古代都市ダーラムの一部で数カ月間道路通行料が徴収されていたことを例に挙げるだろう。そこでは、市の高台にある広場に乗り入れる車に二ポンド（一・二ユーロ）を課し、一年以内に交通量の五〇％削減が期待されていた。実際、わずか二、三カ月で九〇％が減り、計画立案者の予想をはるかに越える成功を収めることになった。

しかし、その計画が翌日中止されたと仮定してみよう。人々は車のない広場と、車で渋滞した広場との違いを見てきており、何人かの人々は間違いなく、町へ行くのにバスを利用したり、自転車や徒歩を続けようとするかもしれない。しかし、車の通行規制日を設けているイタリアの経験では、車の進入が許されると、人々はエンジンをふかして町まで出かけようとするのである。こうして交通量は二、三週間や二、三カ月以内で元の水準に戻ってしまう。ダーラムでの計画の「成功」は、人々の習慣や活動に表面的印象以上のものを与えることができなかったという失敗も兼ね備えていた。行動変化はこのように、インセンティブもしくはディスインセンティブがあってはじめて継続されるのである――これらのことは、流行や実験が気まぐれにすぎないこと、そしてその時々の政治的風潮の影響を受けざるを得ないということを示している。

この議論のどこにも、以下のようなルドヴィグ・ベックマンが論じていた、見事な代替的アプローチの把握は見られなかった。

消費者主義と個人主義的生活様式の持続可能性が問題にされているという事実は、われわれの社会をどのように再構築するのかという全体的な問題を提起することにほかならない。そのためにどのような新しい経済的、政治的諸制度が必要となるのだろうか。どのような規制やインセンティブが、持続可能な方向に行動様式を転換させるのに必要となるのだろうか。

> しかし、持続可能な行動の問題は、アメとムチの均衡議論に還元できるわけではない。ゴミの分別や、エコロジカルな製品を好む市民は、エコロジカルな価値や目的にコミットしたいという思いから、しばしばこれを行っている。すなわち、市民は、たんに経済的あるいは実践的なインセンティブだけでは、持続可能な方法で行動しようとはしないかもしれない。時に人々は、（罰則や損失の）脅威や（経済的報酬や社会的地位への）欲望とは違う別の理由から善を行おうとする。時に人々は、有徳でありたいという思いから善を行うのである。
>
> (Beckman 2001 : 179)

ベックマンはここで、環境的シチズンシップ、あるいはエコロジカル・シチズンシップの概念を示そうとしている。本書が扱おうとしている主題はまさにこの点にある。金銭的罰則は、ロンドン中心部の渋滞課徴金区域に車が進入するとき、ナンバープレートがカメラに映らないようにする装置を購入する誘惑など、それらを上手くすり抜けようとする試みまで生み出してしまう。消費者は、彼らが負担するインセンティブの基本的原理に思いを寄せ、それを理解したり、関わろうとしたりせず、うわべのシグナルに反応しようとするだけである。他方、エコロジカルな市民は、その理念に関わろうと努め、その行動が正しいと考えて「善を行おうとする」のである。

ある意味で本書は、どのように持続可能な社会を達成するのかという議論への一つの貢献である。

私は、エコロジカル・シチズンシップ（私は第3章で環境的シチズンシップと区別するつもりである）を、この問題への決定済みの回答ではなく、深く掘り下げられていない課題であると見なしている。エコロジカル・シチズンシップは、前述した（ディス）インセンティブの完全な代替案ではない。なぜなら、そのような手段は特に私企業で、持続可能性に向けた政策手段の一部になるのはほぼ間違いないからである。しかし、多くの理由（いくつかは第2章で検討する）から、シチズンシップは近年、明らかに復権してきている。現在、政治的スペクトラムを越えた政治プロジェクトを明らかにするために、シチズンシップを用いることは当然のこととなっており、そのためシチズンシップにともなう複雑な概念領域にこれらのプロジェクトを位置づける知的努力がかなり行われてきている。これに対して、環境政治学のテーマとシチズンシップのテーマを関連づける体系的な試みは行われてこなかった（この点は、第3章で議論する）。シチズンシップが現代に再び登場してきて以来、環境政治学が公共圏の再活性化、政治参加、諸個人が政治的差異を生み出し得る感覚など、シチズンシップに関わる諸問題と慣習的に結びつけられてきたことを考えるならば、これは驚くべきことである。

しかし、他方、政治的―エコロジー的プロジェクトのいくつかの論点はシチズンシップの言説領域の外に置かれてしまっているように見える。環境問題は決して国民国家という範囲に限定されたものではない。しかしシチズンシップはしばしば国民国家の範囲でしか考えられてこなかった。シチズンシップという言葉は国境を越えることができないのであろうか。言い換えれば、環境政治学における「シチズンシップの空間」とはどのようなものなのだろうか。この点でコスモポリタン・

シチズンシップは何らかの手助けとなるのだろうか。同様に、われわれは権利と義務の点からシチズンシップを考えてきたために、権利はますます義務を忠実に履行することによって「獲得されるもの」と見なされるようになっている（たとえば「ワークフェア」計画）。しかし、エコロジカルな市民が負うと考えられるいくつかの義務は、互恵性という言葉では不適切にしか表現出来ないように思われる（環境破壊に対して全員に等しい責任があるというのではない）。このことは、環境政治がシチズンシップの点から議論したり、実行することができないということを意味しているのだろうか。繰り返し言うならば、シチズンシップはほとんどいつも公的領域に属するものと見なされているが、しかし環境政治とは日常生活の政治であり、公的空間と同時に私的空間も含んだものである。結果的に、シチズンシップは環境主義者が旅行で使うには不具合な乗り物でしかないのだろうか。庭で堆肥を作ることとは、シチズンシップに基づいた行為であるのだろうか、そうではないのだろうか。

以上簡単な叙述からも、政治的エコロジストがシチズンシップの言説領域を十分に取り込むことができていないことがわかるだろう。したがって、本書の最初の二章は、シチズンシップの現代的文脈の諸側面を議論すること（第1章）、そしてそうした現代的文脈が求める、支配的な自由主義的シチズンシップ形態でも、市民共和主義的シチズンシップ形態でも表現することのできない、ポストコスモポリタンと呼ばれるシチズンシップの一類型を発展させること（第2章）にあてられている。それが持つ環境的意味にかかわらず、私はこれら二つの章がシチズンシップに関する現代的議論に寄与しうるものであると考えている。

第3章では、エコロジカル・シチズンシップがポストコスモポリタン・シチズンシップの特定の具体化や解釈として展開されており、そこで私は環境的シチズンシップとエコロジカル・シチズンシップの相違を描こうと努めた。私は、この二つを政治的代替物とは見なしていないが、しかし知的関心は後者にある。両者は共に、持続可能な社会に向けて進む鍵である。本書はもっぱら所謂先進的で、広義の自由民主主義社会における環境的シチズンシップやエコロジカル・シチズンシップを対象としており、続く第4章において、そうした社会でエコロジカル・シチズンシップを具体化する場合のイデオロギー上の難点を論じている。私がここで取り上げている問題は、自由主義国家の「価値中立性」が持続可能性の理念と実践の発展にとって不適切であるということ、つまり「善き生」がどのように営まれるべきかに関する「包括的教義」と矛盾してしまうという点である。私はこの議論に対して次のような二つの決まりきった回答をするつもりはない。第一の回答は、自由主義国家は実際には価値中立的ではないのだから、なぜ非中立性の持続可能性解釈を支持してはならないのだろうか、というものである。第二の回答は、持続可能性が価値の問題などではなく、科学の問題であり、ひとたび持続可能性の道がどこにあるのかが科学的に決定されてしまえば、自由主義国家にはその道の採択に関わる問題など全くないであろう、というものである。私の対案は、自由主義国家の中立性に対して「内在的批判」を提起することであり、価値中立性に従うことの中に、少なくとも持続可能性に関して、いわゆる「強い」持続可能性への傾斜と支持（おそらく、反直感的に）が含まれていることを明らかにすることである。

どのようなシチズンシップ言説の場合でも、結果的に市民の出自の問題に直面することになる。

この点はとくにエコロジー的文脈においてあまり探究されてこなかった問題である。第5章では、シチズンシップ教育という、この問題に対する一つの回答例を示そうとしている。私が提示するのは、イギリスの経験にそくした事例研究である。事例として取り上げることは、シチズンシップ教育がイギリスの中学校（または高校）で法的要件になったばかりであり（二〇〇二年八月）、シラバスがほとんどゼロの状態から作成されてきたことを考えると、適切ではないかと考えている。私は、このシラバスが、第3章で描かれる、エコロジカル・シチズンシップを教える機会を提供するのかどうか、また第4章の議論を受けて、このことが自由主義国家の公立学校で効率的に行われるかどうかを検討している。私は広義の意味で楽観的な結論に達しているが（少なくともこの特定の文脈において）、イギリス政府が教師に提供しているトロイの木馬〔訳注1〕（Trojan Horse）には、違いを際立たせるような取り組みが行われ、正しい方向を目指すという説明が添えられていることにも配慮しておきたい。

政府は、シチズンシップ授業が民主主義の質の改善につながると期待している——少なくとも、投票場という代議制民主主義の最初の基礎へ、多くの人々が足を運ぶと期待されている。私は、エコロジカル・シチズンシップを、持続可能な諸結果を生み出す民主主義的機会の改善と考えている。過去数年間、多くの緑の政治理論は、持続可能性が要求する変革を人々が自発的に生み出さそうとしていないため、必然的にある程度の権威主義を伴わざるをえないのではないかという非難に対応して、民主主義と持続可能性との関係を探究してきた。この議論に関わった多くの論者は、民主的手続きが持続可能な諸結果に帰結する最善の機会を提供するものとして、「討議民主主義」に議論を収斂させてきた。討議民主主義が意思決定過程における人々の選好を記録するばかりでなく、それらの選好が論争と議論の結果修正される可能性も伴っているからである。言い換えれば、ひとたびエコロジカルな地点が作られれば、民主主義の理念は、人々が、どのようにそれが良いのか、またどのようにして持続可能な思考様式や行動様式にたどり着くのかを考えることになる。ただし、せいぜいのところ、陪審員はエコロジカルな地点の外にしかいない。この問題に関して多くの仕事を行ってきたグラハム・スミスは、「討議の制度化が、自由民主主義の緑化、とくに環境的に啓蒙された市民性の出現につながる決定的証拠を求めているとするならば、われわれは失望せざるをえないであろう。その証拠は暗示的なものにしかすぎない」と書いている（Smith 2004）。

二〇〇〇年末、コーロッパは高い石油価格（車、トラック、ローリーのガソリン）に対する抗議で揺れ、イギリスでは石油精製所のピケや相当大きな民衆の抗議行動によって増税案を政府が撤回する騒ぎになった。バリー・ホールデンは、政府が環境に配慮してガソリン価格の引き上げを要求することが出来なかったと述べ、「このことは環境の主張が常に成功を収めてきたわけではないこと、しかし、ガソリン価格の引き上げが行われたならば、そうなったかもしれないということを示している」とコメントしている（Holden 2002 : 76）。もちろん、総選挙の期間中、環境に積極的に関わることを声高に表明してきたにもかかわらず、政府がガソリン価格の引き上げを行えなかったことは驚くべきことである。しかしいずれにせよ、環境の視点を議論に入れることだけで成功を収めたの「かもしれない」という当てつけはある。もちろんどこにも保証があるわけではないが、民主主義が現場レベルの環境関心を高めることで持続可能性に向けた多少の進展につながる可能性はある。人々は民主的過程の「原料」であり、彼らが考え、行動することは、過程の結果に違いを生むということである——われわれがそれを信じないというのであれば、その時どうして民主的手続きを真先に支持することになるのだろうか。私の見解によれば、エコロジカルな市民は、余分のゴミ袋に一ポンド、一ユーロ、一ドル、あるいは一〇〇円を課される消費者よりも、民主主義を持続可能性要求にさらに対応させようと仕向けるであろう。そうやって、一つずつ持続可能性の道案内が立てられていくのであり、私はエコロジカル・シチズンシップをそうした道案内の重要な追加物とみなしているのである。

第1章
ポストコスモポリタニズムへ向けて

コスモポリタニズムとグローバル化はエコロジカル・シチズンシップに関する私の考えの中心的な役割を果たしているが、それらは対立した言葉であるため、それらをどのように理解するかを明らかにすることが重要である。さらに、それらについて一般的に引用されている理解がエコロジカル・シチズンシップ概念の発展にとって不適切であることを前提とするならば、色々な定義の中かららたんに選び取るのではなく、むしろそれらの再構築が必要になる。そこで本章では、グローバル化とコスモポリタニズム双方に関する特定の理解を批判し、その上で私が考えるグローバル化の非対称的理解がコスモポリタニズムの「対話的」かつ「分配的」形態双方の批判につながっていくことを示すことにする。この批判はさらに、シチズンシップという明示的文脈において、第2章の議論につながるポストコスモポリタニズムを生み出すことになる。

われわれが拒絶すべきグローバル化観は、ポストウエストファリア的グローバル化世界における諸国家の相互依存性（interdependence）や相関性（interconnectedness）の観点から述べられているものである。「相互依存性」という言葉は、グローバル化した世界を突き進む諸国家の微妙な因果的均衡を指している。そこでは諸国家が可能なかぎり利益を目指して「交渉」するものの、その交渉はどの国家も多かれ少なかれ他の国家の互恵的な影響から切り離されていないという認識で支えられている。「相互依存性」は微妙に成立する均衡を全く意味していない、したがってそれは一つの関係を指しているにすぎないと反論する者もいるであろう。例えば主人・奴隷関係が「相互依存性」の一つであると言うならば、そのような譲歩は結局、不平等という関係の特徴を完全に見落としてしまうことになる。

グローバル化と「相関性」

グローバル化について最近の考えをまとめた成果の中で、デヴィット・ヘルドは、グローバル化が四つの特徴を持っていることを論じている。

第一にそれは、政治的フロンティア、地域、大陸を越えた社会的、政治的、経済的諸活動の広がりである……。第二に、グローバル化は、貿易、投資、金融、文化などの成長するネットワークや移動の大きさによって特徴づけられるものである。第三に、グローバル化は、輸送やコミュニケーションの世界システムの発展が観念や財、情報、資本、そして人々の普及速度を増加させるにつれ、グローバルな相互作用やプロセスの加速化と結びつけられうる。また第四に、遠くで起きた出来事がかなり重大な影響を持ち、地域的発展でさえ重大なグローバルな結果を持つようになるなど、グローバルな相互作用やプロセスの影響の深化である。こうした特定の意味で、国内問題とグローバルな事件との境界は曖昧になってきている。要するに、グローバル化は世界的規模の相関性の影響の拡大、凝縮、加速、成長と考えられる。

（Held 2002 : 60–1）

この簡潔な文章が、これまでヘルドがグローバル化について書いてきたことがらすべてを反映したものではないことを強調しておきたい。そのため以下のことがらは、ヘルドを全体として批判したというより、この叙述が伝えようとしている意図を述べたものと受け止めていただきたい。ただしここで用いられている言葉は、グローバル化を描写する際に広く用いられているものであること、しかも現在の政治議論を支配しているグローバル化の「相互依存性」観を正しく捉え、表現し、再生産しているという理由で、関心が払われているものである。ヘルドが明らかにしている三つの特徴を一つずつ取り上げてみよう。

まずヘルドは、諸活動を行う際境界線と以前から考えられてきた政治的、社会的、地理的空間形態にまたがる活動の「広がり」について述べている。この広がりという言葉は、とくに帝国時代の社会史や経済史の不変的特徴であったという反論を別にするならば、表面積がすべてにわたって同率に拡大する風船の膨張を思い起こさせる。グローバル化の一つの特徴をこうしたやり方で表現する欠点については、対案を考えるときに明らかにしたい。

第二にヘルドは、「貿易、投資、金融、文化などの成長するネットワークや移動の大きさ」について述べている。繰り返し言うならば、「ネットワーク」や「移動」という言葉は、完全に特殊化された政治的想像物を表現しており、そこではあらゆる種類の政治的主体（それらの間にはいかなる区別もない）は、最初の特徴として指摘された無差別な「広がり」を持って財、貨幣、人々が「移動」する相互につながった格子上の交点にしかすぎなくなっている。そこであらためてネットワークや移動について要点だけを考えてみたい。

第三にヘルドは、観察者から遠いところで起こる出来事がその距離に反比例して相当の影響を持つというように、空間の崩壊を伴うグローバル化についても述べている。「国内」と「グローバル」との境界は「曖昧」になっており、（空間の崩壊と、他の二つの特徴についてヘルドが述べた）あらゆることが、「世界的規模の相関性」というように、グローバル化を支配する比喩で表現されている。

「相関性」批判

こうしたグローバル化の描写に欠けているものは、そこで機能している非対称性（asymmetry）である。「政治共同体は重なり合う力、過程、運動の複雑な構造の中でからめ取られ、覆い隠されている」とヘルドは書いている（Held 2002 : 61）。複雑性を誇張すること、とくに重なり合いを誇張することは安易である。ヘルドの見解とインドの環境主義者ヴァンダナ・シヴァのそれを比較してみよう。

支配的言説において「グローバル」とは、特定の支配的地域がグローバルなコントロールを求め、自らを地域的、国家的、国際的制約から解放する政治空間を意味している。グローバルとは普遍的な人間の利益を示すものでなく、権力の範囲をグローバルに拡大してきたある特定の地域的、局地的利益を表すものでしかない。G７という七つの超大国がグローバルな事態を方向づけている、しかしそれらを導いている利益は狭く、地域的かつ局地的なままとどまっている。（Shiva 1998 : 231）

ヘルドが国内問題とグローバルな問題との境界線が曖昧になっていることについて述べていることを想起しておこう。シヴァの主張の核心は、この曖昧化に関係するすべての人が同じようにそれを経験するわけではないということにある。ヘルドは、「遠くで起きた出来事がかなり重大な影響を持ち、地域的発展でさえ重大なグローバルな結果を持つようになる」と述べている。これに対するシヴァの決定的な修正点は、グローバル化する可能性を持った国あるいは他の諸機関による「地域的発展」だけがグローバルな諸結果をもたらすということである。彼女は次のように述べている。

「グローバル」という概念は、こうした歪んだ共通の未来観を育んでいる。グローバルな環境の構造は北の選択肢を増大させる一方、南の選択肢を狭めている。そのグローバルな勢力範囲を通じて、北は南の中に存在するが、南はそうした勢力範囲を持たないために、それ自体の中でしか存在しない。このように、北はグローバルに存在しうる一方、南は地域的にしか存在することができないのである。

(Shiva 1998 : 233)

この見方からすれば、グローバル化は、その果実が不平等に分配されるばかりか、「グローバルである」可能性もまた不均衡であるという非対称的プロセスに他ならない。それは、ヘルドの立場とシヴァの修正点との不一致ではなく、追加よりむしろ非対称性から始めることが、その後の政治的解決策に相当の違いをもたらすということである。この点は章が進むにつれて明らかになるはずであるが、ヘルドの解釈に対するシヴァの考え方の影響をもう少し詳しく明らかにしておこう。

第一に、「広がり」というメタファーでは、彼の言う社会的、政治的、経済的諸活動が、ある一つの方向でしか境界線を越えていないという点を適切につかまえることができない。「アメリカがくしゃみすれば、世界の残りは風邪をひく」という場合、バングラデシュがアメリカと寸分違わずウイルス性肺炎にかかってしまうことはこれまで以上に真実なのである。シヴァが言うように、南はただ地域的に存在するだけであり、グローバル化の進行は、一般的に強大な国からそうではない国へ向かうだけである。

第二に、ヘルドのように「ネットワーク」や「フロー」の点から「貿易、投資、金融、文化」の動きを描くことは、主人と奴隷との関係を「相互依存性」で描くことが誤っているのと同じ誤りを犯す結果となる。グローバルな交渉条件が歪められた一例として、世界貿易機関（以下ＷＴＯ）の機能について考えてみよう。ＷＴＯは、合意によって機関決定が行われることを楯に、歪曲性の存在を否定している。ＷＴＯによれば、交渉において最も弱い立場の当事者でさえ、拒否権を効果的に行使することによって合意に反対することができるので、単純な多数決システムよりはるかに公平であるという。しかし現実は違う。合意による意思決定は、すべての参加者が同等の力を持っている場合にかぎって、ＷＴＯが考えるような機能を持つのである。しかしＷＴＯ自身が認めているように、「すべての国が同じ交渉力を持っているわけではない」。ある政府が妥結を拒否した場合でも、「その国は見返りになにがしかを受け取ることができるので、同意して欲しいと説得させられる」とＷＴＯはひそかに言葉をつなげている。ここで問題となっている中心的なことがらは、非対称的なグローバル化世界では、すでに望んでいるものをほとんど持っているような国に対しては何を提供しうるのか、たとえば、アメリカが他のすべての国との協力を拒否した場合、現在のアメリカに何を提供できるのか、ということである。結局その答えは何もない。非常に強大な国は、交渉とか、パートナーシップを考える必要などない。要するに、「貿易、投資、金融」の多角的「フロー」ネットワークの「交点」であるかのようにＷＴＯを描くことは、われわれが現実に抱いているというより、そうありたいと願っている特徴からグローバル化について話しているにすぎないのである。

　ヘルドにとってグローバル化の第三の特徴は、「観念、財、情報、資本、そして人間の、普及速度の増加」である。ここでヘルドは、こうした普及の多くが一方向にだけ向かっていることを指摘し忘れている（勿論、さまざまな方向に向かうという意味の「普及」は、その現象を述べる言葉としては不適切である）。たとえば、人々の移動を取り上げてみよう。（物理的にも実質的にも）移動手段が以前より迅速かつ「手軽」になるにつれ、ある者にとって空間はほとんど消え去っている。他の者にとって空間は、（厚く、物質的で、制約的に）自らを囲い込んでしまうものである。前者は「普及」であるが、後者はただ「拒否」するだけのものである――しばしば拒否さえされないものであるが。グローバル化の下での「人民問題」に関するジグムント・バウマンの見解は、ヘルドの見解よりも正鵠を得ている。

> 他のよく知られたすべての社会と同様に、ポストモダン消費社会は階層化された社会である。しかし、成員の階層化によって、領域ごとに、ある社会を別のそれと区別することは可能である。消費社会において「高い地位」と「低い地位」とが区画される次元は、どこにいたいのかを選択する自由といった移動の程度にある。（Bauman 1998 : 86）

バウマンのグローバル化では、第一世界と第二世界が存在しており、その住民は望んだときに空間を移動する能力によって区別されている。

> 第一世界の住民、すなわちますますグローバルなビジネスマン、グローバルな文化管理者、あるいはグローバルな学者といったコスモポリタン的治外法権世界の住民にとって、国境が世界

の商品、資本、金融のために解体されるにつれ、その意味は低下してきている。第二世界の住民にとって、入国管理、居住法、「きれいな通り」や「ゼロ寛容」政策はますます高い障壁となって立ちはだかり、一度橋を渡っただけで、すべての橋が跳ね上げ橋であるとわかるなど、希望の土地や夢にまで見た償還地から隔てる濠はますます深くなっている。第一世界の人々は思いのまま旅行し、そこから多くの楽しみを享受し（特にファーストクラスの旅行や自家用飛行機を利用して）、旅行するよう駆り立てられ、賄賂を渡され、笑顔と手招きで歓迎されている。第二世界の人々は、闇に隠れ、しばしば不法に、時にはある人がビジネスクラスで贅沢三昧をしている以上のお金を沈没寸前の船に支払い、到着したとたん不運にも逮捕され、即座に送還されるといった旅行をしている。

(Bauman 1998 : 89)

これは、「観念や財、情報、資本、人間」の「普及」ではなく、侵出であり、そのほとんどが一方通行である。例えばボリウッド[訳注2]の例から、他の方向に動いているように見える偶然の現象でさえ、バウマンが指摘する第一世界の政治的、文化的空間の点で表現されていることがわかる。

移動者を定住者と切り離しているのは、非常に深い濠と、非常に高い障壁である。こうした障壁が堅固にそびえていることに慣らされてしまっているために、われわれはそれが破壊された時、驚愕せざるをえなくなるのである。このことは二〇〇一年九月のニューヨークのツインタワーへの攻撃に関する永遠に続く真実の一つであり、サイモン・アーミテージの詩「ツインの収斂」の最終行では次のように描かれている。

Ⅵ
白みかけた朝
我々の脳裏の陰で
二つの飛行進路に、飛行機雲が、
曲線思考のように、弧を描く

Ⅶ
回想の中
オフィス街めがけて飛来する旅客機の数奇な運命

Ⅷ
夜明けには程遠い
名声を博したタワーが
瓦解していく

Ⅸ
ある力は依然として流れ、存在するが、
まっさかさまに動き、衝突進路へ自動操縦される

Ⅹ
時と空間は収縮し、遠くにあるものも、
一瞬のうちに世界は縮まり

XI

その間、地と天が接触、融合される前に、
カメラは栄光の瞬間を収めた
（Armitage 2002, Faber and Faber Ltd.）

一〇連目にある時と空間の収縮は第一世界にとって決まりきったことであるが、ドラマのように第一世界を観察することは、今日ではあまりない経験である。この観察は、旅行は一つの方向だけで認められているという、グローバル化第一法則を不当に歪めたものである。

ヘルドのグローバル化に関する考えの最後の特徴は、「グローバルな相互作用やプロセスの深い影響」が「遠くで起きた出来事の影響がかなり重大で、ほとんどの地域的発展が重大なグローバルな結果を持つようになる」という考えにある。私はすでにこれに対してシヴァの回答を指摘しておいたし、私にとってそれこそが正しい答えである。彼女の議論は、いくつかの国々は地域的であると同時に、グローバルでありえるのに対して、ほとんどの国々は地域的でしかないというものである。「グローバルな勢力範囲を通じて、北は南に存在するが、南はそうした勢力範囲を持たないために、それ自体の中でしか存在しない。このように、北はグローバルに存在しうる一方、南は地域的にしか存在し得ないのである」（Shiva 1998：233）。バウマンはこうした響きをうまく伝えようとしている。

ビジネスや金融、貿易、情報の移動が地球的範囲で出現するのに加えて、「地域化する」という空間固定的なプロセスも機能している。これらの間で、二つの密接な、相互に結び付いたプロセスが、人口全体の存在条件と多様な人口の各部分の存在条件とを鋭く分断している。ある人にとってグローバル化と思われるものは他の人にとって地域化を意味している。ある人にとって、新しい自由を示すものは、他の多くの人にとって招かれざる、残酷な運命として襲い掛かってくる……そうした新しい状況の根本的帰結は不平等である。完全にそして真の意味で「グローバル」となる者もいる。ある者は「地域」に縛り付けられる。地域に縛り付けられるとは、「グローバル」が通奏となり、人生ゲームのルールを決めてしまうような世界にあって、けっして愉快なものでも、耐えうるものでもない、苦痛状態なのではないのか。

（Bauman 1998 : 2）

偶然でしかないが、環境政治は非対称的なグローバル化の性質のすぐれた事例（とりわけ地球温暖化の姿で）となっている。「地域の言葉をグローバルな文法に変化させる」媒体や現象の理想的構造についてしばらく考えてみよう。もちろん、地域的な「観点」がなければならないが、しかし明らかにこの地域の観点はグローバルな影響の中へ持ち込まれなければならなくなっている。言い換えれば、地域は「グローバル化しうる」ものでなければならない。理想的にいえば、地域の視点を地域で活かすことは、それらがいつも同時発生的に（あるいはポストモダン的な慣用表現では「いつも、すでに（always already）」）グローバル化行為となるというように、直接的かつ恒常的にグローバルな影響を及ぼしているはずである。そうした厳しい基準に適う媒体や現象はあり得るのだろうか。もちろんある。環境が媒体であり、地球温暖化は現象である。説明しよう。

二〇〇一年一一月、気候変動に関する京都議定書について重要な交渉がマラケシュで行われた。議定書の目的が地球温暖化の明らかな原因である六つのガスの排出削減にあることは、今では共通認識となっている。マラケシュでの議論の結果は、環境運動の要求や、そしてもちろん二〇一二年までに一九九〇年を基準に温室効果ガス排出の六〇%削減を求める気候変動に関する政府間パネルの要求さえ満たせなかった。京都議定書が完全に支持されたとしても、たった五・二%の削減にしかならないし、二〇九四年から二一〇〇年に生ずることが予想されている温暖化を遅らせるものでしかない――わずか六年の猶予である。一九九七年の京都から長い道を歩み始めた、三九カ国によるかなり不安定な合意であるにもかかわらず、二〇〇一年のマラケシュでは三八カ国だけしか合意しなかった。撤退国はアメリカ合衆国であった。世界人口のわずか五%のアメリカが、世界の温室効果ガスの四分の一を排出しており、一人当たりで見ると、中国の一一倍、インドの二〇倍以上、モザンビークの三〇〇倍以上であるという事実にもかかわらず、アメリカは、京都議定書が途上国を免除し、アメリカが求める最高の経済的利益に反しているため、「不公平」であると主張している。

京都議定書から撤退したのは、ブッシュ政権が、最初の大統領選挙キャンペーン中、多くの石油、石炭、ガス、公益会社による約五千万ドルもの寄付に対して返礼をしたからだと一般的に論じられている。こうしたつながりや供与が、京都議定書の交渉からアメリカが撤退したことにつながっているのは間違いない。しかし、このことはまた、地球上の他の地域にいる人々に「いつも、すでに」影響を与えずにはいられない生活様式を表わしている。京都議定書を拒否するにあたって、ジョージ・ブッシュは「人口が増大しているのだから、われわれの部屋の冷暖房用に多くのエネルギーを費やしたり、車を運転するために多くのガソリンを必要としている」と述べた（Bush 2001）。ブッシュはこれが真実の声だと言いたいようであるが、むしろそれは生活様式の背景を説明したものでしかない。「家を暖める」（服の重ね着よりも）、「家を涼しくする」（窓を開けるよりも）、「ガソリンをもっと」（燃料消費を減らすよりも）、「車を運転する」（回数を少なくしたり、他の方法を探すよりも）。要するに、こうした地域的背景は地球温暖化につながる直接的で、グローバルな影響を持っているのである。私はこう述べることでアメリカを悪魔にたとえるつもりはない。むしろこのようなことが非対称的なグローバル化が機能する一例であり、そのプロセスは無数に日々繰り返されているものであるにもかかわらず、グローバル化能力を持つどの主体にも明確にされていないものである。

要するに、われわれがネットワーク、プロセス、相互依存性といった、魅力的で、無差別な性格という点からグローバル化を考えようとする限り、対立的で、階層化され、不平等な性格を持つ特徴を、われわれの現象理解の中心にしっかり位置づけるということはできなくなる。念頭に置いておかなければならない中心的なことがらは、「グローバルなレベルにおける富の分配の分極化、国際的な所得不平等の進行、世界中の、そして先進国、途上国双方のほとんどの国々における貧困や困窮の実質的拡大」である（Castells 2001：352）。より詳しく見てみよう。

山口和雄先生のこと

由井常彦

山口和雄先生は、私の恩師である。

私が東京大学の経済学部を卒業し、大学院に入学した昭和三〇年、山口和雄先生が北海道大学から転じてこられた。土屋喬雄先生の後任であった。

同時に山口先生は、昭和七年に土屋先生の日本経済史演習の第一回卒業生であり、私も学部で土屋演習に学んだので、兄弟弟子の関係でもあった。山口先生が長男で、私が末子にあたり、その間土屋演習出身者の次男、三男が、加藤俊彦（東大）、田代正夫（法大）、安藤良雄（東大）らの諸教授で、安藤先生は、山口先生のことは「長男なので土屋先生も遠慮するところがある」、私のことは「末っ子で可愛がられている」といつも評しておられた。

そういう関係で山口先生に師事したときは、先生は五〇才で、金融史はじめ研究が円熟していた時期であったが、その良心的で克明な実証的研究態度ばかりでなく、いつも穏やかで微笑をたやさない人柄に魅せられた。土屋先生は文字どおり日本経済史の大家で、著書『日本経済史概要』は戦前以来数十版を重ね、当時ほとんどの大学の教科書とされるほど高名であったが、「江戸っ子」を自称するとおり、生《き》一本で短気なところがあった。大学の教員は、誰しも気むずかしいのが通弊であるが（もちろん私を含めて）、山口先生には微塵も気むずかしさがなく、どこまでも思いやりに富んでおられた。十年ごとに職場をかえた（東大→アチック・ミュージアム→北大→東大→明大）経歴からも、世間的な物事にも通じておられた。

東大に来られて間もなく、土屋先生の監修の「商工政策史」編纂の仕事で

評論 No.158
2006. 12

日本経済評論社

二、三年間、山口先生とご一緒に、私も参加させていただいたことがあった。当時通産省の予算が乏しく、この事業は容易に進捗しなかった。担当官の役人的な態度、官僚的な進行管理などもあって、土屋先生はときどき立腹し、担当官の前で、「僕は帰る」とどなるように言って、机の上を片づけ、席を立とうとされた。どうなることかとハラハラしていると、山口先生が間にたたれて、「まあまあ、そうおっしゃらず」と必ずとりなされた。こういう場合が何度かあり山口先生の行動で、事態が治まることが多かった。

今になって顧みると私は、四十年間にわたって山口先生のご指導にあずかったが、ついぞ先生の怒った顔を見たことがなかった。時たま先生の気にさわることがあっても、先生はいつもうつむいて自分で気の静まるのを待つという風で、感情的にならなかった。私はそういう先生の側でそれを見習おうともした。

学問については精力的で、物事には沈静な山口先生に、多くの若い学究が集まったことは当然のことであった。東大を退官し、明治大学に移られてからも、杉山和雄（成蹊大）、林玲子（流通経済大）、石井寛治（東大）、田付茉莉子（青山学院大）、高村直助（東大）、西村はつ（法大）らの数多くの門下生が山口先生の金融史の研究会に参加し、日本経済史、経営史研究の大きな山脈が出来上がった。そうした研究会は、先生の他界する前まで続いた。こうしたことは、他にその例を知らない。

これらの門下生（といっても現在はどなたも権威者だが）は、山口先生の学風ばかりでなく、お人柄にも惹かれていた。毎年正月早々には、きまって三鷹のお宅に集まって、先生を囲んで半日を過ごすのが慣例になっていた。私も時々ご一緒したことがあるが、先生と奥様の笑顔をとりまくなごやかな雰囲気は、云うに云われない師弟の信頼と敬愛にみちたものであった。この年初のつどいは、先生が他界される二年前まで、先生の数え年九〇歳の正月まで続いた、と思う。

先生の学問にたいする情熱は、他界される直前まで衰えることがなかった。このことに触れないわけにはいかない。最後に入院される二、三日前の晩に私は、奥様にはご迷惑なことを承知で、「三井事業史」の最終巻のゲラ刷りを持って先生のお宅にうかがった。先生は同書の監修者として、その完成を心待ちにしていたからである。やはりその時先生は立ち上がることも大儀なほど衰弱しておられたが、いったん原稿を手にすると、みるまに顔に生気がみなぎり、すでに内容を読むことは出来なかったままでも、頁をくっては「良かった、良かった。ついに出来上がった」と喜ばれた。私は枕頭であるにもかかわらず涙が出るのをおさえられなかった。

山口先生は、身近な人々の不幸や困難をみすごされず、必ず手をさしのべられた。私自身、先生によって助けられた経験が一度ならず思い出される。門下生は、先生が困難や苦しみに直面していたとき、先生のように手をさしのべていただろうか、と思い返される。山口先生は、学問研究はじめ私の人生にとって、この上ない恩師であった。

［ゆい つねひこ／日本経営史研究所］

山口和雄先生と日本経済評論社

小社の誰かが山口先生と、どう出会ったのか、古い話で思い出せない。ただ明治大学の今はない大学院の白い建物の何階かの研究室を訪ねたのが昭和五二年の秋頃だったと記憶する。その頃の私は販売人だったので、販売のことで訪ねたのだろうか。山口先生にそんなドロくさいことで面会に行くはずがない。たぶん、と断らなければならないが、小社で翌年に実を結ぶ「商品流通史」に関する何かだったのだろう。正式には編集部の谷口と先々代の社長が対応していたのだが、山口先生の監修で『近代日本商品流通史資料』と名づけられた全一五巻、総頁一万三五〇〇頁の資料集の編集委員会が発足したのはこの頃であった。

由井先生のお話の中にも出てくるが、この資料集の編集委員は次のような方々である。

石井寛治、伊牟田敏充、田付茉莉子、杉山和雄、西村はつ、林玲子という、皆さんそれぞれの道で一家を成された人ばかりである。皆、青年を少し出たばかりの働きざかりであった。

資料を集めることにかけては徹底した山口先生であったので、港湾統計や府県統計書のたった一枚がなくても、九州や大阪の所蔵館を訪ねなければならなかった。学者は交通費のことなど心配してはいけない。入社したばかりの谷口は、国会図書館に入りびたった。

お陰でこの資料集はよく売れ（売り歩いたのは私）、やがて完売した。完売の報告に山口先生のお宅を訪ねた。美味なお茶をごちそうになったことは、奥様の笑顔とともに忘れない。（K）

「男」をふりかえる ―『男性史』全三巻の刊行に寄せて―

阿部　恒久

江戸時代、怖いものの一つに「親父」があった。親父のイメージも時代とともに変わり、戦後の小市民的な近代家族では、優しい「パパ」像が広がる。今日では家庭での居場所を見失う父親も少なくない。男性学は、男であることを辞めよ、と説く。こんなふうに思っただけで、いかに男が時代によってつくらてきたかがわかる。しかし、天野正子氏は、「ジェンダー化された存在」（多賀太氏の言）として男性が可視化されるようになったのは一九八〇年代以降のことという。

男性性・男らしさは、イメージだけではなく、社会関係における男の存在の仕方、生き方という実体としても捉えられなければならない。それは法や制度によってつくられる面が大きい。それをつくったのも男たちではある。なぜ、そんなものをつくるのか。簡単にいえば、国家を含む社会関係の必要性から、ということになろう。したがって、社会関係と関連づけながら、男のあり方を考えることが大切となる。

こんな思いのもと、このほど日本経済評論社から、大日方純夫・天野正子氏と私が編者となって『男性史』全三巻を刊行した。明治維新から現代までの通史的な日本男性史を意図したもので、本邦初の企画である。第一巻は明治維新から第一次世界大戦前後まで、第二巻はそれから一九四五年の敗戦まで、第三巻は戦後から現在まで、と大きく分けた。総勢二一名を数える執筆者と論題を紹介しよう（敬称略）。

第一巻は、阿部恒久（総論：男性の近世と近代。近代化と男性労働者像）、荒川章二（兵士と教師と生徒）、早川紀代（文明化のなかの男性・女性、家族・家庭）、鶴見太郎（男性像を記録したひとびと―「追想」としての民間伝承）、岡田洋司（男の青春）、大谷正（戦場の男性―西南戦争と日清戦争）、黒川みどり（男性の自己変革への模索）。

第二巻は、大日方純夫（総論：つくられた「男」の軌跡。地域社会のなかの男たち―日記から読む）、沢山美果子（「近代家族」における男―夫として、父として）、須崎慎一（男たちのファシズム―右翼・ファシズム運動と男性）、荒川章二（兵士たちの男性史―軍隊社会の男性性）、笠原十九司（戦場の男たち―性と性暴力）、高岡裕之（戦争と「体力」―戦時厚生行政と青年男子）、安田常雄（戦時期メディアに描かれた「男性像」）、外村大（「日本内地」在住朝鮮人男性の家族形成）。第三巻は、天野正子（総論：「男であること」の戦後史―サラリーマン・企業社会・家族。男性フェミニストのフェミニズム「前史」）、海妻径子・細谷実（セクシャルなホモソーシャリティの夢と挫折―戦後大衆社会、天皇制、三島由紀夫）、木村涼子（戦後つくられる「男」のイメージ―戦争映画にみる男性性の回復の道程）、麦倉哲（男らしさとホームレス）、多賀太（つくられる男のライフサイクル）、藤村正之（若者世代の「男らしさ」とその未来）。

第一・二巻は歴史学畑の研究者、第三巻は社会学畑の研究者が執筆している。第一・二巻の執筆者に限っていえば、女性史・ジェンダー史の研究者は何人かはいるが、男性史の専門家はいない。このような事情であるから、執筆者によって、アプローチや叙述の仕方、見解に違いが見られるし、「通史的」とはいいながら、取り上げることができなかった問題も多い。近現代日本男性史の最初の立ち上げであるので、多様な考え、方法を示し、今後の研究の発展を促すことができればよいと、私は考えている。

論題を一瞥しただけで、第一・二巻では「兵士」としての男性がいかにつくられたか、その特徴は何か、といったことが大きなテーマになっていることがわかる。とくに第二巻は兵士・戦争がらみのものが多い。そうしたなかで、第二巻の総論で大日方氏が「モダン・ボーイの軌跡―雑誌『新青年』に見る」を立項、叙述し、この期の男性像をフォローしていることを付け加えておきたい。他方、第三巻は、高度経済成長を支えた「サラリーマン」としての男性が基軸的な分析対象になっていることがうかがえよう。最後の藤村論文は、二〇〇〇年代になり、若い女性が求める男性像は、かつての「三高」から「三低」（低姿勢・低リスク・低依存）に変わったとする。私はここで「三低」を初めて知った。江戸時代のカミナリ親父像もここまで変わるかと思うと、感慨深いものである。

［あべ つねひさ／共立女子大学教授］

阿部恒久・大日方純夫・天野正子編

男性史 全3巻 各二五〇〇円

① 男たちの近代
② モダニズムから総力戦へ
③ 「男らしさ」の現代史

内村鑑三・新渡戸稲造と南原繁・矢内原忠雄

江端公典

内村鑑三（一八六一〜一九三〇）と新渡戸稲造（一八六二〜一九三三）は、札幌農学校の第二期生として、一八七七年から四年間の学生生活を共に過ごした。学業でずば抜けた能力を示し、首席を通したのは内村である。ところが、あまりにも鋭い内村の頭脳に恐れをなしたのか、卒業を前に、教授達からは、学究として母校に残らないかという声はかからなかった。学業成績において内村の後塵を拝していた、温厚な人柄の宮部金吾には声がかかった。

一方、新渡戸は卒業後、官費生の約束に従い、開拓使御用掛となったが、二年後、東京大学に入学し、英文学、理財、統計などを修めた。翌一八八四年に中途退学して、私費で米国に留学し、経済学、史学等を三年間修めた。その在学中、一八八七年三月、札幌農学校助教授に任ぜられ、さらに一八八七年一〇月からドイツに留学を命ぜられ農政学等を修め、一八九一年二月に帰国し、翌三月母校の教授となった。

内村は内心では母校に残って学究の道に進みたいと思っていたようであり、自分に声がかかることを期待していたと思われる。運とか廻り合わせということもあろうが、こういう人事について終生口にしたことはなかったが、コンプレックスを持ち続けていたようだと、長男の内村祐之は語っている。

内村は卒業後開拓使御用掛となったが在任中進路に迷いを生じ、上京して一時農商務省の官吏にもなったが、この時結婚に破れ、傷心を癒すために、一八八四年一一月、経済的目処もなく、急遽渡米することになる。やがて新島襄の強い勧めで牧師になるため、一八八五年九月アマスト大学に入学し、さらにハートフォード神学校に進むが、そこで教えられる「神学」の内容に不満を抱き、また職業的聖職者になることに疑問を感じたこともあって、不眠症になり、中途退学して帰国しなければならなくなった。

帰国後の彼には、恵まれた地位や名誉は一切与えられなかった。ことに第一高等中学校（後の第一高等学校）の嘱託教員だった一八九一年一月に、学内の教育勅語奉読式で宸署のある教育勅語に拝礼を拒んだ、いわゆる「不敬事件」が起こり、彼は体制のそとに完全に放逐されるに至るのである。この時、新渡戸は七年にわたる欧米留学から帰国し、母校の教授となった。

　不敬事件後の内村は中等教育の教師をしたり、文筆で辛うじて生活を支えながら、次第に論壇に認められ、声望を得るに至ったが、一八九七年に『万朝報』社に迎えられるまでの生活は苦悩に満ちたものであった。その後、日露戦争の際に「非戦論」を唱えて朝報社を退社のやむなきに至り、以後無教会主義キリスト教の伝道に精力を傾注していくことになる。この伝道事業は大きな成功を収めたが、そこに至るまでの彼の生活をかえりみるとき、新渡戸の生活とはあまりにも大きな隔たりがあった。新渡戸は、京都大学教授、一高校長、東京大学教授を経て、一九二〇年には国際連盟事務次長となった。農学博士、法学博士であり、ドイツのハレ大学の哲学博士でもあった彼は、政治家としても国際的名声を博した。

　この新渡戸が一高校長のとき、その周辺に集まった読書会グループの学生の中から、キリスト教についても学びたいという声が起こったとき、新渡戸は自身クエーカー教徒ではあったが、信仰について学ぶなら「内村の許へ行け」といった。内村の聖書研究会は門戸閉鎖主義であり、スペースの都合で少数に限られていた。やがて、会場のスペースが広くなったとき、新メンバーを容れることになった。この時、入門を許された人の中に、戦後相次いで東京大学の総長になった南原繁と矢内原忠雄がいた。それは、一九一一年一〇月一日のことであり、大正デモクラシーの時代が明け初める少し前であった。こうして、彼らは「内村鑑三を父とし、新渡戸稲造を母として育った」。そのような恵まれた精神的雰囲気のなかで育った人々が、内村鑑三や新渡戸稲造の死後、つまり満州事変以降の国家的動乱の中をいかに生きたか、そして戦後にどのような活動をしたか。私は近著『内村鑑三とその系譜』において、それを書くことを試みたわけである。

［えばたきみのり／ロバアト・オウエン協会・会員］

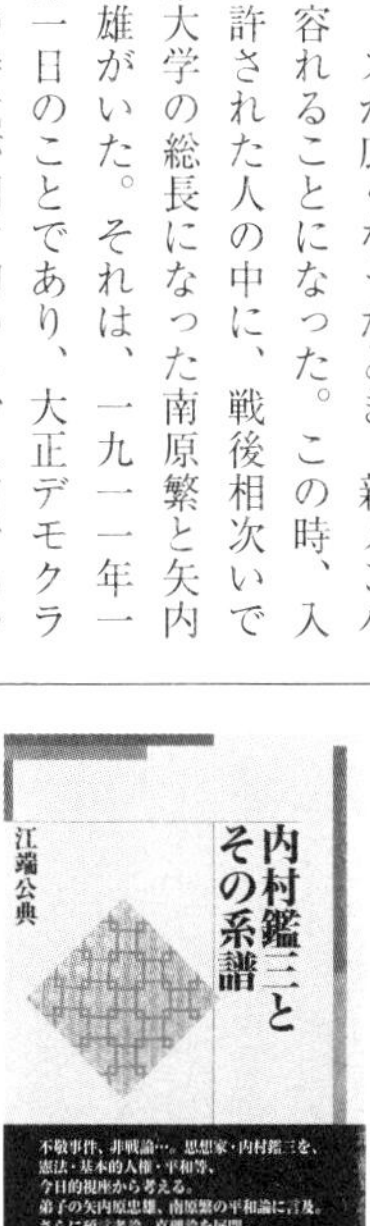

江端公典著

装幀：渡辺美知子

四六判　271頁　2,000円

転変する東京都心
——再編と再生のダイナミズム

山田　ちづ子

　バブル絶頂期の一九九〇年代初め、世界各国の巨大都市問題への対処方策を検討する「メガシティ・プロジェクト」に参画した。その折知り合ったロンドンで働くイギリス人のHさんと、前世紀末の一九九九年に東京で面談する機会があった。Hさんは一九九一年に初来日した時、「モンスターのようにとてつもなく巨大な東京」に仰天したが、その後、来日を重ねるたびに「東京がどんどんシュリンクしていくのを体感した」と、感慨深そうに語っていた。まさしく東京の「失われた一〇年」である。

　折しもこの時期、私は、首都圏の都市構造や東京の将来像を追究する調査に携わる中で、意外な事実を「発見」した。国勢調査のデータで、一九九五年時点で東京都心三区のオフィスワーカー数が減少に転じたことだ。これはおそらく戦後初めてであろう。しかもオフィスワーカー密度の最も高い都心三区においてのみ見られる事象だった。「第一発見者」の私は、これは一体何を意味するのかについて自問を続けた。

　私が想到したひとつの仮説は、世紀末に東京都心部で起きたオフィスワーカー数の減少は、バブルの崩壊に起因する一過性の現象ではなく、「東京プロブレム」の元凶として指弾されてきた業務集積の東京一極集中構造が、まさに時代を画する潮目の変化に遭遇しているシグナルなのではないか、ということである。二〇〇〇年には、オフィスワーカー減は都心区から周辺区へとさながら〝将棋倒し〟のようになだれ打って伝播し、都区部全体、さらには東京都全体へと減少エリアが広がった。これが、二〇世紀から二一世紀への分水嶺に立った東京の一断面だ。企業の立地変動、産業構造、就業構造の変化、就業環境の激変などの複合的な相互作用がその背景にある。

　都心部では「都市再生」の掛け声のもと、大規模複合再開発の槌音が随所で途切れることなく鳴り響いている。最新鋭オフィスビルや超高層マンション等の新規供給による吸引力とオフィス賃料やマンション価格の割安感が相俟って、相対的に利便性・効率性・快適性が高い都心が、生活者からも企業からも競って選び取られている。東京は、再開発プロジェクトがひしめく都心部へと凝集する収斂運動を起こしている。東京都心は、都市構造転変の坩堝だ。

人口動態に目を転じると、東京都区部では一九九七年に三四年ぶりに転入超過に転じた後、ほぼ一貫して転入超過幅の増勢が続いている。二〇〇五年には前年に比べ一挙四割増の約七万人に達している。しかし、転入と転出をにらみ合わせながら一九九〇年と二〇〇五年を比べると、転入者の増加率は意外にも僅か一％強に過ぎないのに対し、転出者はマイナス三〇％の激減だ。世上いわゆる人口の「都心回帰」は、最適居住選択の結果としての都区部内での転居者と滞留者の増加によって支えられているといえよう。

地元関係者との意見調整で超高層化案を見直す
東京・銀座松坂屋

オフィスワーカーの「空洞化」は、このように近年「人口の都心回帰」が顕著な都区部において、再開発ラッシュに沸く都心エリアで出現しているのだ。

ここ一～二年、東京の地価の反転傾向が鮮明になってきた。都心部では用地取得が困難になり、分譲マンションの売り控えといった事態が発生していると聞く。東京のオフィスも、ここに来て空室率が極めて低くなり、都心の新オフィスの賃料は一部で急騰しているようだ。東京は急激に盛り返し、再び高揚感が漲ろうとしているかに見える。片や、「いざなぎ」に並ぶ戦後最長の景気回復プロセスで「格差」論議が白熱化している。

東京は、少子・高齢化の不可逆性を増幅し格差を副産しつつ、空洞化と再集中のせめぎ合いの中で、日々自己刷新している。東京は、アンビバレンスを内包しながら、またしても膨張するのか。東京に住まい働き学ぶあらゆる人々にとって「美しい」都市へと熟成するのであろうか。都心再編の方向舵を絶えず再点検する、透徹した洞察眼が、今求められている。

［やまだ ちづこ／(財)日本住宅総合センター］

〈日本文化映画批判〉に向けて②

ルータとはおれのことかとローサ云ひ

藤井仁子

昭和十年代の日本の言論界でかくも「文化映画」が問題化された要因として、英国のドキュメンタリー映画運動を、前回触れたグリアソンらとともに主導したポール・ローサの著作 *Documentary Film*（一九三五年）が、「ポール・ルータ」の『文化映画論』として、一九三八年に京都の第一芸文社から翻訳出版されたことが挙げられます。

映画理論書としては当時異例の売り上げを記録し、黎明期にあった日本の記録映画界に絶大な影響力をふるったこの著作は、翻訳者・厚木たかから『文化映画論』という表題を与えられたことにより、その後の「文化映画」の言説を規定する役割も果たすことになりますが（同書は戦後、『ドキュメンタリィ映画』と改題されて、今も未來社のカタログに残っています）、この著作の受容には、広義の「翻訳」の問題だけでなく、より深刻な問題がつきまとっていました。「あるがままの民衆の生活を創造的に、社会的関連において解釈するための映画媒体の使用法について」と副題されたこの著作は、英国におけるドキュメンタリー運動の実践と密接に結びついていたにもかかわらず、日本ではこの時期まで、英国製のドキュメンタリー映画は一本も輸入されていなかったからです。これにより、批評がその対象に先行するという奇妙な「倒錯」が、その後の「文化映画」の言説を特徴づけることになるのですが、この著作の趣旨そのものも、当時的確に理解されていたとは到底思えません。

実践と不可分な理論書として、著者ローサの意図は序文において明白に述べられています。

> この新しい著書は全体として、映画の老練家に呼びかけたものでもないし、映画をたゞ単に一つの芸術として観ている人を目ざしたものでもない。その狙いは、映画製作上の一定の方法が――それを我々は〝ドキュメンタリー〞と呼んで来た――政治的不安と社会的崩壊のこの瞬間に当って、或る目

的を遂行するために建設されつゝある・その社会的経済的基礎の、何ものかを伝えることにある（一五頁、以下引用は第一芸文社版による。旧字は新字に改めた）。

つまりこの書は、トーキー化に伴う映画産業のカルテル化と、総力戦体制への移行に伴う映画統制の強化にともに抗うため、独立系の作り手たちが、いかにして独自の「経済的基礎」を確保するかという点に問題意識を置いていたのです。そのことは、「仮りに映画が社会進歩のための現代の闘争に一勢力として我々の期待を満し、社会の経済的・道徳的更生に対して大衆の自覚を喚起する道具であろうとするならば、製作上、利殖を目的とするものとは全く異った経済的基礎を発見しなければならない」（四八―四九頁）という一節からもあきらかです。

にもかかわらず、日本において文化映画の「経済的基礎」を実際に保証したものは、前回述べたように、三九年施行の映画法にほかなりませんでした。日本の文化映画は、逆説的にも、国家権力による映画統制の強化から最大の恩恵を受けていたのです（四〇年以降、認定文化映画は強制的に興行に組みこまれるようになります）。日本においての「ルータ」の理論は、その最大の賭金を骨抜きにするかたちで受容されたのでした。

ときに「改良主義的」と評されるローサの著作は、暴力革命に挫折して文化闘争に転じた当時の左翼知識人のあり方を典型的に示しています。そのことは、第三版に寄せた序文でグリアソンが、ドキュメンタリー映画のことを「社会民主主義が生み出した最初で唯一の真正な芸術形式」と誇らしげに回想しているとおりです。日本においてもそうしたあり方じたいに変わりはなく、文化映画界が左翼映画人の「避難所」として機能したことは確かですが、右の事情をふまえるとき、「文化映画」に権力への何某かの抵抗を読みとって評価するという態度は、あまりにナイーヴなものだといわざるをえません。とりわけ歴史的な事実として、「文化映画」が何ら実効性のある抵抗を時の体制に対して打ち出しえなかったことを知る現代のわれわれからすれば、なおさらでしょう。「文化映画」の言説においては、そこで何が語られているかよりも、何が語り損なわれているかのほうが重要らしいということが、ここから類推されるのです。

［ふじい じんし／早稲田大学他非常勤講師］

『竹内好セレクション』全Ⅱ巻　刊行記念公開シンポジウム

可能性としての竹内好

日　時　二〇〇六年一二月五日（火曜日）
　　午後六時スタート（午後五時半開場）
場　所　明治大学駿河台キャンパス
　　百周年記念大学会館八階会議室

登壇者　溝口雄三氏（東京大学名誉教授）
　　池上善彦氏（『現代思想』編集長）
　　孫歌氏（中国社会科学院研究員、同書解説者）
　　松永正義氏（一橋大学教授、同書解説者）
リプライ　丸川哲史氏（明治大学助教授、同書編者）
　　鈴木将久氏（明治大学助教授、同書編者）
司　会　米谷匡史氏（東京外国語大学助教授）
主　催　明治大学軍縮平和研究所
後　援　日本経済評論社
＊参加費無料・直接会場へお越しください

竹内好著／丸川哲史・鈴木将久編
『竹内好セレクション』
四六判上製本・各定価二〇〇〇円
Ⅰ　日本への／からのまなざし（解説・孫歌）
Ⅱ　アジアへの／からのまなざし（解説・松永正義）

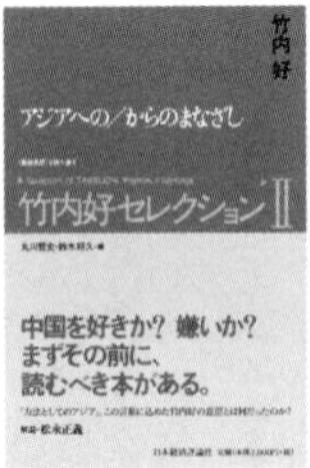

ともに装幀・間村俊一

同時代史学会研究大会

同時代史としての憲法

日時　二〇〇六年一二月三日（日曜日）
　　午前九時半開場、一〇時開会
場所　早稲田大学、小野記念講堂

午前の部　国際的文脈のなかの日本国憲法
報告　戦後日米関係と日本国憲法
　　吉次公介氏（沖縄国際大学）
　戦後東アジアの変動と憲法
　　平井一臣氏（鹿児島大学）
コメント　古川純氏（専修大学）
司会　中野聡氏（一橋大学）

午後の部　憲法・歴史・社会空間
報告　憲法第九条と終わらない『戦後』
　　植村秀樹氏（流通経済大学）
　社会政策論と憲法原理
　　兵頭淳史氏（専修大学）
　憲法と家族・婚姻・ジェンダー
　　豊田真穂氏（関西大学）
コメント　杉田敦氏（法政大学）・古関彰一氏（獨協大学）
司会　雨宮昭一氏（獨協大学）

シンポジウム

中国のナショナリズム・日本のナショナリズム

——曹石堂氏の回想録をめぐって

日　時　二〇〇六年一二月八日（金）午後四時三〇分〜七時三〇分
会　場　立教大学池袋キャンパス　太刀川記念館三階・多目的ホール
内　容　曹石堂と立教大学　老川慶喜氏（立教大学）
曹石堂の生きた時代　容　和平氏（山西大学）
「祖国」は兵隊太郎をどう迎えたか　内田知行氏（大東文化大学）
二つのナショナリズム　雨宮昭一氏（獨協大学）
討論者　曹石堂氏、雨宮昭一氏、内田知行氏、容和平氏、老川慶喜氏／総合司会　須永徳武氏
問い合わせ先　立教大学社会科学系事務室経済学部分室　電話・〇三―三九八五―二三二七
（入場無料、事前申込不要）

＊日中戦争の激戦地で彷徨う中国人孤児が日本軍鉄道部隊に拾われて日本に渡り、「兵隊太郎」と呼ばれました。戦後、彼は立教大学経済学部に入学するも、新中国の建設に役立ちたいと帰国します。しかし、今度は階級闘争とナショナリズムに翻弄され、犯罪者から大学教授へと数奇な運命を辿りました。この曹石堂氏の回想録（『祖国よ、わたしを疑うな』）を通じて、戦後の中国と日本を考えます。

装幀・小林真理

曹石堂『**祖国よ、わたしを疑うな**——政治犯から大学教授となった「兵隊太郎」の戦後』
四六判　三一八頁　一八〇〇円

『日中韓ナショナリズムの同時代史』

同時代史学会編　四六判　二四〇頁　二八〇〇円

主な内容

第I部　日中韓ナショナリズムの相剋
日本の視点　ナショナリズムの歪みをどのように克服するか　保阪正康
韓国の視点　過去清算のナショナリズム　玄　武岩
中国の視点　「国恥」と観光　高　媛
コメント　米原　謙／司会から　豊下楢彦

第II部　戦時・戦後の日本とアジア
戦時期の「大東亜経済建設」構想　安達宏昭
アジア主義の逆説　権　容奭
コメント　伊藤正直

第III部
戦後日本のナショナリズムをめぐる諸問題
原爆被害と戦後日本のナショナリズム　川口悠子
対日講和条約直後における戦犯釈放問題　佐治暁人

神保町の窓から

▼牛島光恵・石井喜久枝編『上州の風に吹かれて――〝気丈〟学校3年C組』（二〇〇六年五月）という本が一《いっ》茎《けい》書房から出版されている。この本に寄稿した人は一九六〇（昭和三五）年に群馬県伊勢崎女子高校を卒業した人たちである。伊勢崎は銘仙の産地として全国に有名な土地柄で、戦後間もなく隣町で起こった、知る人ぞ知る「本庄事件」もこの銘仙の取引にからんで惹起したものだった。かかあ天下と赤城山と言えば、群馬の別名である。赤城山は、関東平野を両腕に抱え、どっしりと胡座をかく。かかあたちは気丈に桑を摘み、機を織る。そういう所だ。一九一五年、「地元の子女に教育を」と開校され、その校訓は「清明・和順・気丈」である。時代は流れ、校名も二〇〇五年に伊勢崎清明高等学校となり、遅ればせながら男女共学となった。校訓は「自立・叡智・共生」と変えられたが、校歌のなかにはそっと和順や気丈が読み込まれている。「気丈」を校訓にして九〇年もつづいた学校は珍しいだろう。

この本は、五十年前の女学生たちの同級回想録的な本でもあるが、そのキッカケは、このクラスの担任であった後藤先生が亡くなり、私たちはあの学校で何を学んだのだろうか、あの教室は何だったのかと、先生を思い出しながら話し合ってみようか、ということから始まったらしい。後藤先生は斉藤喜博（教育学者）と出会ってから、それまでは並の先生だったがそれが突然変異し、「ちょっと、ちょっと、何よ」みたいに急に授業熱心になったという。「自分を卑下しないこと、捨てないこと、根を張ること」「いつも、いつの時も世相に関心をもち、新聞を、せめて大きな見出しだけでもよいから見るように」と教えてくれたようだ。

それにしてもこの学校は、すごい。学校行事のなかで講演のために呼ばれた人、清水幾太郎、芥川也寸志、安部公房、無着成恭、岡本太郎、望月衛……こんな人たちを呼んでくる田舎の女学校があったんだな。町場の娘らしい生徒の、映画鑑賞記録にも驚く。『雨の花笠』（中村錦之助）、『明日は明日の風が吹く』（石原裕次郎）、『無法松の一生』（三船敏郎）、『裸の太陽』（江原慎二郎）、『嵐を呼ぶ太陽』（川地民雄）、『俺は挑戦する』（小林旭）、『ああ江田島』（菅原謙二）、『二等兵物語』（伴淳三郎）と並ぶ。毎週というほど映画館に行っている。赤城颪《おろし》に吹かれながら、哲学者たちの話を聞き、夜は『無法松』を観る。〝気丈〟な女の子たちである。

この本は単なる想い出集ではない。戦後民主主義が根付きはじめた頃の、ひとつの「資料」となるだろう。「希望」が書きとめられているのだ。教育行政はゴリ押ししてくる、子どもたちの悩みは解決のめどもなく佇んでいる。こんな今とは違う日々があったのだ。ここに集められた一話一話は、あの時代を生きた多くの人々が経験しているはずだ。本にしなくていい。せめて近所の子どもや、孫たちに聞かせてやってほしい。生きている限り生きるんだと。やたらに売れる本ではないだろうが、大切な本の一冊に加えたい。一莖書房の快事を讃えます。

▼小社で刊行し、間もなく完結するシリーズ『経済思想』のあれこれについて、編集委員の一人、千葉経済大学の鈴木信雄先生から、一晩講釈を享けた。このシリーズは全一一巻で執筆者は八〇人を越す。鈴木先生をつき動かしたものは何だったのか。深刻な顔つきで先生は話し始めた。「現在の経済学は、景気が好転しているのに、相変わらず生活が楽にならないと嘆いている庶民の口封じの手助けをしている」「月給が上がらないのはあたりまえだ、とそれを正当化する経済学はあっても、この不満を表現する人間一人ひとりのための経済学がない」と。而して経済学は「管理の学」「支配の学」に堕した、と手厳しい。現在をこのように理解し、激しい不満を持っていたのだが、先生自身、どうやってこの胸の内をぶちまけてやろうか、と考えていた。

先生は学者だ。やはり文筆によって発言するのがいい。「どうだ、天秤の片方を担がないか」こう耳打ちされたわが編集部は「諾」と返答したわけだ。あっという間だった。先生は巻だてを考え、それぞれの巻に責任編集者を充て、執筆陣を固めた。シリーズのポイントは三つある。ひとつ、現在の経済学にノンを突きつける。ふたつ、一七世紀から二〇世紀にかけて経済学の歴史を形成してきた、経済学者の思想的課題とそれを支えた理論を現代にどう生かすかを考える。みっつ、他者を守るために体を張って時代と対決した日本の経済学者の業績を明らかにする、非西欧圏の経済学を考察すること、である。鈴木先生はこの辺になると急に早口になり、力がこもってきた。経済学は支配や統治のためでなく、貧者・弱者・表現する力を持たない者を守るためになければならない、さらに、丸暗記や数学的手法で考えても、経済学が負っている学問的使命や歴史的課題は理解したことにはならない、と言い切った。この話の大要は、出版梓会発行の『出版ダイジェスト』に二頁見開きで掲載された。（吟）

新刊案内

価格は税別

菜園家族物語—子どもに伝える未来への夢

小貫雅男・伊藤恵子　「拡大経済」社会から、いかに脱して、「土」を守り、育くみ、いのち輝く「週休五日制」の農的生活を実現するか。子どもたちに伝えたい未来の夢を、今から語りはじめよう。

A5判　二八〇〇円

装幀・奥定泰之

役員ネットワークから見た企業相関図

菊地浩之　格差社会はこうして再生産される！　何の繋がりもないような会社同士にも、「役員ネットワーク」という目に見えない繋がりがあった。

四六判　二〇〇〇円

農協に明日はあるか

先﨑千尋　生きるために必要な「食」と「環境」を担う農協。地域社会から頼りにされ、なくてはならない農業・農協をめざして現役理事が様々な問題提起と解決方法を模索する。

四六判　一九〇〇円

祖国よ、わたしを疑うな

—政治犯から大学教授となった「兵隊太郎」の戦後

曹石堂　中国奥地の寒村で日本軍に拾われた十歳の孤児が、戦後日本で教育を受け、母国再建のため中国に帰国。しかし国家は彼を逮捕する！

四六判　一八〇〇円

〈国際公共政策叢書〉
都市政策（第13巻）
竹内佐和子　四六判　二〇〇〇円

〈アメリカの財政と福祉国家〉
アメリカの福祉改革（第9巻）
根岸毅宏　A5判　三四〇〇円

階層化する労働と生活
本間照光・白井邦彦・松尾孝一・加藤光一・石畑良太郎　A5判　四八〇〇円

バーナードの組織論と方法
丸山祐一　A5判　四八〇〇円

新自由主義と戦後資本主義
権上康男編著　A5判　五七〇〇円

マルサスと同時代人たち
飯田裕康・出雲雅志・柳田芳伸編著　A5判　二八〇〇円

リカードの経済理論
福田進治　A5判　四五〇〇円

内村鑑三とその系譜
江端公典　四六判　二〇〇〇円

生糸直輸出奨励法の研究・補論
富澤一弘　A5判　三五〇〇円

経済地理学年報　Vol.52 No.3
経済地理学会編　A5判　二五〇〇円

評論　第158号 2006年12月1日発行
〒101-0051 東京都千代田区神田神保町3-2
E-mail:nikkeihy@js7.so-net.ne.jp
http://www.nikkeihyo.co.jp
発行所　日本経済評論社
電話 03(3230)1661
FAX 03(3265)2993
〔送料80円〕

グローバルな観点からみれば、過去三〇年間、増大する不平等と富の分配の分極化が進行していた。国連開発計画一九九六年人間開発報告によれば、一九九三年に途上国に人口の八〇%が住んでいたにもかかわらず、二三〇億米ドルに及ぶ世界GDPのうち僅か五〇億ドルだけが途上国からのものであった。世界の二〇%を占める最貧層は、グローバルな所得の分け前を、過去三〇年間に、二・三%から一・四%へと減少させてしまった。その一方、二〇%の最富裕層のそれは七〇%から八五%へ上昇した。これは最富裕層と最貧層との分配比率が三〇対一から六一対一に二倍に開いたことを意味している。(Castells 2001 : 351)

こうした実態は、ヘルドがグローバルについて述べる際に用いた「共有とか交渉」という言葉(「政治権力は地域からグローバルまで多くのレベルで、多様な勢力や主体の間で共有され、交渉される」(Held 2002 : 62))が不適切である十分な理由となっている。あらためてヘルドが、カステルズのデータを批判する理由がないこと、その場合データが示唆している非対称性や不平等性と、本章で取り上げているグローバル化のダイナミクスについてヘルド自身が強調していることがらとの間の認識上の不協和音を探究する理由が私にはないことを強調しておきたい。この文脈からすると、グローバル化過程の徴候であり、称賛すべき側面と考えられている「多国間共同行動」の一例として京都会議を選んだことはヘルドにとって不幸なことであり、さらにグローバル化について彼が強調していることがらに欠陥があることを示している(Held 2002 : 62)。今でこそわれわれは、温室効果ガス排出に関する京都合意からの撤退をアメリカが単独で決定したことが、多国間交渉の合意よりも、地球の気候にとってはるかに重大であったことを知っている。この意味でグローバル化は、地域的な慣習をグローバルな枠組みに転換しようとする者、またそれを行うことのできる者が飛びつく機会なのである。

これまで述べてきたように、グローバル化の「相関性」や「相互依存性」観とグローバルシステムの非対称的理解が完全に整合しているという考えには問題があろう。この解釈では、相関性は、「国際的な」という表現が「グローバルな」に置き換えられただけだと受け止められてしまい、この考えがひとたび確立されてしまえば、様々な主体間の権力格差は言葉遊びにしかすぎず、相対的な意味でしか非対称性は現れないことになってしまう。なるほど、このような考えは、権力が多かれ少なかれ完全に不在となっている相互依存性概念に終始した、非常に素朴なグローバル化プロセスの描写とは大きく違っている。もちろん、デヴィット・ヘルドは、こうした素朴な見解を支持しているわけではない。しかし私は、権力が「付け足し」でしかない見解と、権力が描写の本質になっている見解との間に依然として違いがあると考えている。私が「グローバル化と『相関性』」の節で始めたようなグローバル化の記述を、シヴァやバウマンの研究の中に見つけるのは非常に困難だろう。そして、この点にこそ両者の違いがあるのである。なぜなら、グローバル化を本質的に非対称なものと見ることは、それに伴う政治的義務の性格や方向性をより明確にするからである。グローバル化を相関性観点から見るコスモポリタニズムにとって、第一の徳はしばしば「平等で開かれた対話」である。物質主義的非対称性の観点からすれば、第一の徳は「より正義を」ということになる。繰り返して言うならば、グローバル化の相互依存性描写では、互恵性という言葉は重みを増してくるが、これとは対照的に、グローバル化を進めている国や主体がある一方で、グローバル化されるだけの国や主体もあるというシヴァの考えでは、後者より前者の方に、大きな義務が課せられなければならないことになる。私は本章の結論に向けてさらにこの点を述べ、次章でも取り上げることにしたい。

もちろんグローバル化は、現実に明確な形で現れている非対称性に対する抵抗機会と言うこともできる。実際、既存の説明の中にも、そして私の議論でも出てくる抵抗形態は「コスモポリタニズム」の名で進められているものである。コスモポリタニズムは、複雑な、対立した用語である。ここでそのことについて包括的に説明するつもりはない（たとえば、Cheah and Robbins 1998 ; Linklater 1998a ; Jones 1999 ; Breckenridge *et al.* 2002 など）。コスモポリタニズムには、「対話的」コスモポリタニズムと「分配的」コスモポリタニズムという、二つのタイプがある。私は、対話と同時に正義に焦点がしっかりと当てられているという点で、後者の意図に共感しており、ここに国家を越えたシチズンシップの力強い観念を発展させる鍵があると考えている。しかしその欠点は、再分配原則を提示するにあたって、われわれが行為の根拠を必要としていることを忘れてしまっていることにある。（対話的コスモポリタニズムと共有している）そうした「薄い」紐帯の説明では、政治的に人を動かす理由にはなりえない。国家を越えた行動志向型シチズンシップ概念を発展させようとするならば、この点は特に重要である。そこで私は、分配的コスモポリタニズムと、これまで述べてきたグローバル化の非対称的理解の双方に基づいて、ポストコスモポリタニズムの中心にある義務の理論を描くことにしたい。

対話的コスモポリタニズム批判——対話より正義を

ヘルドにとって、「現在のコスモポリタニズムは、まず何よりも人間共同体への帰属という古典的構想が最も重要であることを明らかにした上で、次にあらゆる信念、関係、活動が、自由な相互行為や非強制的合意、そして公正な判断を認めているかどうかをテストするカント的構想を明確に説明、提示するものと考えられている」(Held 2002：64)。この種のコスモポリタニズムに対する私の一般的反論は、ここを出発点にしてはいけないという命令形態をとっている。まさに相互依存のグローバル化が間違った描写の前提から始まっているように、こうしたコスモポリタニズムは間違った共同体形態(「人間共同体」)や、間違った手続き(「不偏性」)、間違った政治目的(より多くの対話と民主主義)を見通したものでしかない。われわれはその代わりに、「グローバル化」の行為(すなわちグローバルな影響を持つ地域的行為)が生み出す特定の義務の共同体——または「義務空間」——に焦点を当てなければならない。われわれは、これらが第一に、不正義の共同体であり、第二に、強制された対話の共同体でしかないこと、したがってその改革はより徹底した民主主義であると同時により徹底した正義であること、しかも偏性(partiality)が正義を効果的に行う上で決定的に重要であることを認識しなければならない。私は以下でこれらすべてについて明らかにしたい。

まず対話的コスモポリタニズムにおける政治的共同体の性質を取り上げてみよう。この種のコスモポリタニズムの展望を熱狂的に支持しているアンドリュー・リンクレーターは、「集合、分散、結合、分裂する社会的紐帯」に関心があると述べている（Linklater 1998a：2）。彼は、「国民国家の発生とともに、ある帰属意識が選り分けられ、現代政治生活の中心に位置づけられるようになった。共有した国民的帰属意識は市民を理想的な政治的共同体に結び付ける決定的に重要な社会的紐帯であると考えられた」（Linklater 1998a：179）と指摘した上で、「政治的共同体」と国家との必然的つながりに異議を申し立てようとしている。すなわち、「部外者の利益に対する配慮はある時期に強くなり、別の時期には弱くなる。それゆえ、国境の道徳的意義に異議を唱えるコスモポリタン的倫理は重要である」（Linklater 1998a：2）。なお、後で重要になってくるため、行論の中で「政治的」から「道徳的」へと転換が行われていることに注目しておかなければならない（道徳共同体と政治共同体を混同することはコスモポリタニズムの誤りである）。しかし他方、国家を越えた政治共同体を模索するリンクレーターの判断については、われわれは同じ立場をとっている。

リンクレーターは、国家を越えた二種類の社会的紐帯をわれわれに提示している。人々を結びつける第一の絆は、「開かれた対話へのコミットメント」であると彼は述べている。すなわち、「彼ら（社会成員）を統一する紐帯は、その多くを、原初的な愛情感覚と同じ位、開かれた対話への倫理的関与に帰される」（Linklater 1998a：7）。次いでコスモポリタンの政治的課題は、「対話的共同体の境界線を拡げる制度的枠組みの創出」である（Linklater 1998a：7）。この種の事柄に対する最も一般的な批判は、「開かれた対話へのコミットメント」が、家族、歴史、文化といった「原初的つながり」と比べて、社会的結合の要素としては非常に弱いという疑問が棚上げにされているという点にある。ただし、私の批判はそれとは違う形態――一つの疑問の形態――をとっている。問題は、いまだわれわれが知らないことについて「開かれた対話」は何を教えてくれるのだろうか、ということにある。開かれた、非強制的対話を対話的コスモポリタニズムが支持しているのは、明らかに、リンクレーターや他の人たちが、「下位の声」――略奪された者、周辺化された者、排除された者の声――と呼ぶものに耳を傾けることを目指しているからである。そのプログラムの中心には、略奪され、周辺化され、排除された者全体が沈黙してきたことについて考え、多くの対話を求めようとするコスモポリタンの希望が置かれている。しかし、そうではない。われわれは少なくとも（ともかくわれわれ自身の観点からすれば）、彼らが略奪され、周辺化され、排除されているが、しかし沈黙していたわけではないことを知っている。

　われわれの身近にも多くの事例がある。たとえば、キリバス太平洋諸島の一部であった二つの島が、海面上昇によって消滅してきた（Environmental News Network 1999）こと、そしてこの海面上昇が間違いなく地球温暖化が原因となって引き起こされていることをわれわれは知っている。また、地球温暖化の影響に関する国家的関心の声を上げるため、おおよそ四〇の島国によって小島嶼国連合が形成されたことも知っている。彼らが行う対話（たとえば、国連総会への出席）は対話的コスモポリタンが望むような「自由で非強制的」ではないかもしれない、しかし地球温暖化の軽減に関する限り、「共通であるが差異のある責任」の原則に従って行動すべきであるとわれわれに説得するのは、小島嶼国家にとって、自由であり、非強制的でもあった（Alliance of Small Island States n.d.）。この理念は、いくつかの国が他の国々より地球温暖化の原因を引き起こしており、それゆえより大きな責任を負うという認識に基づいている。この立場は、地球温暖化がすべての人の責任、すなわち「これは、われわれと残りの世界が一〇〇%の努力をしなければならない挑戦である」（Bush 2001）というジョージ・ブッシュの見解と対照的である。地球温暖化の文脈において適切な義務に関する小島嶼国の見解は、非対称的グローバル化世界が意味する義務の非互恵的性質の格好の例である。例えば、（地球温暖化に直接貢献する人々を除いて）小島嶼国の住民が私に対して、二酸化炭素に基づいた義務を負っていると主張するのは奇妙な光景であろう。しかし、ブッシュの「共有された互恵性」は明らかにグローバル化の相互依存性観に由来したものである。

要するに、多くの対話を行ったからといって、すでに対照的で、かなり明確な立場の違いを越えることができるようになるとは言い難い。対話に関するコスモポリタンの主張から、「正義の社会とは、〝自分の視点から発言するために、すべての参加者が意見を持つことを認識し、認め合う〟社会である」とリンクレーターは述べている（Linklater 1998a：96）。しかし、小島嶼国はこれ以上話そうとはしていない。彼らの望みは、地球温暖化を引き起こしている純貢献者が地球環境への影響を減少させることなのである。

正しい戦略はすでに得た情報で十分に立てられるという感覚は、言説的立場からすると、すべての潜在的情報を取り入れることなどのみち不可能であるという対話的コスモポリタニズム自身の認識の中に暗黙の前提となっている。つまり「他者の意見を強調することは、より良い議論の力だけが支配している純粋な対話的関係に入ることの難しさ（詰まるところ不可能である）を浮かび上がらせる。対話的共同体は、開かれた議論のあらゆる障害を除去したなどとは決して言えない」

（Linklater 1998a : 99）。しかし、規範的コスモポリタンが対話に焦点を当てることに決定的な役割を求めているとはいっても、その障害は起き上がりこぼしのようにいつでも浮上してくる。そのためリンクレーターはこう述べている。「社会がほぼ自足的で、互いに損害を与えないというのであれば、その場合道徳共同体の境界線は現実的な政治的共同体の境界線と重なることになる。しかし現実は全く異なっており、社会は必然的に国際的共存の原則に関する複雑な対話へと引き込まれていくことになる」（Linklater 1888a : 85）。ここで「損害」から「対話」への飛躍が重要となっている。なぜ再分配的正義とか復元的正義への飛躍ではないのだろうか。

もう一度言うと、私の立場は、「傷つきやすいものを保護するという重要な責任は、国境を越えた被害を基礎としており、犠牲者の政府にあるわけではない」（Linklater 1988a : 84）という、コスモポリタニズムに関するリンクレーター自身の説明の中にすでにあるものである。この定式はグローバル化の非対称性とそれが生み出している義務の非互恵的な性質を正しく認識したものである。「多くの対話を」と「保護」の義務が矛盾していると言うことは全く誤りである。私の反論は、簡単に言えば、多くの対話をしたからといって、どのように義務を果たすかという問題に対して明確な答えは決して出てこないということである。被害を受けた場合、対話より正義こそが第一要件となる。そのため、被害を受けている、あるいは受けてきた、受けたということがわかっているのであれば、その場合コスモポリタニズムの「普遍的なコミュニケーション共同体」は冗漫でしかなく、悪く言えば道楽である。あまりにも多くの時間がおそらく「啓蒙思想の普遍化プロジェクト」（Linklater 1998a : 103）の批判に耳を傾けることに費やされてきた。しかし、家を失った太平洋諸国の人々にそのような時間を費やしても十分ではないのである。

私は先に、「対話的共同体」とは、対話的コスモポリタニズムが描いた二つの社会的紐帯のうちの一つでしかないと述べた。もう一つは、「人間共同体」への帰属であり、この帰属は一定の義務を生むと言われている。すなわち、「これらの国家の成員は人間性の徳を根拠として、他者に負っている一定の義務がある」(Linklater 1998a : 78)。その場合、ここで言う義務には、「世界的シチズンシップ概念は、他者に対する共感(compassion)を一般的に述べたものである」というように、特定の名前が付けられている(Linklater 1998a : 179. 強調はドブソン)。こうした文脈で、リンクレーターは、国とは無関係の見知らぬ者という存在(non-national strangers)に対する「善きサマリア人」的な義務を持っているというマイケル・ウォルツァーの認識を肯定的に述べている。すなわち「ウォルツァーは、決定に至る過程で、成員は国境を越えて広がる『善きサマリア主義』の道徳理念を心に留めておかなければならないと論じている」(Linklater 1998a : 80)。おそらくリンクレーターは、国際的義務概念に対するウォルツァーの良く知られている疑問から彼を取り上げている。ウォルツァーでさえ、そうした義務の一要素を認めているというのであれば、義務を広げようとするコスモポリタニズムの計画は全く馬鹿げたものではないのかもしれない。

しかし、この勝利は特に道徳的義務と政治的義務とを混同するという犠牲の下で達成されている。このことは同時に国際的義務の「拘束性」を弱め、コスモポリタニズムがシチズンシップのプロジェクトであろうとしているにもかかわらず、それを難しくしてしまっている。そこでこれら二つの論点を順次取り上げることにしよう。後者の点については第2章で取り上げることにする。

第一に、道端で傷ついた者に対する善きサマリア人の奉仕は慈善行為であったことである。キリストはそれを重大なことと受け止め、「隣人的行為」として描いている（*Luke* 10：36）。慈善は非常に脆い義務の土台でしかない――それは簡単になくなり（「大変申し訳ありません、今朝ポケットに小銭がないのです」）、その内部にある施しの構造は施しを受ける者の弱みを固定化し、再生産してしまう。この点を正義と比較してみよう。補償とか、法律上の損害回避行為は行わなくても、正義を行う義務は残っている。同様に、正義の関係は一般に平等な者同士の関係と見なされている。これらの意味で、正義は慈善よりも好ましい。しかし、社会的紐帯の根拠が（われわれが功徳、サマリア主義、義務を唯一持ちうる）「人間共同体」にあるかぎり、慈善こそがこの種のコスモポリタニズムがわれわれに与えうるすべてになってしまう。

第二に、シチズンシップがどのような意味を持つにしても、市民の条件と人間の条件は区別されなければならない。言い換えれば、市民共同体と人間共同体との間に区別がなければならないということである。リンクレーターのコスモポリタニズムでは、義務の「サマリア的」根拠をいずれの共同体にも共通していると見なしているために、二つの共同体の違いを無視する結果に終わってしまっている。この種の義務は人間対人間の関係には適しているが、市民間の関係を適切に捉えたものではない。残念なことに、サマリア人の義務はリンクレーターによって、「人道主義的義務の感覚は、不可避的に、世界シチズンシップにおいて、共有された国民性、あるいは共通利益を目指したものでなければならず」（Linklater 1998a：201. 強調はドブソン）、「文化が根本的に異なっている状況では、弱者を助けることは共通の人間性の感覚にしたがっているだけにすぎない」（Linklater 1998a : 87. 強調はドブソン）というように、市民的な別の義務に対するトランスナショナルな唯一の対案として示されている。

しかし、コスモポリタニズム自体は、もう一つの選択肢を提示している。それは強い紐帯であるものの、家父長的ではない義務の可能性を示しており、「シチズンシップ」と「人間であること」との区別を可能にする選択肢である。リンクレーターは「グローバルな道徳的責務を主に促しているのは、国民国家を越える被害が増えているという文脈から生じている」（Linklater 1998a : 105）と書いている。現在、加害者と被害者の関係は、善きサマリア人と道端で傷ついている者との関係とは全く違うものである。善きサマリア人は、傷ついた者の苦境状況に直接的にも、間接的にも責任があるわけではない。しかし、まさに先に引用した定式で、リンクレーターは実際の被害との関係について指摘している。損害賠償責任や被害を回避するように行動する義務は、共感の行使を通じて満たされる慈善の義務ではなく、正義の義務なのである。私が指摘してきたように、正義は、慈善より拘束力があり、しかし家父長的でない義務の源泉や形態であって、その政治的性質は「共通の人間性」の領域から、シチズンシップの領域へと連れて行くものである。正義を行う義務は、一般的な道徳的義務というよりむしろ政治的義務なのであり、したがって「人間である」ことより「市民である」ということから捉えられる。

分配的コスモポリタニズムとそれを越えて

正義をコスモポリタンの主要な関心事として取り上げようとする場合、分配的コスモポリタニズムは、私が明らかにしたいと考えているポストコスモポリタンの考えに近いものである。国際的分配正義の理論と理念を整理する中で、サイモン・ケイニーは「コスモポリタンの主な主張」を以下のように描いている。すなわち、「資源分配を擁護する根拠や、権原と人々の文化的帰属意識とは無関係であるというわれわれの確信を前提とするならば、正義の広がりはグローバルなものでなければならないことになる」（Caney 2001：977）。私はここでこの考えを擁護するつもりはない（ただし、その考えを適切に要約したものとして、Caney 2001 の残りの部分を参照されたい）。私はただそれが、未完成な、ポストコスモポリタンという絵の一部を成していることだけを述べておくことにしたい。同様のことは、「基本的な考え方は、制度調整によって、影響を受けた者それぞれが等しく配慮されなければならない」（Jones 1999：15）というように、単調な音色を持つチャールズ・ジョーンズの楽曲についても言えるかもしれない。私は先に、分配的コスモポリタニズムが弁護に値する再分配理念を提供しているものの、行動を起こす理由としては不適切であると述べた。正義の領域を国家を越えるところまで拡大した場合、コスモポリタニズムは正義の実行にとってどの程度説得的になっているのかという疑問が生まれる。分配的コスモポリタニズムにとって義務の源泉は、「人々の権原は、文化、人種、国民性から独立している」（Caney 2001：979）ことに応じた「道徳的人格」理論にある。このことから出てくる当然の結果は、何が分配されようとも、理念上平等な分け前に対する権原がすべての人々に与えられる（自律または権利保持）ということである。これは二つの意味で対話的コスモポリタニズムを越えている。第一に、それはより広義な道徳的義務に対する批判として、特定の政治的義務を伴っており、これは国家を越えたより説得的なシチズンシップ概念へつながっていく可能性を秘めている。第二に、それは共感よりもむしろ正義という名目で扱われており、正義と結び付いた義務は、共感と結び付いた義務よりも解約不能ということである。

しかし、対話的コスモポリタニズムと分配的コスモポリタニズムの両方に共通しているのは、コスモポリタン共同体の成員を結び付ける、薄っぺらで、非物質的な説明である。対話的コスモポリタニズムが説明しているのは「開かれた対話への倫理的コミットメント」を通じて表現される「共通の人間性」である。分配的コスモポリタニズムも「共通の人間性」ということになるが、この場合、正義を受ける権原を持つ一定の特徴を無差別に所有することを通じて表現されている。それに対してポストコスモポリタニズムは、精神活動によってではなく、不平等で非対称的にグローバル化している世界における日々の物質的生産及び再生産によって創造された、厚い紐帯の物質的な説明を提起している。この概念において、義務の政治空間は、州、国家、欧州連合、あるいは地球といった形態を取ることなく、むしろ地理的、通時的、そして――とりわけ本書の文脈で重要な――エコロジカルな空間で自分自身を広げ、占拠する能力をもつ諸個人や集団の活動によって「生み出される」。

その場合、私が最も一般的に強調したいのは、グローバル化がこうした非対称的義務の政治空間の創出者であるということである。もう一つこの点に関わることとして、リンクレーターに関する議論の中ですでに述べておいたが、グローバル化が、「サマリア的」諸関係をシチズンシップ諸関係に転換させるという点である。私が第2章であらためて言及するジュディス・リヒテンバーグは、この現象を以下のように描いている。すなわち、「歴史には、相対的に多くの開かれた世界の集合から一つの閉じられた世界へという地球の漸進的転換（あるいは漸進的でない）が含まれている、というのが私の主張である」（Lichtenberg 1981：86）。このことは環境の文脈においてとくに明らかである。

> 現在地球が一つの世界から成っていることから考えると、正確に示したり測ることが困難なほど、関係のいくつかは互いに浸透し、影響を与えるようになっている。主体と被主体が直接的な関わりを持たなくても、不利益を及ぼすような行為も存在する。こうした理由から、義務の源泉としてそれらを無視することは安易すぎる。（Lichtenberg 1981：87）

また、ここで問題となっているのは義務の源泉だけでなく、その性格でもある。「自然」災害の問題を例に取り上げてみよう。火山が噴火したとすれば、災害は、人間に起因していないという意味で、まさに自然災害と考えることができる。しかし、われわれは世界中で拡大する大洪水の発生についても、同様の確信を持って描くことができるだろうか。大多数の気象学者は、地球温暖化の分散的影響が予測困難であるにもかかわらず、極端な気象発生の増大――いわゆる「異常気象」――を経験するかもしれないと述べている。そのため、洪水が発展途上国のかなりの地域を破壊してしまうとき、その苦難を軽減するためにわれわれが提供する寛大な支援を自画自賛してしまうのである。しかし、「閉ざされた地球」の観点からすれば、キャンペーンの問題は寛大な支援をどのように行うべきかということよりも、「支援」が適切なカテゴリーであるかどうかということにある。地球温暖化は主に豊かな国が引き起こしたものであり、少なくとも豊かな国が異常気象の原因の一部となっているのであれば、お金は支援や慈善ではなく、補償的正義の問題に転換されなければならない。

その場合、適切に理解するならば、グローバル化が義務の源泉と性質を変化させるのである。国境を越えた共同体とそこで機能している義務の性質は「薄い」コスモポリタニズムの説明では、グローバル化がもたらした特定の不利益を改善する課題にとって不適切なものにしかならない。そのため、ヘルドが考えるグローバル化に対する私の批判と、薄いコスモポリタニズムに対する批判とのつながりは以下のようになる。ヘルドはグローバル化の非対称的性質を彼の分析の中心に十分に位置づけることができなかった。薄いコスモポリタニズムも同様に、差別化されていない「共通の人間性」や人間共同体の成員資格が生み出す義務をめぐって構築されている。他方、グローバル化の非対称的性質を認めることは、グローバル化のプロセスの明確な描写に役立つし、それと同時に、トランスナショナルな「共同体」とそこに含まれる義務を力強く説明するための根拠を提供している。これはコスモポリタン的共同体では全くなく、グローバル化によって可能となり、そこに見られる。

れるいくつかのプロセスから描かれるポストコスモポリタン的な現実の被害関係である。これまでグローバル化とポストコスモポリタニズムの中心的特徴を適切に描いてきた。そこで次にエコロジカル・シチズンシップが発生する特定の文脈、すなわちシチズンシップ自体の検討に進むことにしたい。

第2章 シチズンシップの三類型

知的かつ政治的風景を支配しているのは、一般的に「自由主義」と「市民共和主義」と呼ばれているシチズンシップの二つの類型である。私の意図は、「ポストコスモポリタン」という第三のシチズンシップ類型の出現を必要とするような、構造的、イデオロギー的重心変化が今日の世界で起こっていることを明らかにすることにある。私は自由主義的シチズンシップや市民共和主義的シチズンシップをポストコスモポリタニズムに置き換えようとしているのではなく、われわれが発見した状況が新しい説明を「求めている」ことを主張したいだけである。構造的変化とは、第1章の主題の一つとして取り上げたグローバル化である。この現象はとくにシチズンシップの空間的枠組みの再検討を求めている。われわれは、国家を越えたシチズンシップを考えることができるのだろうか。私はできると考えており、現在のコスモポリタン的流行の中で、それらに対案があると論じたいのである。それにイデオロギー的影響を与えているのはフェミニストである。フェミニズムによるシチズンシップの分析は、徳（virtue）や、市民―国家関係ばかりでなく、市民―市民関係の再主張、そしてシチズンシップの義務の源泉や性格の再検討を呼び起こしている。それと同時に、グローバル化やフェミニズムに含まれるテーマは、政治的あるいは言説的に、自由主義的形態にも市民共和主義的形態にも含まれない第三のシチズンシップへと向かっている。グローバル化やフェミニズムがポストコスモポリタン・シチズンシップの文脈を提供している一方、環境政治という形で明確に現れる現象も生まれてきている。第3章では、環境政治がシチズンシップの点から表現されうること、こうした政治の性格は、ポストコスモポリタン的多様性の明確化を「求めている」ことを明らかにしてみたい。

方法

シチズンシップに関する多くの議論には二つの欠点がある。第一に、概念としてのシチズンシップや実践としてのそれが明らかに多面的であるのに、多くのアプローチがそれらのうちの一つあるいは二つの次元にしか焦点を当てず、それゆえ歪みがある、不完全な構図しか描いていないことである。この点の典型例は権利要求としてのシチズンシップ概念と、責任遂行としてのシチズンシップ概念との間でしばしば行われている対比である。この相違はもちろん重要であるが、それだけでシチズンシップを構成する概念的地図を描ききっているわけではない。したがって、以下ここで意図していることの一部は、本書の残りの内容が明らかになるような地図を描くことにある。

第二の問題は、アプローチが包括的であっても、これまでで明らかになった概念の集まりが動態的というよりしばしば静態的であるために、それらを用いる人々がしばしば、状況の変化による（「実際的」にも概念的にも）シチズンシップ自体の参照点の変化を考えようとしていないことである。たとえば、イタリアの一二、一三世紀の世俗的戦士に、現代国民国家の権利要求者の点からシチズンシップを考えさせることは難しい（Reisenberg 1992：118）。同様にわれわれの場合でも、シチズンシップが国民国家の外で意味を持ち得るという考え方（たとえば、コスモポリタン・シチズンシップがシチズンシップ自体として意味を成しうること）を受け入れることが難しくなっている。われわれはしたがって、「社会的条件が変化した場合、シチズンシップのテーマのいくつかの側面がそれらと共に変化するということを歴史記録は示している」（Shafir 1998：4）というガーション・シャフィールの警告を重大に受け止める必要がある。

この考えは、概念の発展に関する包括的調査の中で、ピーター・ライゼンバーグが支持しているものである。「本書の前提の一つは、分類や解釈上の正当化のために、それぞれ異なった制度的形態をとっている、二つのシチズンシップが存在していたことである。一つはギリシャの都市国家からフランス革命まで続いてきたものである。第二はその後に存在するようになったものである」（Reisenberg 1992：xviii）と彼は書いている。そして「今日、少なくとも西洋の男性や女性は、近代史の大きな力の結果、第二のシチズンシップの下で生きている」（Reisenberg 1992：xix）と続けている。こうした「大きな力」には、人々が「お互いが知り合っている」顔の向かい合う環境から、政治的関係の多くが匿名であるようなより大きな社会組織形態への公共生活の規模の変化があったと、ライゼンバーグは記している（Reisenberg 1992：xix）。彼はまた、「中世後期以降、〝市民〞から〝臣民〞への漸進的かつ有意義な形での吸収や、能動的な政治的個人から受動的な政治的個人への転換があった」（Reisenberg 1992：xx）と指摘している。これらの考察は両方とも、シチズンシップの共和主義的形態から、権利要求が市民の徳に優るようになる自由主義的形態への発展という点で一致している。重要なのは、ギリシャ、ローマ、スパルタ、中世市民が、ライゼンバーグの言う「第二」のシチズンシップを認識していなかったこと、したがってシチズンシップの形態の考察には――特に将来形態の考察には――歴史的感受性を働かせることが不可欠となっていることである。

ブライアン・ターナーの代表的な一九九〇年の論文「シチズンシップ理論」（A Theory of Citizenship）を分析することで、問題となっている課題を最も簡単に説明することができる。ターナーはシチズンシップ理論における「二つの重要な変数」について述べている。彼によれば、「第一は、シチズンシップが上から（国家を通じて）発展するか、あるいは下から（労働組合のようなより参加的制度の点から）発展するかによって決定される、シチズンシップの受動的性質と能動的性質に関わっている」（Turner 1990：189）。「第二は、市民社会における公的領域と私的領域との関係である。シチズンシップに関する保守的見解（受身で、私的であるような）は、能動的シチズンシップや公共的シチズンシップという革命思想と対照的である」（Turner 1990：189）と彼は続けている。ターナーは彼の検討を以下のような主張で結論づけている。「これら二つの局面を結合することによって、シチズンシップの権利を認識する社会的文脈として、四つの民主的政治形態の歴史動態理論を生み出すことが可能となる」(Turner 1990 : 189)。

ここでターナーが意図しているのは、シチズンシップ議論が対象とする領域を包括的にリスト化することである。彼の考えが非常に重要であることは疑いない。たとえば、「能動的市民」はシチズンシップの特徴的な類型であると認識されており、公的領域と私的領域との対比は多くのシチズンシップ理論と実践のアゴラ志向的直感を際立たせることになる。包括性への要求はターナーが提起した組み合わせの動きによってさらに促進され、それによって二つの対比が四つのタイプのシチズンシップ文脈を生み出すのである。

しかし、この主張はまず二つの点しか比較していないという理由で問題を残している。もっと多くのシチズンシップの諸側面を考慮する必要がある。たとえば、ターナーはシチズンシップの徳の観念(シチズンシップの多くの現代的理解では存在していないかもしれないが、ほぼ確実に歴史的シチズンシップ経験の一つの特徴であった観念)を取り上げていない。徳に基づいたシチズンシップ概念と徳に基づかないシチズンシップ概念を追加することは、ターナーに第三の対比があることを明らかにし、九つの可能なタイプのシチズンシップを提供することになる。

現代の支配的シチズンシップ形態は領土を当然視しているために、ターナーも領土問題には触れていない。シチズンシップは、その形や規模が国家主権のルールによって決定されるといった領土の成員資格から理解されてきた。しかし、本当の「歴史的動態理論」では、あらゆるシチズンシップ概念がこうした制約を当然のこととして受け入れてきたわけではなかったと認識される。たとえばシチズンシップのアレクサンドリアやカントの概念、そしてコスモポリタン・シチズンシップの装いで登場したより最近の表明は、明らかに非領土的であることがわかる。われわれには現在比較しなければならない四つの要素があり、それゆえ一六のシチズンシップの組み合わせがある。

そして、注意しなければいけない最後の区別がある――ターナーの分類では明示的というより、暗黙のうちに組み込まれているが、しかし非常に重要であり、すでにこれまで簡単にふれられているものである。ターナーは、権利要求こそが市民の関心事であったと思わせるようなやり方で、「シチズンシップ諸権利の認識」に言及している。あらためて言うと、これはターナーが目指している「歴史的動態」理論というより、シチズンシップの内容の現代的一断片にしかすぎない。もっと視野の広い歴史的見通しでは、義務や責務の遂行がシチズンシップ概念の本質的要素であったこと、しかもシチズンシップの「ダイナミクス」では、権利と義務に基づいた観念がしばしば対立していたことが明らかになる。

こうしたターナーに関する評価から、シチズンシップという概念領域が、「シチズンシップ理論」で彼が想定していたものよりかなり広いことがわかるだろう。少なくともわれわれは、権利と義務、シチズンシップの領土的概念と非領土的概念、シチズンシップの可能な舞台としての公的領域と私的領域、徳に基づいたシチズンシップ概念と徳に基づかないシチズンシップという四つの点を比較してみなければならない。これらを全体的に比較してみることで、通常、現代的シチズンシップの論争の性質を理解し、そのことを通じてとくに「エコロジカル・シチズンシップ」による挑戦の評価が可能になるだろう。この点が第3章のテーマとなる。

もちろん、これらの比較はいずれも他と切り離されて行われるのではなく、完全なシチズンシップ概念はそれらの特定の組み合わせから構成されるものである。本章の冒頭で指摘したように、市民共和主義と自由主義という二つの広い類型をめぐってシチズンシップ議論を行うことが、この文脈では非常に一般的となっている。デレック・ヒーターの見解はその代表である。「シチズンシップの性格に関して、二つの伝統や解釈を区別することが（完全に流行に合っているわけではないが）、それらを容易に理解するために大いに役立つ。これらは諸々の義務に強調点を置く市民共和主義的スタイルと諸々の権利に強調点を置く自由主義的スタイルである」（Heater 1999：4）。（ターナーとの関わりで先に論じた「一つの対比という虚偽」に対するヒーターの傾倒に注目されたい。ヒーターは自由主義的シチズンシップと市民共和主義的シチズンシップとの対照性が唯一権利／義務という相違の点から説明されうることをわれわれに信じさせようとしている。私はシチズンシップのこうした二類型が、一つの視点で比較するよりもはるかに豊かな内容であることについて、すでに十分述べたと考えている。）

もちろんシチズンシップを分析する上で、一つないし二つの点だけから比較するアプローチの欠点は非常に明らかである。自由主義的シチズンシップと市民共和主義的シチズンシップの著しい違いは、権利／義務、あるいは個人／コミュニタリアンの違いといった一面的評価につながる危険性を伴いがちである。しかし、われわれが先に議論した他の相違点を加えるならば、これら二つの明確に異なるシチズンシップには、かなりの共通点があることがわかる。これは分析上だけではなく、伝統的シチズンシップ概念に対する現代的挑戦の政治的意義を完全に理解するためにも重要である。ヒーターはシチズンシップの自由主義的カテゴリーと市民共和主義的カテゴリーの「外側」には何もないと考えているが、しかし私が提案しているシチズンシップに対する多面的アプローチは、理論的にも現実の政治的事実の点でも、対案となる第三のシチズンシップが存在することを示している。

この表で示されている三つのシチズンシップについては引き続き説明を要するが、それぞれ簡潔に一、二語で明らかにしておくことが役立つであろう（表2-1参照）。これら三つのシチズンシップには、表が示しているほど完全に閉ざされた区別があるわけではない。記述語句は、最も異なっている点をそれぞれ明確にしようとしているにすぎず、ある特徴が共有されていることを排除しようとしているものではない。これらが明らかに、複雑で対立した用語という特徴を持っていることも強調しておきたい。すなわちそれらは、適切な説明を行うために、また違いを浮き彫りにするという点から、使用しているだけである。

公式には私の比較リストに含まれていないが、しばしば行われている能動的シチズンシップと受動的シチズンシップとの区別についても述べておくべきだろう。分析上の観点から見て、特に権利と義務との違いを浮き彫りにしつつ、同時にこの点を区別することは、明らかに多くの利点を持っている。この観点からすれば、受動的シチズンシップが市民としての個人に由来した諸権利の享受や要求と結びついているのに対して、能動的市民は政治共同体とその成員に対する義務や責任の遂行と関係している。ただし、能動性と受動性との区別は、「形式的権利へのこだわり」を純粋に受動的な事柄と考えるなど、偏った認識から解明される傾向がある。イギリスの前首相ジョン・メージャーの「市民憲章」の考え方は、それを進めようとしていた当時、ひどい嘲笑を浴びた。ニュー

表 2-1　シチズンシップの三種型

第 1：自由主義	第 2：市民共和主義	第 3：ポストコスモポリタン
権利／権原（契約的）	義務／責任（契約的）	義務／責任（非契約的）
公的領域	公的領域	公的領域と私的領域
徳中立的	「男性的」徳	「女性的」徳
領土的（差別的）	領土的（差別的）	非領土的（非差別的）

ライト的な市民の権利（サービスが経済的、効率的に提供されるという権利）概念は、以前から現在に至るまで市民憲章に裏づけられているように、シチズンシップと同義と考えられていた社会的権原と全く関係づけられなくなっている。しかし、少しでも考えてみるならば、「消費者としての市民」は、価格を比べ、公共サービスから満足を求め、サービス給付が失敗した場合しつこく給付を催促するなど、非常に能動的な個人となっている。それにもかかわらず、私はこの後の議論で、能動的／受動的という区別を入れて考えようとはしていない。なぜならそれは、私が詳細に検討しようとしているシチズンシップ活動の舞台の問題と密接に結びついているからである。ただし、こうした簡単な概観からも、自由主義的シチズンシップと市民共和主義的シチズンシップとの区別の中心にあったと一般的に考えられる違いが、それほど確かなものではないことがわかる。さて表2-1で描かれた違いを詳細に検討しながら、この点を追究してみよう。

権利と責任――そして契約

私は権利と責任の違いが、自由主義的シチズンシップと市民共和主義的シチズンシップが異なる領域の一つであることを示し、これを表2-1の中に反映させている。しかし私は、この違いが基本的類似点を隠してしまっていることを指摘したいのである。これは、自由主義的シチズンシップと市民共和主義的シチズンシップが共に市民—国家関係の契約観に基づいているからである。他方、ポストコスモポリタニズムでは、契約という言葉やそれが意味する暗黙の互恵性は避けられている。

ここで強調しておきたいのは、シチズンシップ理論では権利と責任との違いに中心が置かれており、またパートナーシップでは権利が優越しているという点である。「多くの戦後政治理論で暗黙の内に前提とされていたシチズンシップ観は、ほぼ権利の所有の点から定義されている」(Kymlicka and Norman 1994 : 354 ; また Roche 1992 : 20 も参照)。学問的に、この理由を見つけるのは難しくはない——その理由はT・H・マーシャルによる。現代シチズンシップに関するほとんどすべての説明は、現在、一九四九年ケンブリッジで行われたアルフレッド・マーシャル講義を論文集にまとめたT・H・マーシャルの『シチズンシップと社会的階級及び他の諸論文』(同名の論文が含まれている)(一九五〇)から始まっている。この論文集でマーシャルは、市民的諸権利(人格の自由、言論の自由など)の獲得に始まり、政治的諸権利(政治権力の行使に参加する権利)を通じて、社会的諸権利(一定の社会的、経済的保障に対する権利)で終わるという、シチズンシップの発展に関する有名な説明を行っている。シチズンシップを権利や権原以外の点から考察することをしばしば難しくするなど、この分類の影響は非常に大きいものがあった。たとえば、ラルフ・ダーレンドルフは、現代政治学は(財の)給付と、それらへのアクセスないし権原という二つの重大なテーマを対象としていると述べている。彼にとって「シチズンシップとは、この構図の権原の側に属するものである」（Dahrendorf 1994：12）。これは多くの人々が明確に共有している考えである。

ここではマーシャルの研究について包括的に論評するつもりはない（その点についてはBulmer and Rees 1996を見よ）。私はたんにその権威的地位を強調するだけにとどめ、幅広い歴史的かつ理論的な視野から、シチズンシップをさらに包括的に描こうとする試みを議論したいのである。少なくともイギリスでは、シチズンシップの特徴に関する限り、完全に異なった時代精神を発見するのに数十年以上前までさかのぼる必要はない。一九二六―二七年のグラスゴー大学で行われた「構成的シチズンシップ（Constructive Citizenship）」に関する一連の講義の中で、L・P・ジャックは「男性は自ずから責任ある存在である」（n.d.: 210.）という今から見れば驚くべき主張を行っており、それゆえ彼は「責任に対する権利は市民の卓越した権利である。それがなければ、すべての他の『権利』は無意味になってしまう。彼の権利と義務はその点で結びついている。確かに彼は義務を持っているが、義務に対する権利こそそれらの土台となる」（n.d.: 210-1）と述べている。この定式では権利という言葉が用いられており、当時の聴衆が即座に認識できるようにその言葉を挙げているが、今日のわれわれにとっては明らかに奇妙に映るものである。

マーシャルの非常に影響力のある権利に基づいた分類よりも広い視野に立った歴史的かつ文化的見地から現れるのは、シチズンシップを決定的に特徴づける地位をめぐる権利と責任の闘争である。ここで展開しようとしている「ポストコスモポリタン・シチズンシップ」は、権利よりも義務や責任に焦点を当てているという特徴を持っているため、この点を明らかにすることが私にとって重要となっている。マーシャルの優れた研究では、シチズンシップの義務――労働者は強制的貢献を行い、仕事を捜し、ストライキという武器を慎重に用いる義務など――にある程度の関心が払われているものの、それはわずかな評価しかされていないと言わざるをえない。最近、市民の義務や責任に対する関心がより明確になってきており、多くの論者は「受動的にシチズンシップの諸権利を受け入れるという認識を、経済的自立や政治的参加、市民性といった、シチズンシップの責任や徳の能動的な行使によって補完する（あるいは置きかえる）必要性」（Kimlicka and Norman 1994：355）や、「福祉国家は権利に基づいて相対的に義務から自由な非互恵的なシチズンシップ概念を促進するように出現してきたと考えられる」（Roche 1992：31. また Rees 1995：316 も見よ）といった点を論じてきた。

中道左派政府は社会的義務や責任をますます声高に主張してきており、特に急進的右派改良政府が放棄した分野を熱心に取り上げてきた（イギリス首相トニー・ブレアの「新生労働党」など）。たとえば、ゲオフ・マルガンは、「シチズンシップに関する左派の観念は、義務を伴わない権利の一群にすぎず、関係が偶然的で、何も求めないルーズな社会プログラムでしかない」（Mulgan 1991：41）など、一般的な「不安」について述べている。トニー・ブレアが好む知識人と広く認められているアンソニー・ギデンズも、有名な「第三の道」を定義する中心的な特徴として権利／責任というテーマに焦点を当ててきた。「責任を伴わない権利はないことを新しい政治学の主要モットーとして提案することができるかもしれない。政府は、弱者の保護など、市民や他の者に一連の責任を持っている。しかし、旧社会民主主義は権利を無条件に要求する傾向があった」（Giddens

1998 : 65）。

要するに、マルガンが賢明かつ警句的に述べているように、「ユートピアは自由を極大化する。それらは決して責任を極大化しない」（Mulgan 1991 : 42）ということである。私がここで扱っているポストコスモポリタン・シチズンシップの特徴は、この点で流れは逆になっている。このシチズンシップが政治の「再道徳化」について西洋世界で生じている転換の一部であることは明らかである。基本的に、この再道徳化は政治言語や活動における徳の復権と関わりがある。ウィル・キムリッカとウェイン・ノーマンは、シチズンシップという概念が最近復活してきた理由の一つに、純粋な利己心の追求が理性的な利己心の追求の条件を台無しにしてしまっているために、社会生活の間主観性へのある程度の参加が望ましいという認識の増大が背景となっていることを挙げている。すなわち、「現代民主主義の健全性とか安定は、その『基本構造』の正義だけでなく、市民の質や態度にも依存している」（Kymlicka and Norman 1994 : 352）ということである。同様に、モーリス・ローチェは次のように述べている。

> シチズンシップの政治学は何世代にもわたってその目標を定め、闘い、権利をめぐる討議の中で声を上げてきた。二〇世紀後半では、それはまた権利と同時に義務を討議する中で、市民の個人的責任や社会的義務という言葉を用いて話したり、活動したり、自らを理解することが求められている。（Roche 1992 : 242）

私の考える「ポストコスモポリタン・シチズンシップ」を一部特徴づけているのは、このような義務や徳への焦点にある。

しかしこのことは、シチズンシップを自由主義的な権利に基づいた類型から区別しているのに対して、義務はまた市民共和主義的シチズンシップの特徴ではないのだろうか。そうであるとすれば、市民共和主義的シチズンシップとポストコスモポリタン・シチズンシップの違いはどの点にあるのだろうか。私は先に、自由主義的シチズンシップと市民共和主義的シチズンシップが、シチズンシップの権利と義務についてそれぞれ強調点が異なっているにもかかわらず、この相違は明らかに権利と義務の契約的基礎によって支えていることを指摘した。この点で、両方のシチズンシップは、共通のイデオロギー的基礎を持っているが、それはポストコスモポリタン・シチズンシップの中で、そしてまたそれによって掘り崩されてきている基礎なのである。

契約語はシチズンシップが現代的復権を果たす中で明らかとなっている。われわれはアンソニー・ギデンズが「責任を伴わない権利はない」と述べている中で、市民はその責任を効果的に果たした場合にのみ、諸個人の主張し得る権利が現れてくるという定式を見てきた。この観点からすれば、シチズンシップは、市民と国家との契約と見なされ、たとえば納税や、失業時の求職活動など、国家目標に対して行った貢献に応じて、市民は国家に対して権利を要求する。これが権利を獲得する場合の互恵性である。

シチズンシップの契約観は非常に一般的である——あまりにも一般的であるためにほとんど明確にされていない。われわれが見てきたように、たとえばモーリス・ローチェは、「福祉国家は権利に基づいて相対的に義務から自由な非互恵的なシチズンシップ概念を促進するように出現してきたと考えられる」（Roche 1992：32）と述べている。私はこの視野の広い見解に同意する一方、現在の目的にとって興味深いことは、市民の権利と義務との関係の互恵的理解をローチェが暗黙の内に支持しているという点にある。すなわち、市民は国家に対して権利を持っているが、これらの権利は互恵的義務を伴っているというのである。ローチェはこの点を、「道徳的行為など人々の間での相互行為による互恵性」といった、彼が「道徳の共通感覚概念」と呼ぶものを用いて強調している（Roche 1992：32；Stewart 1995：71）。「共通感覚」概念にいかなることがらを含めるのかという点には特別の配慮が求められる。私が以下で説明するように、この点は道徳の共通感覚概念の場合とくに注意が必要である。

同じく、市民の奉仕を自由主義的自由と調和させるというリチャード・ダッガーの刺激的試み（すなわち、自由主義的シチズンシップと市民共和主義的シチズンシップにおける二つの主要なテーマを統合する）では、そうした奉仕が、現代自由主義国家が払わなければならない権原の宮殿への入場料になるという、これまでの議論では出てこなかった仮説が立てられている。すなわち、「奉仕にとって重要なのは、賃金を稼いだり、利益を生み出すことではなく、法の遵守や、人が受け取ったり、受け取り続けたいと望む成員資格の他の利益の見返りとして、他の共同体成員のために何かを行うという義務を果たすことである」（Dagger 2000：3. 強調はドブソン）。

マイケル・イグナティエフの「シチズンシップの神話」という議論に見られるように、契約観は非常に根強く浸透している。彼は一貫してシチズンシップを個々の市民と政治共同体との取引と見なし、シチズンシップに緊張関係が生ずるとすれば、取引の悪化、すなわち個々の市民がその取引から十分な利益を得ていないからであると論じている。イグナティエフの議論の中核は税であり、彼は「シチズンシップの危機」の始まりを、「公共サービスの水準が低下しているにもかかわらず、人々が何故こんなにも多く納税しなければならないのかを問い始める」(Ignatieff 1995 : 69-70) 点にあると位置づけている。これと対照的に、ポストコスモポリタン・シチズンシップは明らかに非契約的であり、市民と政治共同体との取引とは無関係である。

ただしこの点で、シチズンシップが定義上契約的であると論じられるかもしれない。この見解からすれば、シチズンシップの諸関係は個人と国家との関係であり、歴史的経験と規範理論は共に、契約語を用いてこれらの関係が適切に描写されること(そして述べられるはずであること)を明らかにしている。確かにこの考えについて指摘しておかなければならないことがある。そうでなければ、シチズンシップの自由主義的概念と市民共和主義的概念が共通して契約主義的であるという私の主張はあまり合理的でなくなる。ジョン・ホートンが指摘したように、「シチズンシップの互恵的/契約的モデルが魅力的なのはまさに、シチズンシップの権利(そして義務)がどのように制限されるのかを市民に対して説明しようとしているからである。シチズンシップ諸関係にとって重要なのは、それらが市民間の問題であり、たとえば親子関係とか、ある国の人々と他の国の人々との間の問題ではないということにある」(1998, 個人的対話)。これは力強い主張かもしれないが、しかし、シチズンシップ理論の外から引き出した明確な人間関係の「モデル」に頼りすぎているという点が無視されている。例えばなぜ「互恵的/契約的」関係モデルが、友愛モデルよりもシチズンシップをうまく定義しているのかは明らかにされていない。ホートンが示しているように、「契約」はシチズンシップに特殊な関係形態ではない。契約が社会生活のどの領域にあてはまるのかといえば、それは取引や交換の領域である（ただしこのことは、契約がそうした領域だけにふさわしいものであることを意味しないし、わたしは契約がシチズンシップに全く不適切であると言うつもりはない）。契約という言葉では、シチズンシップを特定的かつ特徴的関係として位置づけることはできず、むしろシチズンシップを司法―経済領域や、そこにある期待や前提と結びつけてしまうことになる。したがって、契約はシチズンシップの定義上の特徴としては非常にイデオロギー的である。ひとたびこのことが認識されれば、シチズンシップ関係を明確にする他の方法が可能となる。

歴史記録はもうひとつの考え方の根拠を明らかにしている。たとえば、パトリシア・ハリスは、「契約関係が二〇世紀前半の社会的シチズンシップを形成した互恵性や相互性という共有された紐帯に取って代わるようになった」（Harris 1999：46）と書いている。ここでハリスは互恵性の動機となる根拠を問いかけている。契約語では、最終的根拠は契約が破棄された場合に科せられる罰則にある。こうした処罰の脅威は、ギデンズの「責任を伴わない権利はない」という定式の中で明らかにされており、第三の道論の社会政策の中心にある「ワークフェア」プログラムの核心となっている。他方ハリスは、処罰という外部脅威によって動かされるよりも、互恵性が関係自体の規範的理解に組み込まれるにしたがって、「相互性」という動機が生まれることを指摘している。「相互的」観点からすると、明らかに互恵的ではないやり方で行為することは考えられないだろう。

しかし、いくら契約から離れようとしても、彼女は依然として互恵性の地で暮らしているのである。もちろん、非契約的であるばかりか、非互恵的でもあるような他の人間関係形態も存在する。ナンシー・フレーザーとリンダ・ゴードンが指摘しているように、「社会給付に関するアメリカ的思考は主に市民的シチズンシップから引き出されるイメージ、とりわけ契約のイメージによって形成されてきた。その結果、人間関係についての二つのかなり極端な形態、すなわち一方で独立した等価物の契約的交換、他方で非互恵的で片務的な慈善に焦点を当てる文化的傾向がある」(Fraser and Gordon 1994 : 91)。私は非互恵的かつ片務的なシチズンシップの義務の可能性を提起し、この種の義務が「ポストコスモポリタン・シチズンシップ」の特徴であること、同様にそれが自由主義的シチズンシップと市民共和主義的シチズンシップの互恵性から最も明確に区別される特徴にもなっていることを主張したいと考えている。

もちろん、シチズンシップの義務とより幅の広い「人道主義的」義務とを区別しなければならないという批判は正しい。もし批判するのであれば、われわれは善きサマリア人と善き市民、あるいは果たすことが善意である義務と果たさないことが誤りである義務とを区別しなければならない。この議論は通常、義務自体の性質の領域で行われている。そのため、たとえば配慮(care)や共感がシチズンシップの徳にならないのに対して、私益と公益との間のバランスを取ろうとする気質はシチズンシップの徳になると論じられている。しかし、これは義務についての分析の一面でしかない。われわれは義務の性質(何をする義務なのか)だけでなく、その根拠(なぜ義務を負うのか)や、その対象(誰、もしくは何に義務を負っているのか)をも考慮する必要がある。以下で私は、シチズンシップを幅広い人道主義から区別するものが、義務が実際にどのようなものであるのかということより、義務の根拠にあることを提起したいと考えている。

国際的道徳性というコスモポリタン的な考え方を明確にする中で、ジュディス・リヒテンバーグ（私が第1章で言及した）は、「歴史的」議論と「道徳的」議論を区別している。道徳的観点とは、「AがBの状況に対して持ついかなる原因上の役割や、それ以前の関係ないし合意によってではなく、たとえば彼がBの利益となりえることとか、Bの苦境を改善できるという理由で、AはBに対して積極的な何かを負っている」（Lichtenberg 1981：80）ということである。それに対して歴史的観点とは、「AがBに対して負っているものは、先行的な行為、実行、合意、関係などによるものである」（Lichtenberg 1981：81）ということである。道徳的観点はまさしく善きサマリア人か、あるいは慈善家が採用してきたものであり、われわれはこれをシチズンシップの義務の根拠と考えるべきではない。それに対して、歴史的観点はより拘束力のある義務の根拠について「物質的」説明を提供している。この観点は、根拠の一つとして「契約」を含んでいるが、それだけで完全に語り尽くすことはできない。「合意」と同様に、「先行行為」も、この種の義務の引き金に十分なことに注意しておかなければならない。また、この「根拠」の立場を採用することが、シチズンシップの性質を未解決のままにしてしまうことにも注意しなければならない。われわれは配慮と共感がシチズンシップの徳になることはないと即断すべきではない。なぜなら、ここで考慮しているのは、義務の根拠には「歴史的」広がりがあるということだけだからである。この点に関しては、「シチズンシップの徳」に関する節であらためて検討することにしよう。決定的に重要なのは、互恵性も双務主義も義務の歴史的形態の必然的特徴ではないということである。片務的義務を求める先行行為を考えることは十分可能である。たとえば、補償的正義はこの種の構造を持っている。

公共生活の規模の変化が、「第一の」シチズンシップから「第二の」シチズンシップへ導いた要因の一つであるとピーター・ライゼンバーグが述べていたことはすでに検討した。同様の激しい変化は今日、グローバル化の衣を着て起こっている。われわれの観点からすれば、第1章で示したように、グローバル化の決定的な特徴はそれと共に現れる義務の構造にある。グローバル化の中で機能する影響のネットワークはまさしく、リヒテンバーグ型の義務を促す「先行行為」になる。さらに、このことは互恵性ではなく非対称的相互依存性命題、すなわちある人の行動が遠い見知らぬ人の生活機会に影響を及ぼすという認識の説明である。私がリヒテンバーグの構図に付け加えたい修正点の一つは、これらの義務を彼女が考える意味で「歴史的」と呼ぶことは、グローバル化した世界ではその性質を見誤るという点にある。リヒテンバーグにとって、歴史的観点とは、「AがBに対して負っているものは、先行的な行為、実行、合意、関係などによるものである」ことを思い出していただきたい。グローバル化する世界では、時間と空間の双方が崩壊に向かうにつれ、「先行」概念は薄まってくる。このように、ポストモダンの語法では、化石燃料の使用が地球温暖化につながる温室効果ガス排出の原因となるように、グローバル化する国家の住民はいつも、すでに他者に影響を及ぼしているのである。シチズンシップの徳や実践を求めるのはこうした認識からである。あらためて、善きサマリア人が善き市民と区別されることに注意しておかなければならない。前者と結びついた義務は、広義の意味で有徳で、有益で、功徳であり、果たすことがただ望ましいと考えられている義務である。後者の義務とは果たさないことが誤りであるような義務である。

これが国際的かつ世代間に関わる次元を持つシチズンシップであるのならば、その責任は非対称的である。その義務は、正確に言えば「いつも、すでに」他者に影響を及ぼす能力を持つ人々に課せられるのである。これは、第1章で言及された、「グローバルな環境構造は北の選択肢を増大させる一方、南の選択肢を狭めている。そのグローバルな勢力範囲を通じて、北は南の中に存在するが、南はそうした勢力範囲を持たないために、それ自体の中でしか存在しない。このようにして、北はグローバルに存在しうる一方、南は地域的にしか存在し得ない」というヴァンダナ・シヴァの洞察を受け継いだものである。このことは、ポストコスモポリタン・シチズンシップの責任が北に住む人々、あるいはより正確に言えば、「南の選択肢を狭めること」に関与している北に住む人々にあることを意味している。最も一般的に表現すれば、グローバル化は非互恵的かつ片務的なタイプの政治的義務の可能性を提供する構造的関係を生み出しているのである。私は第3章で、とくに環境的側面からこの点についてさらに言及することにしたい。

要約してみよう。われわれは表2-1で、権利と義務との相違がシチズンシップの市民共和主義的概念から自由主義的概念を区別する鍵となっていることを見てきた。しかし私は、これらの明確に異なった概念が、市民と政治共同体との互恵性という共通の期待を持っていること、そして、そうした互恵性に関する支配的な現代的理解がイデオロギー的に契約とつながることで基礎づけられていることを明らかにした。契約がシチズンシップと必然的につながっているのではなく、むしろ偶然的にしかつながらないこと、またそれが取引や交換関係に自由に加わる自律的諸個人の社会的存在論に基づいていることを示すことができたと期待している。物質的埋め込みという代替的な社会的存在論は、契約という言葉にある、道徳性の「共通感覚」につながる互恵的期待に疑問を投げかけ、シチズンシップ諸関係の代替モデルの可能性を切り拓く。こうした「第三のシチズンシップ」の義務の源泉や性質に関する議論は、実際に徳の問題と密接に結びついており、本章の後半でさらに述べることにしよう。

公的なるものと私的なるもの

シチズンシップはこれまでほとんど常に、「公的領域」と認識されてきたものと結びつけられてきた。ポーコックが述べているように、アリストテレスの「人間は政治的動物である」という定言は、「私的なるものと公的なるものとの厳密な分離、あるいはオイコスとポリスとの分離に基づいている」（Pocock 1995：32）。アリストテレスは同時に、私的なものよりも公的なものに価値があると判断していた。「彼は特にオエコノミアの領域（日常生活の物的必需品が再生産される世帯領域）が公的領域より劣っていると主張した」（Ignatieff 1995：56）。シチズンシップ理論において、この分離は事実上手つかずのまま残されており、最近、かなり議論されるようになってきたシチズンシップの復権は主に、簡単に言ってしまえば『古典的な市民的伝統』と呼ばれる諸要素の復活」を巡って行われており、それは「市民を何よりもまずポリスの公的事柄への能動的参加者と見なすアリストテレスに由来したシチズンシップ概念である」（Burchell 1995：540；Walzer 1989：

221)。
特権的かつ特別な地位としてのシチズンシップ概念と結びつけることで、シチズンシップを公的領域と一致させることは、私的な人間活動領域で行われる行為の従属的地位を巧みに強化することにつながっている。このことを表現するには多くの方法があるが、とくに「自由」と「必要」の領域の違いが重要である。

ギリシャの都市国家、すなわちポリスの文脈において、シチズンシップは二重の解放過程として出現した。……それは、われわれが物的欲求を満たすのに労苦する、道具的な必要の領域から、自由の領域に向けた超越であった……。こうした対比は、たとえば、世帯（オイコス）の私的領域から、政治生活（ポリス）の公的領域への解放など多様な形態で概念化されてきた。
(Shafir 1998 : 3)

私は第3章で「必要領域のシチズンシップ」というテーマを取り上げるが、いまのところ、シチズンシップの文脈における公的なるものと私的なるものとの違いが分析的であるのと同時に、少なくとも政治的かつイデオロギー的なものであることをあらためて見ておくことにする。フェミニストによるシチズンシップの説明は以下のことを明らかにしてきた。

古代ギリシャでは初めからシチズンシップ伝統の中心に位置していた——私的世帯（オイコ

> ス）と公的領域（ポリス）という二分法に見られる——男性バイアスがある。超越的で、合理的で、そして最終的に男性的なものとしての公的領域と、女性的感情領域と弱者としての私的領域という描写は消えることはなかった。
>
> （Shafir 1998 : 21）

ここにはフェミニストや、私的領域が政治活動の真実の舞台であると考える他の人にとっても、シチズンシップに一つの問題があるということが示されている。というのは、シチズンシップが定義上公的領域で行われる活動であるとすれば、私的領域の政治学はシチズンシップの政治学とはなり得ないからである。ジョン・ポーコックはその選択肢を次のように適切に要約している。

> あまりにも事柄の世界（物質的、生産的、家庭的、あるいは生殖的諸関係に）に関わりすぎているという理由で拒否されてきた人々にシチズンシップを利用できるようにすることを考えるならば、これらの関係から彼らを解放するか、これらの関係がシチズンシップを定義する際の否定的な要素であることを拒否するか、いずれかを選択しなければならない。後者の道を選択するならば、アリストテレスが明確にした定義とは根本的に異なる、シチズンシップの新しい定義を探究することになり、その定義では、公的なるものと私的なるものとが厳密に分離されることなく、それらの間の障害は解けてしまうか、またはともに全く消え去ってしまうことになる。後者の場合、われわれは「公的なるもの」の概念が完全に生き残るかどうか、それは単に偶然的で付随的になるのかどうか、あるいは何らかの明確な意義を実際上否定されてしまう

のかどうかを決定しなければならなくなる。そのようになるとすれば、シチズンシップ概念も同様に消滅してしまうかもしれない。（Pocock 1995 : 33）

ルース・リスターはこの点を、「政治領域においては、市民としての女性の権利を剝奪する労働の性的分業といった状況に挑戦することが目的となるのか、それとも労働の性的分業やそこにおける女性のケアの役割を考慮するシチズンシップの理念や実践を発展させることが目的となるのか」というように、特定の例を挙げながら強調している（Lister 1991 : 70）。彼女はまた、「社会領域では、権利の配分上、金を稼ぐことをケア活動よりも優先してきた社会的シチズンシップの性格を転換させることが目的なのか、それとも女性が男性と平等な条件で競争し、同一雇用と結びついた社会的シチズンシップの諸権利の獲得のために、労働市場への女性のアクセスの改善が目的なのか」と問いかけている（Lister 1991 : 70）。

フェミニストがこうした議論を行う理由の一つは、彼らの多くが、シチズンシップを、獲得する価値のある貴重なものと見なしているからである。その考え方によれば、シチズンシップは良くも悪くも、フェミニストが自らの願望を表現する全く新しい言葉を生み出そうとする中で、放棄するのは賢明でないと考えられる、言説的な権威を少しずつ獲得してきたということである。しかし、ポーコックが述べている「解放か、脱構築か」はそれ自体に問題がある。なぜなら、脱構築の意図には、シチズンシップとして認識できない何かがあるため、シチズンシップが無意味化されかねない要素があるからである。この点で、シチズンシップを政治的行為と考える先の理由（その言説的権威）は自ずからなくなっている。

私自身は、こうした対応では、必要に関するフェミニズムの中心的な主張を重大に受けとめること、より正確に言えば、私的領域を政治化すること――言いかえれば、私的領域が権力行使の舞台であると認識すること――ができなくなってしまうと考えている。ひとたびこの段階に進めば、（もちろん政治概念である）シチズンシップと私的領域とを結びつける可能性が開かれる。私の理解では、これは、「女性が、平等な市民として公的領域に参加するために私的領域から解放されることが必要なのではなく、女性――そして男性――はすでに公的領域と私的領域の両方でシチズンシップの責任を担っているのである」と述べているライア・プロコビックの主張そのものである（Prokhovnik 1998：84）。プロコビックの主張は、われわれが通常シチズンシップの活動と見なしていない多くの活動もそのように見なされるべきであり、たとえば、「子育てを行う時の両親の『当然の義務』も、シチズンシップの一部として倫理的に裏づけられた『市民的義務』と同じように認識、評価されるべきである」（Prokhovnik 1998：88）ということになる。要するに、このことは「『私的』領域における活動が、正当な市民の活動形態を構成するものとして認識されるようになる」（Prokhovnik 1998：97）ことを意味している。このことは私的領域全体にわけ入るやり方で政治化するのではなく、私的領域で行っている事柄のいくつかが市民的特徴を持っていることを認識することなのである。

その場合、ポーコックの言葉を借りると、「第三の」シチズンシップには、公的―私的という区別を調整した「新しい定義」が伴うことになる。このことは、公的なるものと私的なるものとの区別を曖昧にするのではなく、それを区別する境界線を引き直すことである。部分的にこれは、ポール・クラークが適切に描いた、有徳で、公的意味を持つ私的活動の可能性の承認によって行われる。「深いシチズンシップ（deep citizenship）」と結びつけることで、彼は、「行為を市民的行為たらしめるのは、元来私的なもので、特定の物事に関心がある一方、普遍的なものに向かって行為することを支持しつつ、いかに利己心、世俗主義、派閥主義をしりぞけるかにかかっている」（Clarke 1996：117）と述べている。これは、「常に移動し、かつ対立した分類としての私的／公的区別の流動性」（Werbner 1999：227）に関するパニーナ・ワーブナーの考察を理解する一つの方法である。この流動性を前提とすれば、公的行為と私的行為を、越えることのできない区別と見なすことは誤りであり、私的行為の一部はシチズンシップの行為でもあると認識する方が適切である。プロコビックは繰り返し、「多くのフェミニストは、母親や介護者として、自分達の経験を公的領域に組み入れる多くの女性たちの望みが、公的領域にとって正当なものであり、それを豊かにするものであると考えている」（Prokhovnik 1998：91）と述べている。

その場合私的領域は、公的領域より重要性が少ないというよりむしろ、シチズンシップ活動の重要な舞台となるかもしれない。ウィル・キムリッカとウェイン・ノーマンは「多くの点で公共政策は、責任ある個人の生活様式決定を頼りにしている。市民が家庭でゴミを減量したり、再利用やリサイクルしようとしない限り、国は環境を保護することができない」（Kimlicka and Norman 1994：360）と述べている。「第三のシチズンシップ」はしたがって、必要の世界であるポーコックの「事柄の世界」に該当し、私的領域が「シチズンシップの障害」（リスター著『シチズンシップ

―フェミニストの諸観点』の第五章のタイトル）であるというルース・リスターの主張を拒否するものである。こうした第三のシチズンシップは、シチズンシップの真実の活動舞台に関して再評価を促すことになる。再評価を行うことで、それは多くのフェミニストよりもはるか先にわれわれを連れて行くのである。たとえば、リスターはアンネ・フィリップが「男性の家事の公平な分担を大衆に訴えることと、単に家庭内で仕事を分担することの」（Lister 1997 : 28）区別を肯定的に述べている。その意味は、公的活動だけをシチズンシップ活動とみなす結果、前者が市民としての活動である一方、後者はそうではないという点にある。しかし、ポストコスモポリタンの観点からすれば、そうした区別は反直観的な結論に導くものである。

もちろん一般的に、ポストコスモポリタン市民は社会の多くの異なる分野で活動しており、ここには「政治的なもの」に関する幅広い再交渉が含まれている。アンネ・フィリップは、「ゴミを拾うが、決して日常の政治問題は考えようとしない」（Phillips 1991 : 84）という一九八〇年代後半のダグラス・ハードの「能動的市民」概念を批判している。「ゴミ」という言葉はフィリップが望むパロディのために慎重に選ばれたものであるが、われわれはその言葉を「廃棄物」と置き換えるならば、非政治的問題も、少なくとも環境の点から見れば、政治的問題となるのである。ポストコスモポリタン・シチズンシップは「現代政治学や『市民社会』における社会生活の重要性の再主張や再確立を強く支持している（すなわち、資本主義を横目に見た、ボランティア主義の役割や家族、コミュニティの役割）」（Roche 1992 : 49. また Lister 1997 : 22 も参照）。したがってそれは、市民社会（家族、アソシエーションなど）がシチズンシップの脅威であるというルソーやジャコバンの考えとは正反対のものである（Nisbet 1974：619, 624, 633–4）。

要するに、明らかな違いを一方で持ちながら、自由主義的シチズンシップと市民共和主義的シチズンシップは共に、定義上シチズンシップと公的領域が結びついているという考えを支持している。しかし、ポストコスモポリタン・シチズンシップは、私的活動であっても公的意義を持っていること、それゆえ、自由主義的シチズンシップと市民共和主義的シチズンシップに共通した「公的なるもの」の見解を推進している公的／私的という区別を厳密に行うことは賢明ではないことを指摘している。ポストコスモポリタン・シチズンシップと私的領域の第二のつながりは徳の領域にある。表2-1は、自由主義的シチズンシップが、市民共和主義的シチズンシップより、市民的徳の概念に動機づけられていないという違いがあることを示している。ポストコスモポリタン・シチズンシップは徳に対する関心を市民共和主義と共有している。しかしシチズンシップの徳の範囲は潜在的にもっと広いものである。

シチズンシップの徳

この節では、自由主義的および市民共和主義的シチズンシップの徳との関係を考えることで、ポストコスモポリタン・シチズンシップの徳の中身を三つの論点に分けてみることにしたい。第一に、自由主義的シチズンシップが徳の観念から自由であるという主張を検討することである。私はそうではなく、自由主義的シチズンシップの徳は、近代世俗社会におけるあらゆる政治的に正当なシチズンシップの一部を構成していると考えている。第二に、私は徳を「市民的に」しているもの、あるいはそれを動機づけているものが、徳が現実に何であるのかということよりその根拠にある、という考えをあらためて主張するには、いわゆる「男性的」徳と「女性的」徳との関係を検討しておく必要があると考えている。ポストコスモポリタン・シチズンシップの徳はこのように、恣意的に課せられているというより、それを支える関係に根ざしているのである。

自由主義的シチズンシップに関して、デレック・ヒーターは「スティーブン・マセドが、共和主義者だけが市民的徳の専売権を持っているわけではけっしてないことを［どのように］明らかにしてきた」のかを指摘していた。彼はマセドの議論について、以下のように続けている。

> 自由主義のまさに本質である自由とは、結局、すべての人々にとっての自由を意味するわけではない。自由の濫用を防ぐために、市民はきわめて重要な道徳的品格が問われるのである。彼はこれらの品格として、「寛容や自己批判、穏健、シチズンシップ活動への適度の関与」などを挙げている。本来、自由を享受するということは、進んで自由を支え、擁護する覚悟を含み、他人の自由の承認をも意味する。逆にいえば、アパシーや不寛容は、自由主義的な市民的徳とは相容れない悪徳である。
>
> (Heater 1999 : 32)

キムリッカとノーマンは、自由主義的シチズンシップの徳に、「公共的道理性（public reasonableness)」を加えている。「自由主義的市民は彼らの政治要求の理由を述べなければならず、ただ選好を表明したり、脅したりするのではない」(Kymlicka and Norman 1994：366)。またエイミー・ガットマンは「相互に尊重することがなければ、市民は非差別という自由主義的原則の尊重を期待できない」ことから、「相互的尊重」について論じている(Gutman 1995：577)。

これは強い印象を与える主張であり、われわれはこの気質が道徳的卓越性の実践や、より適切に言えば、称賛すべき品格や特性にすぎないという点にこだわりがあるものの、自由主義的シチズンシップが徳から自由な領域であるという考えを覆すのに十分である。しかし、私が指摘したいのは、ここで述べている社会であれば、これらの徳は、どのシチズンシップ概念にも見出されるということである。言いかえれば、公共的道理性につながらないシチズンシップ概念は、自由主義社会や社会民主主義の社会においても支持を得られそうにない。近年、復活した市民共和主義的シチズンシップや、私がここで展開しているポストコスモポリタン・シチズンシップは双方とも、公共的道理性がなければ正当性を欠いてしまうという簡単な理由から、公共的道理性を必要不可欠な徳として挙げるであろう。これに関連して、ヘルマン・ヴァン・グンステレンは「徳は市民共和制となじまないのではなく、昔の軍事的徳となじまないのである。むしろ、それは議論や道理性、民主主義、選択、多元性、そして暴力を慎重に制限することと関係がある」と論じている(van Gunsteren 1994：45)。市民共和主義の徳の中に自由主義的シチズンシップのそれを含めようとするあまり、ヴァン・グンステレンは市民共和主義的徳を特徴づける視座を見失う危険に陥っている。というのも市民共和主義的シチズンシップやポストコスモポリタン・シチズンシップに特殊な徳がどのようなものになろうとも、それらは公的に構成された場合にのみ、正当化されると見なされうるからである。現代自由主義社会や社会民主主義社会において、徳と価値の「有機的」具体化——すなわち、吟味されていない伝統を通じた具体化——は不可能である。このように、自由主義的シチズンシップの徳は、他の形態にも存在しているという理由で、自由主義的シチズンシップを他の形態から区別するための根拠として用いることはできないのである。

自由主義的シチズンシップを含め、どの自由主義概念にもたいてい欠けているものは、本質的に無秩序な諸個人の集団行動からは出てくることのない共通善の概念である。もちろん、結果的に右翼、左翼双方で、「公的なるもの」の理念を根本的なレベルで取り上げずに自由主義社会が生き残ることができるか疑問が出されるようになったきっかけは、一九八〇年代のイギリスのマーガレット・サッチャーやアメリカのドナルド・レーガンなどのニューライト政権が行った「公共」政策に共通善概念が含まれていないことにあった。シチズンシップの文脈において、このことは個々の市民に求められる品格に関する議論の形態を取っていた。キムリッカとノーマンはこの議論に関する代表的な見解を紹介している。

多くの古典的自由主義者は、自由主義的民主主義が、本来有徳な市民性がない場合であっても、チェックとバランスによって安定するであろうと信じていた。各人が共通善を顧みず自身の私益を追求したとしても、あるまとまった私的利益が他のまとまった私的利益を精査することになろう。しかし、私益のバランスを取る手続き的、制度的メカニズムが不十分であり、一定の市民的徳と公共心が必要とされることが明らかになってきたのである。

(Kymlicka and Norman 1994 : 359–60)

ひとたび「公的なるもの」の理念が課題にのぼり、シチズンシップが社会の基本組織を再編成する力として加わるならば、シチズンシップの市民共和主義的伝統は明確な着想源となる。市民共和主義は常に公共の理念、とくに共通善の理念にかかわってきた。市民共和主義的シチズンシップの徳を理解する必要はこの文脈から出てくる。

市民共和主義的伝統は紀元前六世紀から前四世紀のスパルタとアテネ、そして古代ローマの五〇〇年にわたる共和制政治にそのルーツを持っている。シチズンシップの徳に関する限り、アリストテレスにとって、「決定的な要件は、市民はアレテー、すなわち卓越性もしくは徳を備えていなければならないということである。アリストテレスは、ポリスにおける基本的な制度の下での社会的もしくは政治的行動にとって、不可欠なものと考えていた」(Heater 1999 : 45)。この「不可欠なもの」という考え方は、共通の目標に向けて努力するというポリスの成員概念と一致し、そうした目標の達成に能動的に参加することが市民の義務となっているということである。政体の共通善に貢献しようとする能動的市民と古典的な市民共和主義者との結びつきは、マキャヴェリの研究の中で現代的に表現されたところから始まっている。マキャヴェリはヴィルトゥ(*virtù*)を根本的な市民の徳と見なし、これが自明の理であると考えているが、しかし、「マキャヴェリのいう徳は、便宜的に『徳(virtue)』と訳されているが、英語の徳にはない意味もたくさん含まれている」とデレック・ヒーターは適切に警告している(Heater 1999 : 48)。たとえば、バーナード・クリックは、ヴィルトゥを、「勇気や不屈の精神、大胆さ、熟練、市民精神……などの徳は都市をつくり、守り、そして維持する意識と行動の質である」と描いている（Heater 1999：48）。マキャヴェリの見地では、都市は共通善の概念を具体化したため、守る価値を持つものであり、だからこそわれわれは改めて、市民の徳と共通目標の追求の市民共和主義的な結びつきを検討しているのである。マキャヴェリについて、ヒーターはこう述べている。

善き市民とは、徳を備えるよう質の高い教育を受けて生まれるものであり、文民としてであれ軍人としてであれ、能動的な人生を送らなければならない。市民としての生活の中で、市民は公共の事柄に積極的に関心を払わなくてはならず、そして何よりも個人的な富、享楽、安逸よりも、公共の利益をより上位に位置づけていなければならないのである。しかしマキャヴェリがとくに強調しているのは、兵士としての市民の役割である。（Heater 1999：49）

この最後の文章は重要である。ヒーターは「アレテーというギリシャ語は、ラテン語（*virtus*）やイタリア語（*virtù*）の徳にあたるが、それらは皆多かれ少なかれ高潔な人間の意味を持っている」と指摘している（Heater 1999：60）。ヴァン・グンステレンも、古典的市民共和主義的シチズンシップの徳を「勇気や献身、軍事規律、政治的手腕」と定義し、それらを「男性的なもの」と述べている（van Gunsteren 1994：42）。明らかに「男性的な」市民共和主義的徳の観念は非常に影響力を持っており、シチズンシップの中にあるいかなる徳に対しても疑いを持つ著しい傾向がある。

ジョン・エルシュタインは、この問題を鋭く指摘した論文の中で、「市民的徳や共通善を喚起する時に見られる暗黒の裏面」について言及している（Elshtain 1986 : 100）。彼女は「近代初期の偉大な市民共和主義者にとって、市民は武力によって市民的自律を守るよう準備しなければならなかった」と主張し（Elshtain 1986 : 102-3）、「市民的徳の伝統が持つ問題とは、簡潔に言えば徳が武装されていることだ」と結論を述べている（Elshtain 1986 : 102）。しかし、エルシュタインはかなり特殊な事例から非常に一般的な結論を引き出そうとしている。関心の本来のよりどころを近代初期の市民共和主義的伝統の歴史的特性としたことで、彼女は市民的徳の「武装された」性質をそのようなものと見なすという一般的な結論に至っている。いつ、いかなる場所でも、市民的徳がこのような特定の方法で男性的でなければならないということが明らかになるまで、武装されていない市民的徳の可能性は残されておくべきだろう。

　したがって古典的には、勇気、指導力、軍務、自己犠牲などの市民共和主義的徳は共和国の繁栄を擁護、促進するために不可欠と考えられてきたし、今も考えられている。これらは戦闘という言葉で表現され、シチズンシップの初期の時代に確立した徳である。「スパルタの戦争社会は西洋のシチズンシップの土台に多くのものを与えた……。スパルタ・シチズンシップはアテネの公的軍務概念を強化したものであり、そのコミットメントはもっぱら生と死という戦場の言葉の中に存在した」（Reisenberg 1992 : 7-8）。市民共和主義的伝統を復活させようとする現代の試みは、軍事組織を不必要なものとして排除しつつ、徳というテーマを維持する課題を支持者に突きつけている。たいていの場合この点は非常に明確にされてきたし、そのことはたとえば私が先に述べたリチャード・ダッガーの定式おける「共同体に対する奉仕」というもう一つの概念にも現れている。

私が思い描いているように、市民的奉仕は軍事奉仕を含んでいるが、それに限られるものではない。他のサービス形態も可能であるに違いないし、ここには病院の仕事、教員補助、高齢者介護、あるいは自然保護集団のメンバーの仕事など多くの可能性がある……。奉仕にとって重要なのは賃金を稼いだり、利益を生み出すことではなく、法の遵守や、人が受け取ったり、受け取り続けたいと望むような成員資格の他の利益の見返りとして、他の共同体成員のために何かを行うという義務を果たすことである。(Dagger 2000 : 3)

私は先にポストコスモポリタン・シチズンシップと結びついた徳を「三つに分け」、この三つのうち一つは、ポストコスモポリタン・シチズンシップにおける自由主義的シチズンシップの「公共的道理性」という存在の承認を伴っていることを指摘したが、必ずしもその徳の概念の中身については深く言及してこなかった。今こそわれわれは、ポストコスモポリタン・シチズンシップの徳が共通善概念を市民共和主義的シチズンシップと共有していること、その達成のために必要な非武装的徳の説明を提供していると言うことができる。部分的にこうした対案は、これらのシチズンシップにおける中心的関係の異なった説明を行うことに由来している。市民共和主義にとって、徳は市民と憲法上の政治的権威とのつながりにある。ここでシチズンシップの徳は「都市の防衛」を目的にしている。ポストコスモポリタン・シチズンシップにおいて、徳は市民自身の関係とつながっている。リアン・ボエットは「シチズンシップは原理上、国家と個々の市民との関係、そして市民自身の政治的関係の両方である」と指摘している（Voet 1998：9）。ほとんどの場合、現代のシチズンシップ研究者は前者に焦点を当てている。これはシチズンシップがこれまで権利や権原の点から考察されてきたことの直接的結果である。この観点からすると、重要な関係は市民と国家との関係にある。ポストコスモポリタン・シチズンシップはボエットの二番目の可能性に焦点を当てており、とくに「市民自身の政治的諸関係」を「取り上げ」ようとしている。市民―市民関係を取り上げてきたのがフェミニストによるシチズンシップ研究であることは偶然ではないし、したがってこれらの関係とつながりのある徳の問題が体系的に議論されてきたことも驚くことではない。この点で、いわゆる「女性的」徳の観念が登場するのである。

中心的枠組みはパニーナ・ワーブナーとニラ・ユヴァル-デイヴィスの考察に由来している。『自由主義的』個人主義者と『共和主義的』コミュニタリアンという、二つの全く相反するアプローチを前提としたモデルより、フェミニスト研究者は、文化的かつアソシエーション的生活の中に埋め込まれた、対話的かつ関係的なものとして、シチズンシップや市民的行動主義を強調するモデルを定式化しようとしている」（Werbner and Yuval-Davis 1999：10）。ここで展開しているポストコスモポリタン・シチズンシップの考えと、ワーブナーとユヴァル-デイヴィスの自由主義的個人主義や共和主義的コミュニタリアニズムを「越えて進むもの」が同じ方向を向いていることは明らかなはずである。われわれに共通している論点は、「文化的かつアソシエーション的生活に埋め込まれた」シチズンシップが、市民共和主義的文脈において共通して見られる徳と異なっていることとを示しているという点にある。そこでまず、ポストコスモポリタン・シチズンシップの徳の特徴であるグローバル化された埋め込みを論じる前に、ワーブナーの埋め込みに関する理解とシチズンシップの徳に関する結論をみてみよう。

ワーブナーは、ラテンアメリカの「マザー主義運動」に関するジェニファー・シルマーの研究を取り上げている。彼女は、これらの運動が「民主的価値を含んでおり、それに根差した母性的性格（弱者に対する配慮（caring）、共感、責任）を安定化させている」と述べている（Werbner 1999：221）。彼女は「政治的母性が市民的正当性という確立された概念に挑戦し、そしてシチズンシップのフェミニズム化の条件を創出した。すなわち、家族と個々のメンバーを統合する養育者や介護者、保護者としての女性の役割といった資質からシチズンシップを再構成すること」を提起し続けている（Werbner 1999：221-2）。したがって、シチズンシップのフェミニズム化は、シチズンシップの徳として、「弱者に対する配慮や共感、責任」の確立を伴っている。キンバリー・ハッチングスによれば、このことこそ、今日のグローバル・シチズンシップに関するわれわれの認識や実践に影響を与えながら、一九八〇年代のフェミニストの反核キャンペーナーが行おうとしていたことであった。

イギリスのグリーンナム・コモンなど平和集会の組織者は、国際的な舞台で彼らの存在を宣言しただけでなく、国際的な舞台こそ彼らから学ぶべきであると論じたのである。グリーンナム・コモンが採択した戦術は、ある偉大な目標のために人類の大量殺戮さえ考えるような戦略的な戦争思想より、家族の中で女性の仕事に埋め込まれた配慮、つながり、責任などの概念が倫理的に卓越しているという考えに染められている。（Hutchings 2002：57）

この種の言葉に多くの人々は過敏に反応するかもしれない。少なからず、そうしたモデルが「本質主義」の問題に陥るのではないかと懸念するフェミニストもいるであろう。パニーナ・ワーブナーは、そうした批判からすばやく身をかわし、これらの徳が、女性としての女性の役割より、介護者（carers）としての女性の役割と結びついたものであると主張している——そしてこれは前記のようにハッチングスの場合でも明らかである。したがって、彼女は、これらの徳が女性によって独自に所有されているか、あるいは「男性的」役割と一般的に結びついたものより優れているという、第二波のフェミニスト的考えを支持していない。「ここで考えられている政治的母性は一つの包括的関係に依存している。すなわち女性は、普遍的かつ人道主義的問題に関して、男性を含む全体の中で、家族や政治共同体に責任を持っている」と彼女は述べている（Werbner 1999：226）。ここでの意図は、すでに有意義な存在であると考えられている公共的道理性と同様、これらの徳を公的政治生活の一部にしようということである。ワーブナーが述べているように、

社会運動の進展につれ現れてきた政治的母性の強さは、新しい人間の資質を公的領域の中に持ち込んできたこと、そしてそれらを政治共同体の正当化にあって、等しく本質的なものとして定義してきたことであった。問題はこのように、男性が情熱的で忠誠的であるとか、あるいは

女性が理性的で客観的であるとかということではない。問題は、これらすべての資質がシチズンシップの理想を具体化及び対象化し、それらの欠如が国家とその政治的権威を失墜させるという点にある。私が幾分皮肉っぽく（内因的な男性と女性の資質の本質主義的定義に賛成しない）シチズンシップの「フェミニズム化」について話すのはこの意味においてである。

（Werbner 1999 : 227）

そうした資質を公的領域に持ち込む価値は、シチズンシップに関する多くのフェミニストの省察で支持されるようになっている。たとえば、リアン・ボエットは、「公的領域を通じた私的領域の問題、とくに子供や他の弱者の保護と結びついた問題の解釈」（Voet 1998 : 14）の重要性に関するジョン・エルシュタインの議論を強調している。またセルマ・セブンヒュージセンは次のように論じている。

フェミニスト的な配慮（care）の倫理はシチズンシップ概念の中に存在しうる。……配慮の倫理に由来する注意深さ、応答性、責任などの価値をシチズンシップ概念に統合するならば、二重の転換効果が生み出されるであろう。すなわち、このようにしてシチズンシップ概念は豊かになり、多様性や多元性をより良く扱うことができるようになるだろうし、そして配慮は「脱ロマン主義化」され、われわれは政治的徳としての価値を検討することができるようになる。

（Sevenhuijesen 1998 : 15）

このように配慮は現在、一般的にジェンダー的活動となっており、したがってその政治化はポストジェンダー化すること、すなわち配慮を、ジェンダー化された徳ではなく、市民的徳として再主張することが含まれている。

このことは「女性的」価値の理念や公共生活の「フェミニズム化」概念（引用符においてさえ）にためらいを見せるフェミニストを動揺させるだろうし、それはまた、シチズンシップが定義上公的領域に関するものであり、シチズンシップが配慮や共感に関わるものではないと信じる人々も同時に不安にさせるだろう。後者の考え方はマイケル・イグナティエフがとくに抱いているものであり、彼は、「正義の言葉から配慮の言葉を引き出すという混乱は、サッチャーから左に位置するすべての政党がシチズンシップという言葉を堕落させている最も忌まわしい徴候である」（Ree 1995：321）こと、しかも「シチズンシップという言葉に共感などというものは全く含まれていない」（Ignatieff 1991：34）と述べている。

しかし前節で述べたように、これは義務の性質と根拠とを混乱させているからである。われわれはある徳が市民的であり、他がそうではないなどと勝手に断定すべきではない。より実りのあるアプローチは義務の根拠について考えることにある。義務の根拠が（慈善主義的な意味で）広い人道主義にあるというより、政治的に考えられるというのであれば、ごく大づかみに言えば、そうした義務を満たすために必要とされる徳こそまさしく市民的徳と言うことができるだろう。「共感とは法律化されたり、施行することのできない私的な徳である」と述べている点を除けば、イグナティエフは、共感がシチズンシップ言説の一部になるべきではない明確な理由を示していない

(Ignatieff 1991：34)。多くの人が公的な徳は法律化できるし、施行もし得る――あるいはすべきである――と論じているわけではないのだから、これは的はずれな議論である。問題なのは共感の徳が施行されるかどうかにあるのではなく、シチズンシップを出現させるある種の埋め込みを通じて発生する義務を満たす方法として適切かどうかという点にある。フェミニストの分析は、適切であると見なしている。そうであればイグナティエフも、「フェミニズムだけでなく、社会主義、反人種主義あるいは多文化主義も、公的領域に広がる正当性議論の中に――経済平等主義、寛容、文化的認識に対する権利など――新しい人間の資質を組み入れている。これらの新しい価値が、市民であることの意味を再構成するのである」(Werbner 1999：227)というパニーナ・ワーブナーの主張を熟慮せざるをえないであろう。

そうであるとすれば、ポストコスモポリタン・シチズンシップにおいて、善き人間と善き市民との区別は消えていない。二千年以上前、アリストテレスは「善き人間の徳と善き市民の徳は同一なのか、異なっているのか」(Aristotle 1946：101/1276b)と問題を投げかけた。彼はそれらが「すべての場合において同一というわけではない」(Aristotle 1946：103/1277b)と結論づけた。なぜなら、「市民の徳は国制との関係において成り立つのでなければならない。そこで国制にはいくつかの種類がある以上は、明らかに、善き市民にはたったひとつの、それ自体完結した徳は成立しえない」(Aristotle 1946：101-2/1276b)からである。したがって、アリストテレスから見れば、マイケル・イグナティエフが「ユダヤの隣人が国外追放される中、そのまま留まっているドイツ人は『善き市民』であった」と言うのは正しいが、しかし、さらに「アリストテレスが善き市民が善き人間でないという状況を期待していなかった」（Ignatieff 1995：62）と書いているのは誤りである。アリストテレスは、シチズンシップの条件が「人間性」の条件と違うことを明らかにしており、この点はそれぞれの条件と結びついた独特の徳に反映されている。このことは一方で人道的義務を生み、他方でシチズンシップの義務を生むという、異なる関係に関する私の考えと共通点を持っている。

そこで、ポストコスモポリタン・シチズンシップの文脈からこれらの糸口を引き出してみよう。われわれは自由主義的徳、市民共和主義的（男性的）徳、そしてフェミニスト・シチズンシップの徳の違いを見てきた。問題は、これらの徳のどれかを選択したり、それらがポストコスモポリタン・シチズンシップの徳であるなどと勝手に述べることではない。決定的に重要なのは、「徳そのもの」ではなく、シチズンシップの義務を生み出す諸関係なのである。その場合問題は、どの徳がそうした義務を満たすのに最も適しているかを決定することである。このことは、他の人間の条件や関係からシチズンシップを区別することを可能にするが、それは恣意的な基礎に基づいてある徳が「市民的」であり、ある徳がより幅広い「人道主義的」なものであると断定するといったことではない。シチズンシップは見知らぬ者同士の関係である。家族に埋め込まれていても、シチズンシップの義務が生み出されることがない理由はそこから来ている。リヒテンバークから見れば、見知らぬ者との関係は「道徳的なもの」か「歴史的なもの」である。道徳的関係は善きサマリア人と道端の貧しい不幸な人との関係のようなものである。善きサマリア人はその人の苦境と無関係であるが、それを改善することのできる立場にいる存在である。しかしこれは隣人的行為であっても、シチズンシップの行為ではない。見知らぬ者との「歴史的」関係は、われわれが見たように、いくつかの「先行的な行為、実行、合意、関係など」(Lichtenberg 1981：81)を伴っている。この種の関係がシチズンシップの義務を生み出すのである。その場合問題は、どの徳がそうした義務を満たすのに最も適しているのかということにある。このことは、公共的道理性、勇気、配慮、共感、そして正義がすべてシチズンシップの徳と見なされることを意味している。

本章の冒頭で私は、シチズンシップを構成する静態的諸概念に基づいたシチズンシップ分析には欠陥があると述べた。配慮と共感がシチズンシップの徳にはなり得ないという主張は、私にとって、この種の欠陥の一例である。シチズンシップの潜在的徳としてこれらの徳を明確にすることは、われわれをシチズンシップの「外」に連れて行くものではない。そうだと考えている人々は、シチズンシップの徳の性質と、最初にそれらを生み出したものとを混同しているのである。

領土的シチズンシップと非領土的シチズンシップ

自由主義的シチズンシップの概念と市民共和主義的概念は共に「領土的」であり、シチズンシップはある定まった、通常、同一政治空間の成員資格と結びついている。しかし、歴史記録は、支配的な領土モデルと相容れない「世界」や「コスモポリタン」シチズンシップ概念について述べており、あらゆるシチズンシップ経験を完全に説明しようとする場合でも、こうした可能性の余地は残されている。もちろん、領土は自由主義的シチズンシップと市民共和主義的シチズンシップでは異なることがらを「意味して」おり、この点から二つのシチズンシップを対照的に描くことができる。前者にとって、権利や権原は関連領土の成員資格と結びついているため、領土は重要な位置を占めている。「シチズンシップとは、ある人を社会に相応しい成員と定義した上で、諸個人や社会集団への資源のフローを形成する一連の活動（法的、政治的、経済的、文化的）と定義することができる」（Turner 1993b : 2）。

共和主義的シチズンシップにとって、特定の政治的領土の成員資格は、権原よりも、義務や責任と関係づけられている。ターナーは繰り返し、次のような言い方で、共和制ローマのシチズンシップについて書いている。「この社会文脈の中で、都市国家において一定の公的義務や責任を果たしている（理性的な）財産所有者の地位と結びついたシチズンシップの権利概念は、非常に限定的重要性しか持っていなかった」（Turner 1990 : 202）。しかし、自由主義的シチズンシップと市民共和主義的シチズンシップがそれぞれ権利と権原、義務と責任を強調する点で区別されているのに対して、権利と責任の分配を決定する領土的基礎については共有している。

この点に価値があるのは、シチズンシップの自由主義的理解と共和主義のそれに共通する他の特徴を結びつけることによってである。その他の特徴とは、それらが共に差別的である点にある。シチズンシップはある者が資格を要求するための条件であり、適切な方法で資格を得られなかった人はシチズンシップを否定されていることになる。この意味で、シチズンシップは分配される善の一つであり、いかなる社会正義の体制においても、定義上その分配は差別的である。ピーター・ライゼンバーグが指摘しているように、「シチズンシップは歴史を通じて曖昧な制度でしかない、また……それは多くの政治組織形態と調和していた。初めから、それは特権と排除を意味していた。その主要な機能の一つは差別の動因、ないし原理であったというのは誇張ではない」(Reisenberg 1992：xvii)。ジェラード・デランティもまたこの点を正確に述べている。「初めから、［シチズンシップ］という言葉は、すべての人がそれを所有しているわけではない以上、排除の性格を伴っている……。いかなるシチズンシップの説明でも、それが本来的に人々を排除し従属するために作られたという事実を回避することはできない」(Delanty 2000：11)。それに対して、「『シチズンシップ』とは特定の民主的諸関係に伴う道徳・政治哲学における専門用語である」(Light 2002：158)というのはおよそ適当ではない。

われわれにとって問題なのは、シチズンシップが定義上差別的かどうかということである。自由主義／共和主義という区別をシチズンシップの可能性に関する包括的「見解」と見なすならば、双方ともその核心に差別性をもっている以上、われわれは「イエス」と答えざるをえない。この点は、「多くの人が考えてきた以上に、理論上も内包的概念ではなく、非市民(non-citizens)とか不完全にしかシチズンシップを保証されていない者に対しては、シチズンシップの外にある慈悲の感情によって補強される必要がある」(Rees 1995：313)というアンソニー・リーズの確信に見られる考え方である。リーズの主張では、慈悲は内包と逆の意味を持っており、別の可能性は残されているとしても、シチズンシップの外にある感情なのである。つまり「一般的な慈悲の感覚は、シチズンシップの相互義務が尊重されるために必要である」(Rees 1995：323)、ということである。そこで、「差別を越えた」、そして同じ言い方になるが、領土やその類似物である成員資格を越えたシチズンシップの可能性について論じていくことにしよう。

シチズンシップへの関心の最近の高まりはかなりの程度、互いに補強し合う二つの問題や、激しい人口動態状況から生じている。二つの問題とは、第一に、シチズンシップが国民国家の成員資格の点から主に考えられていること、第二に、少なくとも第二次大戦以降、シチズンシップが主に権原要求に関するものと考えられてきた点にある。激しい人口動態状況とは、人類史全体を通じて、今日多くの人々が世界をまたにかけて移動しているということである。これらの人々の多くは豊かな社会――シチズンシップの言葉で言えば、「経済移民」の母国よりもより良い権原を提供することのできる社会――に向かって移動している（あるいは移動しようとしている）。私は先に、過去五〇年を通じて、シチズンシップの権利や権原観が非常に支配的であったために、義務や責任の点からシチズンシップを考えることがしばしば難しくなっていると述べた。同様のことは、シチズンシップが主に国民国家の成員資格に関するものであるということについても言えるかもしれない。

それは常にそうであったわけではない。デレック・ヒーターは「シチズンシップが個人と国家との片務的または双務的関係であるという仮定は、われわれの認識の中に深く埋め込まれたものである。これは、古代のギリシャ人と近代のナショナリストたちにも共通しているモデルである」（Heater 1999 : 115）と書いているが、その点について彼は半分しか正しいことを指摘していない。個人―国家関係が実際に、シチズンシップ理論に具体化されるようになったと述べていることは正しい。しかし、これが常にそうであったと示唆するのは誤りである。古代ギリシャ時代に、われわれが今日理解しているような意味の「国家」は存在していない、したがってアンドリュー・リンクレーターはヒーターより幾分問題を的確にとらえている。「伝統的な見地によれば、近代シチズンシップ概念は限られた共同体世界につながれている。領土や主権、そして共有された国籍から切り離されたとき、シチズンシップは正確な意味を失うことになる」（Linklater 1998b：23）。「限られた共同体」という概念では、共同体の種類についての問題が不問にされており、現代的国民国家にもなりうる一方、そうなる必然性があるわけではないことは歴史的記録からも、明らかである。たとえばわれわれはみな、シチズンシップが与えられ、行使される場所として古代ギリシャの都市国家を挙げている。ピーター・ライゼンバーグは、後の歴史時期に、「一定水準の経済活動に到達した時にはじめて、中世でシチズンシップが一つの制度となりえた。ここでの水準とは、一定規模の物理的都市の存在、貿易や金融業での貨幣の規則的使用、労働の専門化、そして少なくとも一定の家内手工業や産業活動などを条件としている」（Reisenberg 1992：110）と指摘している。ライゼンバーグが暗に示唆しているのは、シチズンシップが実行される特定の大きさや「容器」の種類より、シチズンシップを生み出す社会経済的条件を見つけ出すべきであるということにある。中世やそれ以降、これらの社会経済的条件は町や都市のレベルで明らかに存在していた。もちろん、歴史的観点から見れば、現代国民国家よりも長い間、自治都市がシチズンシップ活動の中心であった。デレック・ヒーターが考察しているように、「その言葉の語源は、たとえば、英語のシティ、フランス語のシトロイエン（citoyen）、イタリア語のチッタディーノ（cittadino）、ドイツ語のブルガー（Bürger）など、『都市』と非常に強い関連を持っていた」（Heater 1999：134）。近代国民国家が定義上シチズンシップの重心にあり、それゆえコスモポリタンとか、国際的シチズンシップが無意味だと論じている人々は、おそらくシチズンシップ活動の真実の舞台という理念が長年進化してきたことを見ておく必要がある。「二〇〇〇年間、シチズンシップと国籍は政治的にコインの裏表のような存在であった。一八世紀後半になるまで、われわれが考えているよりこの関係は大変緩やかであり、そしてこの結びつきは現代において、多重的シチズンシップや世界的シチズンシップがますます明確になるにつれ、さらに緩やかになってきている」(Heater 1999 : 95)。

事実、われわれが歴史文書の中で見ているものは、進化というより、むしろシチズンシップ活動の適切な領域もしくは空間に関する対立的考えが共存していることにある。この点に関して、ジェラード・ディランティは、「コスモポリタン的共同体への帰属意識は、ギリシャ人が文明の宇宙神話を創造して以来、常に西洋思想の中心的特徴の一つであった。初期の教会と普遍的な人間共同体への一体感は、ローマ人の世界帝国への願望の中に引き継がれた」と述べている(Delanty 2000 : 53)。ヒーターはこの考えを支持し、「コスモポリタニズムの持つ道徳的価値への信仰はルネッサンスや啓蒙主義の古典的復活によって蘇った。一八世紀の作家や知識人たち——ヴォルテール、フランクリン、ペインなど——は『世界市民』という称号を誇りとしていた」一方、ギリシャやローマのストア主義者は「人類一体性の概念、普遍的な自然法の存在」(Heater 1999 : 135) を議論していたと述べている。とりわけ、デランティは「コスモポリタニズムがシチズンシップと結びつくようになったのは、イマニュエル・カントまでであった。カントは市民社会に基づいた国際秩序の概念をめぐるコスモポリタン・シチズンシップに関する最初の偉大な現代的議論を開いた」(Delanty 2000 : 53) と続けている。決定的に重要なことは、デランティが「彼(すなわちカント）の主張はコスモポリタニズムの魂と知性であった——それは空間と関係を持たない」(Delanty 2000：55. 強調はドブソン）と述べていることである。そのため私が疑っているように、マイケル・ウォルツァーが述べている「市民は、最も単純化して言えば、政治共同体の成員であり、成員資格に付随するいかなる特権も与えられ、いかなる責任も負っている」(Walzer 1989：221) ということが正しいとすれば、われわれはこの政治共同体を、限られた、あるいは「現実」のものと必ずしも考えるべきではない。モーリス・ローチェが述べているように、「われわれは、シチズンシップが現代国民国家の成員資格に還元されないことを念頭に置いておく必要がある。それはもっぱら『国家的シチズンシップ』と定義できるものではない……。シチズンシップは主に、国民国家と一致しているかどうかにかかわらず、主に政治共同体や市民社会、公共圏の観点から定義し得るものである」(Roche 1995：726)。まもなく明らかになるように、ここに出てくる「公共圏」概念は重要である。

そのため、「国家に限定された地位としてのシチズンシップはその有効性を失ったのであろうか？」(Heater 1999：160) というデレック・ヒーターの質問に対する回答は、間違いなく「イエス」である。事実上、シチズンシップはその概念史上、比較的短い期間しか、国家に限定されてこなかった。もちろん、国家が存在する限り、シチズンシップはそれらと適切につながっている。しかしシチズンシップをもっぱら国民国家と結びつけて考えることは史実に反するし、それではシチズンシップが現在行使されている、あるいは行使しうる状況変化を無視してしまうことになる。言い換えれば、シチズンシップが定義上国民国家とつなげられるのであれば、近年、国民国家が上下方双方で権力や権威を漏出している以上、人々はその（シチズンシップの）重要性の低下を予想せざるえなくなっている。けれども、実際には逆のことが起きており、先述した人口動態の変化の影響だけでなく、これらの変化する状況の下でも依然としてシチズンシップが一つの理念として意味を持ちうるという考え方が一般的になっている。

しかしわれわれには、ヒーターの設問をより一般化した問題が残されている。彼は以下のようにそれを表現している。「そもそも市民とは、単一でまとまりのある政体としてのポリスやキビタスの完全な構成員であった。市民が行動を期待される環境が急激に多様化したことから、シチズンシップはそれに適応してその本質を必然的に失ってしまうほど、変化や進化したのだろうか」（Heater 1999 : 157）。言い換えれば、国民国家が現代シチズンシップの参照点としてはあまりにも狭い枠組みしか提供していないということを受け入れたとしても、依然として、シチズンシップの権利を要求し、義務を履行する「単一でまとまりのある政体」の存在と明確化が定義上重要であると考えられている。このことが正しいとすれば、コスモポリタン・シチズンシップや、その後に続く、ここで展開しているようなポストコスモポリタン・シチズンシップといった他のシチズンシップ概念は、理論的に機能できなくなってしまう。

しかし繰り返し言うならば、「単一のまとまりのある政体」――それ自体議論を呼ぶ主張――がこれまで存在していたとしても、それらが現在存在していないことは間違いがない。デランティが述べているように、「国家は国家を形成するすべての勢力をもはやまったく掌握しておらず、主権は都市や地域など、サブナショナルな単位に下降するとともに、欧州連合など多国籍諸機関に上昇して解消されてしまっている」（Delanty 2000：19）。シチズンシップの存立にとって「単一のまとまりのある政体」が概念的かつ実践的前提条件であるとすれば、シチズンシップは死んだという結論しか導き出すことができない。しかし、より適切に対応するには、近代後期に生きる人々が（潜在的に）成員であるような「政体」の多様性に焦点を当て、シチズンシップがこれらの状況の下でどのようなものになるのかを考えることである。その方法に沿うならば、これらの政体に「実体がある」必要はなく、「言説的なもの」であってもよいという認識を重大なものと受け止めなければならない。

国民国家を中心としたシチズンシップの最初の崩壊は、デランティの右の主張に沿って行われている。このように、シチズンシップが近代国民国家と結びついているという考えを熱心に支持する者も、いくつか基本的な意味で、欧州連合の発展とともに、最も新しい特徴を持つシチズンシップが出現していることを認識しなければならない（たとえば、Falk 2002：23-6）。欧州連合との関連で、どのようにヨーロッパ統合が行われるのか、また行われるべきなのかという、複雑な議論とこの問題は深くつながっており、将来のEUシチズンシップの権利と義務の予測が難しいとしても、トランスナショナルなシチズンシップは間違いなく一つの現実となっているのである。

しかし、この種のトランスナショナルなシチズンシップも依然として領土的シチズンシップである。したがってポストコスモポリタン・シチズンシップに特徴的な非領土性といううしるしがあるわけではない（表2-1を見よ）。この点で有意義なのは、私がここで描いている「新しい」シチズンシップの核心にある関係の性質について、先に述べた点を想い起こしておくことである。自由主義的シチズンシップと市民共和主義的シチズンシップは共に、市民と、憲法上の政治的権威との関係――もし呼ぶとすれば垂直的関係――に焦点を当てている。このことは、私が前段で描いたトランスナショナルなシチズンシップについてもあてはまる。他方、コスモポリタン・シチズンシップやフェミニスト・シチズンシップのいくつかの形態、そして私がここで描いているポストコスモポリタン・シチズンシップはみな、市民間の諸関係に焦点を当てている。このことはしばしば、ますますグローバル化しつつある世界と関連するもう一つの現象、すなわち「グローバルな市民社会」という理念をすくい上げることになる。市民社会は常にシチズンシップと結びつけられてきた。それは、人々が公的領域としての公式の国家機構の政治諸制度の外にある自発的アソシエーションの総称であった。市民社会とは市民が市民として相互に交流する場であり、国民国家が内外で権力や権威を失い、多くの現代的政治的課題のトランスナショナルな性質が明らかになるにつれ、トランスナショナルな市民社会の概念――そして恐らく事実――が登場するようになってきたのである。このことの最も明確な表われは、G8やWTOの会議など主要な一連の国際政治や国際金融に対する批判の中から生じている。シアトル、プラハ、ケベック、そしてゲーテブルグはグローバルなシチズンシップ活動が噴出した場所であり、今後も多くの都市がそのリストに加えられるだろうと多くの人々は考えている。これらの出来事はグローバルなシチズンシップ活動の氷山の一角である。「一つのプロジェクトとして、また予備的現実と考えられるこれらのトランスナショナルな活動のネットワークは、政治的アイデンティティや共同体、そしてそれらを束ねたグローバルな市民社会に向けた新しい方向を生み出そうとしている」（Falk 1994：138）。国際的な非政府組織

（INGOs）はしばしば同じ機能を果たすものと考えられている（Linklater 2002：326）。そうしたネットワークや組織、そしてそれらが生み出す市民社会は非領土的なものであり、したがって私がポストコスモポリタン・シチズンシップの中心的特徴と考えている非領土性の一つの基礎となっている。

その場合、「大きな領土性」と「非領土性」を区別することが重要である。出現しつつあるグローバルな市民社会と結びついたシチズンシップが後者の例であるとすれば、EUシチズンシップは前者の例である。事実、「大きな領土的」シチズンシップは非常に長い間存在してきた。たとえば、J・L・コーヘンがアレクサンダー帝国を例に考えているように、「都市共同体の自治にその起源を持っているシチズンシップ概念は、言うまでもなく、都市国家内に存在しているよりもはるかに幅の広い関係の文脈に適応し始めた」（Cohen 1954：73）。コーヘンは続けて、アレクサンダーが死に、政治的統一が消滅した時、「単一のシチズンシップが合理的であると考えられたただ一つの世界社会はたんなる比喩となった」（Cohen 1954：73）と述べ、そのことで「大きな領土的」シチズンシップと「非領土的」シチズンシップとの概念的ずれを示そうとしている。しかし、これを「比喩的」シチズンシップと呼ぶことは、恐らく実際以上に非現実的な印象を与えてしまうことになる。たとえば、ストア派は「すべての人間が究極的な道徳的平等性を主張」（Reisenberg 1992：53）しており、これは後にローマ人やとりわけキリスト教徒のシチズンシップの理解に相当の現実的影響を与えた――普遍的な天上都市に対する忠誠は特定の地球都市に対する忠誠にとって代わった。

現代シチズンシップ理論において、非領土的シチズンシップというテーマは、「コスモポリタン・シチズンシップ」を支持している人々が最も明示的に取り上げているものである。この概念は、その支持者が時代遅れで静態的なシチズンシップ概念にすぎないと見なしているものに対する意識的な批判の中で発展してきた。その支持者は「シチズンシップが国民国家以外の制度にも関係しうることを否定する静態的アプローチに批判的」（Linklater 1998：29）である。これが今では、「ポストコスモポリタン・シチズンシップ」の特徴となっていることは明らかである。われわれが見てきたように、「国家を越えた」シチズンシップ概念を構築する一つの方法は、EUの成員資格と結びついた、トランスナショナルなシチズンシップの様々な出現形態について考察することである。われわれはそれと並んで、グローバル・シチズンシップの観念や活動が意味を持つ「グローバルな市民社会」の可能性を描いてきた。しかし、コスモポリタン・シチズンシップはまた、コーヘンが右で述べた「比喩的」シチズンシップの遠縁とも見なされており、そこではグローバルな「公共圏」の理念がグローバルな「市民社会」の理念に取って代わったり、ある場合には補完するようになっている。このように、ジェラード・デランティにとって、

こうしたシチズンシップ構想の中心的次元は、サブナショナル、ナショナル、そしてトランスナショナルにわたる多段階のシチズンシップ感覚であり、シチズンシップはもはや、ある一つのレベルに排他的に位置づけられ得ないからである。本書（彼の本）の重要な貢献の一つは、コスモポリタン市民社会の見通しに対して批判的である一方、コスモポリタン公共圏の観念を擁護することにある。（Delanty 2000：5）

アンドリュー・リンクレーターの議論では、こうしたグローバルな公共圏はまさに、コスモポリタン・シチズンシップがおよそシチズンシップではないという批判を回避するために展開されている。以下長文になるが、しかし重要な引用文の中で、リンクレーターは、先に見たジョン・ホートンの指摘を繰り返しながら、彼が批判しようとしている主張を効果的に説明している。

コスモポリタン・シチズンシップに訴えることとは、同胞国民に、どこか他のところにいる人々に対する義務も尊重するよう呼びかけることであるかもしれない。しかしこれでは、彼らの考えの中にあるシチズンシップ概念を歪めてしまうことになる。その立場からすれば、市民であるということは、他の人間に対する自発的で不確かな義務より、特定の主権国家に対する具体的な権利と果たすべき義務を持っていることである。それは集団的自己決定の権利を享受し、誰がその地位に入り、誰が出ていくのかを決定することのできる境界を持った政治共同体に帰属することである。それは、外部者に対する面倒な道徳的義務を受け入れるかどうか、また彼ら自身の義務をどのように果たすのかを共に決定する他者と特定の絆を持つことである。したがって、外国人がたんなる人間性を根拠に保持、要求することのできない主権国家の成員としての特権を、市民は享受する……。伝統的アプローチの見地からすれば、国民国家が政治共同体の支配的形態であるのに対して、コスモポリタン・シチズンシップは道徳的勧告を履行することを訴えるにすぎないのである。その内容は、世界シチズンシップの理念が相当の道徳的力を持つかもしれないが、しかしシチズンシップのいかなる厳密な定義から見ても、その言葉は

自明なほど、常に矛盾しているということである。（Linklater 1998b : 23–4）

言い換えれば、「世界シチズンシップの批判者は、その訓戒的かつ修辞的目的が民主的な公共圏への能動的参加というアリストテレスの観念と完全に切り離されることに反対している」（Linklater 1998b : 27）。リンクレーターは、そうではないと述べている。彼にとって、「民主的な公共圏への参加」は多くの形態をとっており、それらの一つが政治的論証である。リンクレーターの観点からすると、コスモポリタン・シチズンシップの「中心的な目的」は、「対話と承認」が国際的舞台で紛争が解決される手段となることを保証する自由主義的な目的にある（Linklater 1998b : 25）。彼は、「それには、外部者、とくに最も弱い者が『提案を拒否、交渉』し、不公平な社会構造を批判する力を持つコミュニケーション的共同体を建設する政治行動を必要とする」（Linklater 1998b : 25）と主張している。第1章で見てきたように、リンクレーターは、これをシチズンシップへの「対話的」アプローチと呼んでいる。そのことによって公共圏への参加というシチズンシップの中心的理念が破棄されず、むしろ初期の討議民主主義の非領土的文脈で再構築されることになる。認識共同体、あるいはディアスポラ共同体が非領土的であるのと同じ意味で、これはまさしく非領土的である。

対話的理念を展開することで、リンクレーターはある種のコスモポリタン・シチズンシップへの批判を回避できたと期待している。しかしもう一つの批判がある。リンクレーターの先の引用文からも明らかなように、「市民であることは、他の人間に対する自発的で不確かな義務より、特定の主権国家に対する具体的な権利や果たすべき義務を持っていることである」というように、彼はシチズンシップの義務について非常に敏感である。言い換えれば、彼は、マイケル・イグナティエフが先に行った、配慮や共感などの倫理的概念を基本的に政治概念であるものに移し代えたことに対する批判に敏感に反応しているのである。リンクレーターが述べているように、「議論になっているのは、それがいかなる実際的意味を持つものであったとしても、コスモポリタン・シチズンシップは他者の弱みにつけ込まないという道徳的関わりではなく、むしろ人類を配慮と共感を持って扱う倫理的決断を伴っていなければならない、という点である」（Linklater 1998b : 28）。リンクレーターはこの批判を受け入れ、それに抗議するために、コスモポリタン・シチズンシップにおける言説的、あるいは対話的要素をあらためてリストに含めている。リンクレーターの主張は、対話や議論への掛かり合いが配慮や共感のそれよりも、幾分「政治的」であるということにある。そのため、「世界シチズンシップが共感を持って弱者を扱うことへのコミットメントを具体化できるかもしれないが、そこにはまた、より広い言説共同体において平等に他者を扱う原則が含まれていなければならない」（Linklater 1998b : 34）と彼は述べている。

「倫理的なもの」と「政治的なもの」との標準的違いを受け止め、コスモポリタン・シチズンシップ概念がいかに倫理的というより政治的であるのかを示しているという点で、イグナティエフに対するリンクレーターの対応が正しいことは明らかである。しかしその場合、リンクレーターは、彼の「政治的なもの」の理解を疑問視する人々によって足元をすくわれてしまう危険性がある。われわれが問いかけているのは、「他のすべての人間を配慮と共感を持って扱うための倫理的決断」

が政治的でないのに対して、「より広い言説的共同体において平等に他者を扱うこと」が何故「政治的なもの」であるのか、という点なのである。それらは共に、公的領域への能動的参加という重要なシチズンシップの観念を共有しており、そのため唯一の相違は、「言説」活動が幾分、配慮と共感の活動よりも政治的であるという点だけである。しかし、「私的な」活動や徳を非政治的なカテゴリーに属すると片づけてしまう前に、フェミニストの批判を考えてみる余地がある。この観点からすれば、配慮と共感を非政治的な徳と見なすということは、分析的というよりもむしろイデオロギー的なものである。

もう一つのリンクレーターの難点は、配慮と共感にあまりにも広い役割を与えられている（その「非特定性」）ことにある。しかし、コスモポリタン・シチズンシップの主張は、シチズンシップの義務が国民国家を越えて広がっていくという認識へ駆り立てている点にあるのだから、彼にこの批判は当てはまらないであろう。総じて、リンクレーターが配慮と共感を持って弱者を扱うという世界市民のコミットメントを、より政治的――それゆえより市民的――な対話的平等の原則で「支え」ようとしているために、あまりにも多くの根拠を彼の批判者に与えているかもしれない。これまで明らかにしてきたように、出発点は「どの徳が市民的であるのか」ということではなく、「どのような関係がシチズンシップの義務を生み出すのか」でなければならない。このことは、どのような徳がそうした義務を満たすのに最も適しているかという問題を未解決まま残している。

コスモポリタン・シチズンシップとポストコスモポリタン・シチズンシップ

これまで述べてきたことからすれば、コスモポリタン・シチズンシップとポストコスモポリタン・シチズンシップを慎重に区分し、またそれらの違いを明確にしておくことが必要になる。確かに、リンクレーターやその他の者が明らかにしたコスモポリタン・シチズンシップはその非領土性をポストコスモポリタン・シチズンシップと共有している。また両者は共に、「個人が主に国民国家に対して負っている政治的義務の理解に挑戦する新しい政治言語の探究」(Linklater 2002 : 317) に乗り出している。しかし他方でわれわれは、コスモポリタニズムが配慮と共感を政治的シチズンシップの徳として受け入れようとはしていないことを指摘した。けれどもこれらはポストコスモポリタン・シチズンシップの中心的特徴なのである。同様に、コスモポリタニズムの非領土性は、ポストコスモポリタン・シチズンシップが繰り返し批判している、シチズンシップがもっぱら公共圏で実行されるという信念を伴っている。

しかし、恐らく両者が最も異なる点は、非領土性という、両者に最も明確で、共通している特徴からきている。この文脈で、キンバリー・ハッチングスは非領土性には二つの概念があることを明確に指摘し、「自由民主主義的シチズンシップ概念の中に潜在的に隠された倫理的普遍主義に統合されるより、現実の諸個人と集団双方の相互関係や相互作用の中に位置づけられる」シチズンシップを議論している (Hutchings 1996 : 127)。第1章の最後で私は、「対話的」コスモポリタニズムと「分配的」コスモポリタニズムがともに、コスモポリタン共同体の成員を結びつけている紐帯の薄い、非物質的説明を共有していることを明らかにした。この紐帯とは、ハッチングスが「倫理的普遍主義」と呼んでいる「人類普遍の共同体のビジョン」(Linklater 2002: 317)である。それに対して、第1章や本章では繰り返し、ポストコスモポリタン・シチズンシップの「共同体」は「歴史的に」あるいは(より適切に言えば)「いつも、すでに」あるグローバル化の義務によって生み出されると論じてきた。このことは、「卓越した理念というより、グローバルな現実」(Hutchings 1996: 128)における(ポストコスモポリタニズム的)シチズンシップ空間に基づいているという点で、コスモポリタニズムの理想的かつ言説的境界線と著しく異なっているのである。第1章で説明したように、ポストコスモポリタニズムの義務空間は「地理的かつ通時的空間で、占拠する能力を持つ諸個人や集団の活動が『創造』したものである。その広がりは状況に応じて変化するため、定まった大きさ(都市でもなく、国家でも、そして「普遍的」でさえない)を持たない空間である。ここで指摘しておく価値があるのは、この文脈では、コスモポリタン・シチズンシップが「全人類を含む共同体」(Linklater 2002: 323)に言及するため、その広がりや範囲にあまりにも厳しい要求をしているとしばしば批判されていることである。それに対して、ポストコスモポリタニズムは本質的に、確認しうる現実的被害の諸関係に根差しており、これらの諸関係に最初から含まれている人に義務を限定している。地球温暖化現象が生み出した義務のように、義務は依然として広範囲で過大であるかもしれない。しかし、まさにこの例は、すべての人類が持続不可能なやり方で地球温暖化の原因となっているわけではない以上、義務が「すべての人類」の義務ではないことを明らかにしている。

その場合、コスモポリタン・シチズンシップとポストコスモポリタン・シチズンシップとの主な相違は、共通の人間性という「薄い」共同体と「歴史的義務」という「厚い」共同体との違いにある。私は、エコロジカル・シチズンシップという特定の文脈から、第3章でこうした問題をさらに論述していくことにする。

結論

本章で私は、(最初の段落で述べたように) 今日の世界で生じているイデオロギー的変化や物質的変化に対処するために、シチズンシップについて新しい記述が必要とされていることを検討しようとしてきた。伝統的な自由主義的方法や市民共和主義的方法、あるいはより最近のコスモポリタンの語法ではこの新しいシチズンシップ――「ポストコスモポリタン・シチズンシップ」――を完全に表現できないことを明らかにすることが、私の目的の一部であった。ポストコスモポリタン・シチズンシップの主な特徴は、シチズンシップと結びついた義務の非互恵的性格、政治空間に関する非領土的であるが物質的な性質、この政治空間には公的領域と同様に私的領域も含まれるべきであるという認識、それと関連して、徳に焦点を当て「私的な」徳がシチズンシップの徳となる可能性を認める決定にある。私はまた、本章の最初の段落で、ポストコスモポリタン・シチズンシップが明確になるのは環境政治の姿においてであると述べた。そこで今からエコロジカル・シチズンシップを取り上げてみることにしよう。

第3章　エコロジカル・シチズンシップ

　第2章では、自由主義的シチズンシップと市民共和主義的シチズンシップという二つの支配的な形態に、言説的にも政治的にも含まれることのない新しいタイプのシチズンシップが論じられた。私は、コスモポリタン・シチズンシップの衣を着たシチズンシップを越えようとする現在の試みと同時に、これら二つの形態とは異なる「ポストコスモポリタン」シチズンシップについて述べてきた。第2章の冒頭で私は、環境政治というポストコスモポリタン・シチズンシップの「最も明確な」現象について言及した。本章では、私が「エコロジカル・シチズンシップ」と呼ぶ形態を詳しく検討することにしたい。

　ハートレイ・ディーンは環境政治学とシチズンシップとのつながりについて、いくつか貴重な指摘を行っている。

環境思想は少なくとも三つの別々の方向でわれわれのシチズンシップの理解に影響を与えてきた。第一に、環境問題はわれわれが市民として享受する権利の理解の中に入り込んできた。第二に、エコロジー思想と結びついて高まりを見せているグローバルな意識が、シチズンシップの潜在的広がりの理解を拡大してきた。第三に、出現してきたエコロジカルな問題はシチズンシップと関連した責任に関する複雑な議論に油を注いできた。（Dean 2001：491）

ディーンは、まず第一に、環境権（environmental rights）の問題へわれわれの関心を引き寄せている。私はこのことについて簡単に述べることにする。われわれの多くは、若干曖昧さを残しているものの、環境権が市民的、政治的、社会的諸権利という標準的分類への一つの追加事項であると考えてきた。ただし、環境権が本来、追加的なものであるのか、あるいは単に伝統的分類の一部にすぎないのかについては議論の余地がある。たとえば、環境権は通常、社会的諸権利と全く異なるものというより、社会権に属するものと議論されている。しかし、それがどのようなものであっても、第2章の議論からわれわれは、シチズンシップが一部には、国家に対する諸権利の規定や要求に関するものであると理解している。したがって、ディーンはシチズンシップと環境主義との間に、ある程度明確な――しかし依然として重要な――つながりがあることにわれわれの関心を引き寄せたにすぎない。

第二に、ディーンは（いくつかの）環境問題のグローバルな性格を述べている。第2章で私は、グローバル化現象が、国家を越えたシチズンシップを想定できるかどうかという問題を生み出していることを明らかにした。ともに「国家性」に限定されたシチズンシップの自由主義的な捉え方と市民共和主義的なそれを越えることができるのであれば、それは可能である。国家を越えたシチズンシップがあり得るかどうかという問題に対する一つの回答がコスモポリタン・シチズンシップであり、ポストコスモポリタン・シチズンシップがもう一つの答えである。本章で、私はディーンの「エコロジー思想とつながるグローバル意識」が、コスモポリタン・シチズンシップより、ポストコスモポリタン・シチズンシップに適していることを論じたいと思う。

第三に、ディーンは、エコロジカルな問題が権利と同時に責任に関する議論を生み出してきたことを指摘している。こうした責任に関係する社会的目標は「持続可能な社会」であり、環境政治学は、この目標にどのような責任が関わっているのか、それは誰に対してなのか、何を負っているのか、といった点を指摘している。これらはシチズンシップの問題であり、エコロジーの文脈におけるそれらに対する回答は、自由主義的および市民共和主義的シチズンシップ、そして過去のコスモポリタン・シチズンシップを越えたところへわれわれを導くのである。

これまでの所説

ディーンの指摘は、シチズンシップと環境とのつながりがこれまで十分に検討されたものであると思わせる内容となっていたために、この問題に関する体系的研究がいままでほとんど行われてこなかったことは大きな驚きである。ただし、ジョン・バリー（1999, 2002）、マーク・スミス

(1998)、そしてピーター・クリストフ (1996) はこれまで重要な貢献を行ってきたし、またエンジェル・ヴァレンシア (2002) はこの領域で非常に包括的な研究を提示してくれている。バリーは、エコロジー政治学における徳の概念を強く支持している。徳が市民共和主義の伝統から環境的シチズンシップやエコロジカル・シチズンシップの可能性を切り開くものであることは、第2章から明らかであろう。バリーは確かに正しい方向に向かっているが、他の伝統的な諸形態の一つより、ポストコスモポリタン・シチズンシップの方がまさに彼の求めた目的地に到達するだろう。私はこの可能性を以下で詳細に検討したい。

同様に、マーク・スミスは、「人間が動物や樹木、山、海、そして他の生物共同体の成員に対して持つ」「新しい義務の政治学」について述べている。私はこれらすべての義務をシチズンシップの義務といえるかどうか確信を持っているわけではない。そこでさらにこの点を掘り下げようと思っている。しかし、彼が述べている義務の概念は、間違いなく私が擁護しているエコロジカル・シチズンシップの明確な表明と見なしているものの核心にあり、その義務という言葉はただちに、三つのシティズンシップについて述べた表2-1にわれわれの注意を向けるはずである。「義務」や「責任」が自由主義的シチズンシップの言葉ではないことが想起されるであろうし、そのためスミスが述べているシチズンシップが自由主義的語法で完全に表現されるということはなさそうである。彼が述べているように、「伝統的な正義とシティズンシップの捉え方では、人類に、今日的なエコロジー的損失が生み出した困難を解決する適切な諸道具を提供し得ないという確信がこの知的プロジェクトの中心にある」(Smith 1998 : 91)。私は以下でスミスの貴重な洞察に基づいて議論を進めることにしたい。

もう一つの重要な貢献はピーター・クリストフによって行われてきた。シチズンシップの文脈で提起された定義上の問題の一つは、「国家を越えた」シチズンシップがあり得るかどうかである。われわれは、コスモポリタン・シチズンシップとポストコスモポリタン・シチズンシップが共に、国家を越えたシチズンシップがあり得ると考えていること、前者の場合その根拠の一つとして、シチズンシップは公共圏への参加に関するものであり、公共圏が国家に限定される理由はないと考えていたことを見てきた。クリストフはこの点で分かりやすい対比を行っている。「それは、完全に異なった視点からシチズンシップ概念を考察しており、また国家との法的関係で公式に定義されたシチズンシップ概念より、道徳的責任や公共圏への参加に基づいたシチズンシップ概念に転換するのに役立っている」(Cristoff 1996：157)。彼は、多くの環境問題が国境を越えた性格を持っていることを指摘し、徴候であると同時に原因でもあるグローバル化の進展の中にこれらを位置づけようとしている。そうした進展は「(個人行為や『共同体』行為、そして道徳的責任において実践されるような）道徳的シチズンシップと国民国家が定義した法的シチズンシップとの間で早くから見られた分離や混乱を助長している」と彼は論じている(Cristoff 1996：161)。こうした混乱は、私が本章の後で展開するエコロジカル・シチズンシップ概念の中でも見られる。

バリー、スミス、クリストフの研究の価値は、支配的な自由主義的、領土的観点から指摘されてきた以上に、シチズンシップと環境との関係についてさらに深められるべき論点があることを見抜いている点にある。それに対して、バート・ヴァン・シュテルベルゲンは、広く引用されている論文の中でこの関係を探究してきた（van Steenbergen 1994b）。彼は、T・H・マーシャルの影響力のあるシチズンシップの三つの分類（市民的、政治的、社会的シチズンシップ）に基づいて、以下のように述べている。「私の意図は、二一世紀を目前にして、新しい第四のシチズンシップ領域が生まれる可能性を検討することにある。私はここで、市民的、政治的、社会的シチズンシップという三つの既存のシチズンシップ形態への追加や修正として、エコロジカル・シチズンシップ概念について述べようと思っている」（van Steenbergen 1994b : 142）。シチズンシップの文脈において環境権の概念はもちろん重要であるが、マーシャルに頼りすぎると、環境—シチズンシップ関係の本当に興味深い点が見失われる可能性が出てくる。周知のごとくマーシャルの分類は、残念ながら権利に基づいたものであるが、たとえばスミスが適切に指摘しているように、現代理論に対する環境政治学の最も大きな貢献は、責務や義務に焦点を当てたという点にある。ヴァン・シュテルベルゲンの誤りは枠組みとしてマーシャルを利用したことであり、マーシャルの分類で現在の発展をうまく捉えることができるかという問題に、肯定的回答を暗黙のうちに早く出し過ぎてしまったことにある。

同様に、「環境の相互依存性」というテーマをシチズンシップを対象とした研究成果全体の中で扱おうとしたフレッド・トワイン（1994）の約束は、環境的シチズンシップやエコロジカル・シチズンシップとは何か、他の種類のシチズンシップとの違いは何かを明らかにする代わりに、「増大する環境的、物理的限界」のためにマーシャル的な社会的権利を主張することがこれまで以上に難しくなっていることのみを論じることで、成果を出せずに終わってしまっている（Twine 1994 :

4)。これは興味深い論点――真実でさえ――ではあるものの、私から見れば、環境主義とシチズンシップを関連づけることによる成果を社会的シチズンシップに閉じ込めてしまうことは、せっかくの機会を失ってしまうことになる。

私はまた、環境とシチズンシップの文脈では、議論がいくぶん権利に集中しすぎる傾向があると考えている。たとえばヴァン・シュテルベルゲンは、様々な類型のシチズンシップ権利を議論することから、次のようなあまり説得力のない考えへ飛躍してしまっている。「要するに、エコロジカル・シチズンシップとは……人間以外の存在にまでシチズンシップの諸権利を拡張したものである」(van Steenbergen 1994b : 146)。私はこのように、市民共同体を拡張しようとすることが誤りである理由を本章で詳述するつもりである。要するに、シチズンシップの諸権利とは正義の問題である。しかし、非常に議論を呼ぶのは、正義の対象を非人間的存在にまで拡大することについてである(Dobson 1998 : 166–83)。私は、そうした人間以外の存在は道徳的受領者であり、したがって道徳共同体の成員と見なされなければならないと考えている。しかしその場合でも、われわれと彼らとの関係は、市民的というよりむしろ人道的なものであり、だからこそエコロジカル・シチズンシップを、人間以外の動物にまで市民の諸権利を拡張したものと考えることは誤りなのである。

しかし、ヴァン・シュテルベルゲンやトワインが明らかにしているのは、自由主義的語法の中で、シチズンシップと環境との関係について述べられなければならない何かがあるということである。私は、自由主義的シチズンシップが環境を「取り上げる」ことが政治的に重要でないと主張するつもりはない。むしろ、私の主張は、自由主義の下で環境とシチズンシップの関係全体を描こうとすることが誤りであること、なぜなら常に環境―シチズンシップ関係を自由主義で捉えることは出来ないからである。もちろん、シチズンシップの市民共和主義的概念やコスモポリタンの概念では何故無理なのか、何故ポストコスモポリタンの枠組みが必要とされるようになっているのかという点も、私が主張したい点である。

環境的シチズンシップとエコロジカル・シチズンシップ

本章ではこれまで、多少なりとも「環境的シチズンシップ」と「エコロジカル・シチズンシップ」を互換性のある用語として使用してきたと思われたかもしれない。そこで、これらの用語をもっと正確に紹介し、具体的な現象と関連させて考えていくことにしたい。これから私は、環境とシチズンシップとの関係を自由主義的観点から考えるために、「環境的シチズンシップ」を取り上げることにする。表2-1に戻って考えるならば、環境的シチズンシップは、環境権を対象とし、公的領域で主に機能し、その主な徳は自由主義的合理性や、より良い議論や手続き的正当性の力を受け入れようとする意思にあり、権原は国民国家をモデルにした政体に限定されている。いくぶん正確さを欠くかもしれないが、環境的シチズンシップはこの場合、権利要求の議論と実践を環境の文脈にまで広げた試みということができる。

他方、第2章で展開したポストコスモポリタン・シチズンシップのエコロジカルな形態に対しては、「エコロジカル・シチズンシップ」という用語を充てることにしたい。その場合、エコロジカル・シチズンシップは非契約的責任を対象とし、公的領域と同時に私的領域にも存在し、シチズンシップの徳と考えられるものを決めるにあたっては、責任の性格よりその根拠が述べられ、徳という言葉を使うことで機能し、明らかに非領土的な特徴を持っているシチズンシップである。あらためて強調しておきたいのは、エコロジカル・シチズンシップが環境的シチズンシップより政治的価値や重要性があるわけではないということである。言うまでもなく、政治的観点からすれば、環境的シチズンシップとエコロジカル・シチズンシップは異なる条件で組み立てられている一方、両者は補完的であり、持続可能な社会という同じ方向を目指しているものと理解することができる。例えば、憲法で環境権を規定することは、エコロジー的責任を果たすのと同様、持続可能性の政治的プロジェクトを実現する一部となっている。ティム・ヘイワードが指摘しているように、同じことは逆の場合にも当てはまる。

確かに、憲法のレベルで明確に扱うことのできない、また扱ってはならない多くの政治的課題がある……。「下から」規定された、新しいエコロジー的課題に対応するために、民主主義的国家諸制度の能力を高める力強い例がある。このことはとくに市民社会アソシエーションから多くの意見や忠告を受け入れることを意味している。（Hayward 2001：129）

ただし、私はシチズンシップ自体の観点から見て、環境的シチズンシップよりエコロジカル・シチズンシップを知的な意味で興味深いものと考えている。何故なら、（前記段落で描いた、特定の意味で理解される）環境的シチズンシップがシチズンシップを何も変化させていないこと、すなわち環境とシチズンシップとの関係がもっぱら自由主義的偏差と捉えられ、描写されているにすぎないからである。他方、エコロジカル・シチズンシップは、結果的にシチズンシップの伝統を越えたところからシチズンシップの再検討を求めている。私は本章の大半をエコロジカル・シチズンシップの議論に費やすつもりであるが、権利に基づいた環境的シチズンシップの重要性を最初に若干述べておくことにしたい。

自由主義的シチズンシップと環境

現代シチズンシップ概念において権利の重要性を無視することはできないし、それを否定してはならないが、このことは環境文脈においても当てはまる。ディナ・シェルトンは権利と環境が結びつく方法を三つに区分している。第一に、環境保護の目的は、「生命に対する権利や個人的安全保障、健康、食料といった」既存の人権を行使することで追求される。「この点に関して、安全かつ健康な環境は既存の権利を行使する前提条件か、もしくはこれらの権利の享受と堅く結びついたものと見なすことができる」（Shelton 1991：105）。このことの関連で、クリストファー・ミラーは次のように指摘している。

一九七二年（ストックホルム）国連人間環境会議までに、良好な環境が一定の人権を享受する際の前提条件となるという理念はもはや議論の余地のないものとなっていた。

人間は、威厳と安寧な生活を認める質を備えた環境の中で、自由、平等、そして適切な生活条件を享受する基本的な権利を持つ。

一五年が経過して、また引き続く同様の国際会議でも、環境の質は、「基本的」人権の地位を獲得するまでになっていた。

すべての人類は健康と安寧にとって適切な環境に対する基本的権利を持つ。

(Miller 1998 : 1–2)

第二にシェルトンは、住み心地のよい持続可能な環境に対する権利を含めることで人権リストが拡大されるかもしれないこと、第三に、環境それ自体の権利が確立されるかもしれないと述べている(Shelton 1991 : 105. また Turner 1986 : 9 ; Waks 1996 : 143 も参照)。

これらすべてについて多くのことが指摘されるかもしれない。たとえば、ラルフ・ダーレンドルフは、環境権の概念(右のシェルトンの二番目の使用方法で)が本当に合理的なのかどうかについて疑問を呈している。「私は、世界市民としてわれわれ皆が住みよい居住環境やそれを維持する行動に対して権原を定めることができるかどうか確信が持てない」(Dahrendorf 1994 : 18. また Hayward 2000 : 560–3 ; 2002 : 247–52 も見よ)。また、レオナルド・ワクスは、環境権の要求を充足することで生じる、優先順位をめぐる対立を調整するために、多くの知的エネルギーが費やされることになると指摘している(Waks 1996 : 142)。同様に、権利が憲法で規定された場合、とくに

「将来とのつながり」という点で、非民主的になるのではないかといった問題も指摘されている（Hayward 2002 : 238-41）。また実行可能性の問題もある。「環境問題の性格は、特定の汚染者に対して法的措置をとることができるほど正確な原因の特定がしばしば難しく、不可能でもあることである」（Hayward 2000 : 564）。ヘイワード自身、たとえば環境計画との関連で、知る権利など、手続き上の権利に焦点を当てることで、実質的環境権の中身を決定する困難な問題の解決策を提案している（Hayward 2000 : 563-4 ; 2000 : 120-1 ; 2002 : 244-7）。議論の余地がないのは、環境権とシチズンシップの問題が親密に結びついているということであり——「この種のことはシチズンシップの議題にのぼるかもしれない」（Dahrendorf 1994 : 18）——環境主義とシチズンシップとの関係を完全に描写するには、環境権の確立や要求に、相当な注意を払うことになることである。

環境権概念にとって鍵となるのは国家憲法であり、ティム・ヘイワードは「七〇以上の国が憲法上何らかの環境規定を持っており、少なくとも三〇の事例で環境権という形態を取っている……。最近、公布された憲法で、環境理念を述べていない例はなく、多くの旧い憲法もそれらを含むよう改正されつつある」と指摘している（Hayward 2000 : 558）。憲法は、行為や行動の判断基準であり、憲法に環境規定を盛り込む政治的重要性を過小評価してはならない。ヘイワードは、「なぜ環境主義は憲法的アプローチを採用するのだろうか」という自らの問いに、簡潔な回答を示している。

主な理由の一つは、今日の環境問題が、適切な解決策のために、国内や国家間の大規模な協力を必要としているという点にある。そうした協力を得るためには、その基礎について広く合意された一般原則が不可欠となっている。その原則が国内で合意され、正当化されるためには、それらは日常の政治的便宜の変化と無関係に設けられる必要がある。

憲法上の権利という手段で環境上の目的を達成する利点は、そうすることで、基本的人権という確立した議論から規範的かつ実践的な支持を引き出し得るということにある……。権利は環境問題の重大性や「絶対的」地位の標である。 (Hayward 2001：118-9)

その場合、ヘイワードにとって憲法は、基本理念の合意のための文脈を提供している。また、重要なことととして、これらの理念は交渉対象にはならないものであり、偶発的状況とは関係なく、もしくはそれと切り離された「絶対的」性格を持っている。これらは重要な問題であり、ヘイワードの簡潔で力強い指摘は、環境権の定義や規定、要求と理解されている環境的シチズンシップの政治的重要性を十分に説明した内容となっている。

憲法で規定されていなくても、権利という表現は、多くの言説的かつ政治的な可能性を持っている。たとえば、アメリカの重要な「環境正義」運動は、アメリカ政治文化の市民的権利の言語の中に非常に上手く挿入されている (Hofrichter 1994；Szasz 1994；Dowie 1995；Taylor 1995；Pulido 1996；Schlosberg 1999)。環境正義の活動家こそ、クリストファー・ミラーが先に「すべての人類は健康や安寧にとって適切な環境に対する基本的権利を持つ」と述べた権利の要求者としての「環境的市民」に該当するのかもしれない。レイドとテイラーは、「自らの住む家や近隣、あるいは愛すべき共有地や原生自然が、アメリカンドリームの論理を打ち砕くほどの環境被害を被っていると認識するまで、環境を意識せず生活を営んでいた」活動家を、図式的かつ明示的に「エコロジカルな市民」であると述べている（Reid and Taylor 2000：458）。彼らの使う言葉に曖昧さがあることを別にすれば――私が環境正義の活動家を「エコロジカルな」市民というよりもむしろ「環境的」市民と見なしている――、私は環境正義運動が環境的シチズンシップの形態であるというレイドとテイラーの考えを支持している。

一見して注目に値するのは、レイドとテイラーが環境的シチズンシップの源泉と性質について説得力のある物質主義的説明を行っていることである。彼らは、ある人々が他の人々よりも環境的市民になる可能性があること、しかも環境的シチズンシップの可能性は、環境破壊に体系的にさらされている日常的な経験に正比例したものであると考えている。私の考えも同様である。彼らは以下の指摘から始めている。

> 生態的プロセス能力――毒物の吸収や変質、人口維持、循環秩序の緩衝、免疫システムの調整――はある場所ではなくなってしまっている。この論文が焦点を当てているのは、こうした薄い緑の線の境界点である。なぜならわれわれは、これらを、潜在的な革命的抵抗の世界史的転換点と見ているからである。（Reid and Taylor 2000：454）

さらに論点を限定しながら、彼らは、「われわれが覇権的な霞や光景から解放される場所はどこにあるのか」と問いかけ、次のように答えている。

われわれは、特権的な場所とは、普通の人々が、特定の場所に根づいた生活世界の生殖的ロゴスに構わず公共的行為を行う道を探る新興の市民政治の諸形態との連帯にあると論じたい。この場所をどのように呼ぶのかは難しい。われわれはそれを「エコロジカル・シチズンシップ」とか「生殖的シチズンシップ」などというように異なる呼び方をしている。それこそが明確な思考にとっての特権的地位なのである。なぜなら既存の資本主義の下では、爆発点に到達している矛盾を回避することのできない数少ない社会的地位の一つだからである。

(Reid and Taylor 2000 : 455)

そうしたエコロジカルな抵抗の社会的地位の例として、レイドとテイラーは、直接的自給手段に依存し、それゆえ環境ストレスの中で不安にさらされた生活をしている「生態系」の人々とか、先の草の根環境正義活動家を挙げている。環境的シチズンシップが生まれるこのような物質的説明は、「意識の変化」といった勧告的レトリックと非常に対照的である。そこで以下、エコロジカル・シチズンシップの関連でこの点の説明を行うことにしたい。

こうした簡単な指摘からでも、環境的シチズンシップの広がりや増大する政治的重要性が十分に明らかとなっているはずである。ただし、これらの点を明らかにした上で、環境的シチズンシップの権利に基づいた考え方が、シチズンシップと環境との関係を描ききっていると考えるのは誤りであることも強調しておきたい。ピーター・クリストフが「エコロジカル・シチズンシップの中心にあるのは、まず社会福祉の議論を環境権に関する『普遍的』原則の認識にまで拡大し、そしてこれらを法、文化、政治の中心に組み入れるという試みである」と書く時、彼は自身の主張を誇張し過ぎていると私は考えている（Cristoff 1996：161. 強調はドブソン）。

市民共和主義的シチズンシップと環境

エコロジカル・シチズンシップ（環境的シチズンシップと対比して）が自由主義的シチズンシップのカテゴリーでは「おさまらない」ということを検討する前に、第2章で描いたシチズンシップの三類型のうち、二番目の市民共和主義的シチズンシップと環境の関係にも注目しておく必要がある。われわれは第2章で、「共通善」観念が市民共和主義の言説の特徴であることを明らかにした。社会的目的としての環境持続性が「共通善」という言葉に容易に置き換えることができるとすれば（たとえば、J. Barry 1999：66やLight 2002：166を参照。「共通善」を根拠にエコロジー的共和主義に対して明確な支持がある）、市民共和主義的伝統の中に環境的シチズンシップ概念の知的資源を求める論者がいることは驚きではない。たとえば、シチズンシップは共通善の追求によって定義されるという、マーク・サゴフの取り組みなどがそうである。

私は、市民の役割と消費者の役割という、われわれが皆果たしている二つの、どちらかというと抽象的な社会的役割に関心がある。一人の市民として、私は自分の個人的利益よりも公共利益、すなわちたんに私の家族の繁栄よりもコミュニティの善に関心がある……。他方、一人の消費者としての役割では、私は、個人の目標の追求という、個人的で、利己的な欲望や利益に関心がある。（Sagoff 1988 : 8）

もちろん、市民が公共利益だけに関心を持っているということはありえない。しかし（シチズンシップの市民共和主義的伝統とその価値観に影響づけられた）こうした区別によって、サゴフは、消費者としてよりむしろ市民として行為する場合にかぎって、持続可能性が達成されるということを論じる機会を得ている。

同じくパトリック・カリーは、共和主義的伝統が共通善（この場合持続可能性という共通善）概念の唯一体系的な貯蔵庫であるという理由から、「エコロジー的共和主義」を明示的に議論しようとしている。彼は共通善を、「生命自体の存在的限界の中で、各人が完全な人間的生活を営むために不可欠であると同時に、実質的にすべての人々が協同した場合にのみ創り出すことができるもの」と定義している（Curry 2000 : 1061）。カリーにとって重要なのは、共和主義的伝統が公的義務と私的な徳とを区別している点にある。彼は、それらが対立した場合、どう対処すべきかについてマキャヴェリの考えを支持している。「マキャヴェリのような市民共和主義者にとって、公的義務と私的な徳が対立した場合、後者が道を譲らなければならない、さもないと両方とも衰退してしまうことになる」（Curry 2000 : 1061）。彼はさらに、「マキャヴェリの考えでは、公的奉仕よりも積極的な私企業とか、受動的な個人的救済を評価するどのような共同体も、破滅に向かっている」と論じている（Curry 2000 : 1062）。

その場合、サゴフとカリーは共に、持続可能な社会を追求すれば、共通善が優先され、個人の好みや選好が犠牲になると考えている。この点で市民共和主義的伝統は、確立した（現代的シチズンシップの用語では従属的であるとしても）理念の宝庫である。このことはすべて、主要なシチズンシップの伝統（自由主義と市民共和主義）が環境持続可能性の「プロジェクト」と有効に結びつくことができるということを十分に示している。しかし私には、このプロジェクトはそれら双方の伝統であれ、どちらか一つであれ、十分に捉えられるとは思われない。捉えきれない事柄の中心に、社会的目的としての環境持続性の非領土的性質がある。非領土性は第2章でポストコスモポリタン・シチズンシップの中心的特徴として挙げられていた。そこで、今からエコロジカル・シチズンシップの関連で、その考え方に特有なエコロジカルな変化について論じてみよう。

エコロジー的非領土性

多くの環境問題は、国際問題（地球温暖化、オゾン層破壊、酸性雨）であり、国境に配慮しない、配慮出来ない、将来も配慮することはないという意味で構造的に国際的であると一般的に指摘されてきた。エコロジカル・シチズンシップが合理的根拠を持つのであれば、その場合それは、現代のシチズンシップと結びついた国民国家という活動領域の外でそのような根拠を持つ必要がある。ピーター・クリストフが指摘しているように、「国民国家という領土性のため、エコロジカルな市民は……ますます国家の『中や、それに対抗して』と同時に、国家を『越えて』とか、『その周り』

で活動する」ことになる（Cristoff 1996：160）。このことは事実を述べたに過ぎないように見えるけれども、本章で確認したいと考えていること、すなわちクリストフの言う政治活動とは市民的活動であるということを前提としたものである。

ここで重要なことは、国民国家を越えるだけでなく、エコロジカル・シチズンシップはまた、単純な国際主義や複雑なコスモポリタニズムの両方を越えるということである。エコロジカル・シチズンシップは、第2章でジュディス・リヒテンバーグが描いている義務の「歴史的」理由を根拠に、具体的かつ物質的に作られた政治空間という斬新な概念とともに機能する。第2章の中心的な文章を引用してみよう。

> ジュディス・リヒテンバーグは、「歴史的」議論と「道徳的」議論と呼ぶものを区別している。道徳的観点とは、「AがBの状況に対して持ついかなる原因上の役割や、それ以前の関係ないし合意によってではなく、たとえば彼がBの利益となりえることとか、Bの苦境を改善できるという理由で、AはBに対して積極的な何かを負っている」（Lichtenberg 1981：80）ということである。それに対して歴史的観点とは、「AがBに対して負っているものは、先行的な行為、実行、合意、関係などによるものである」。（Lichtenberg 1981：81）

私は義務の「道徳的」観点を善きサマリア人の義務として、またその「歴史的」観点を善き市民の義務と特徴づけた。私がここで明らかにしたいのは、特殊なエコロジー的政治空間概念があること、しかもこれはサマリア主義よりも、シチズンシップにつながるある種の義務を生み出しているという点である。

この文脈において、バート・ヴァン・シュテルベルゲンは「世界市民（world citizen）」と「地球市民（earth citizen）」とを分かりやすい形で区別している（van Steenbergen 1994a: 8）。ヴァン・シュテルベルゲンは世界市民の説明として「グローバルな実業家」を提案している。

この新しいグローバルな実業家は所謂「足場を持っていない」。彼あるいは彼女は場所に対する特定の愛着を失っている。ジェット族の一員として、彼あるいは彼女は、何千フィートもの高度で多くの時間を費やし、文字通り地球との接触を失ってきた。その結果、同時にグローバル市民の責任感覚をなくした脱国家的で、グローバルなエリートである。

(van Steenbergen 1994b : 149)

リチャード・フォークは同様に、「グローバル市民」の意味をデンマークのビジネスマンの認識から説明している。

それは、彼が東京、ロンドン、ニューヨークに住んでいても、同じようなホテルで過ごし、どこにいても英語を話し、そこには彼の生活様式を支える経験や象徴、インフラのグローバル文化があるという意味である……。グローバルであるという彼の感覚は、場所や共同体への特定

の愛着と結びついた文化的特性感覚の喪失と一体のものである。（Falk 1994 : 134）

これら両方の考察に共通しているテーマは、グローバルな広がりや範囲がいずれの場合にも、エコロジー的に責任ある広がりや範囲を意味することはないということである。グローバルな経営者や資本家は「地球との特定のつながりを全く」持っていない（van Steenbergen 1994b : 150）。世界市民が画一的な地球をかけめぐって根無し草の生活を送る一方、地球市民はローカルかつグローバルな場所の感覚を持っている。

エコロジカルな市民が理想的発話状況という非現実的条件の中とか、そのことによって生み出される空間、あるいは「共通の人間性」の一部であることから生まれる空間に居住しているとするならば、彼らは単に「国際的な」とか「グローバルな」とさえ言えないばかりか、コスモポリタンでもない。第2章で私は、コスモポリタン・シチズンシップとポストコスモポリタン・シチズンシップとの重要な相違は、共通の人間性に基づいた「薄い」共同体と「歴史的義務」に基づいた「厚い」共同体との違いにあると述べた。また、私がリヒテンバーグの概念を、グローバル化しつつある国々やその市民が他の国やその市民に「いつも、すでに」影響を与えているというグローバル化の文脈に対応させようとしていたことを想い出していただきたい。ポストコスモポリタン・シチズンシップを具体化したものとして、エコロジカル・シチズンシップはこうしたコスモポリタンとポストコスモポリタンとの違いを非常に明確に映し出している。歴史的義務や、いつもすでにある義務の共同体のエコロジカル・シチズンシップ的解釈は、「エコロジカル・フットプリント」という土地概念を通じて最も適切に表現される。国民国家、国際共同体、地球、世界、あるいはコスモポリタンの理想的な発言者が座る擬似的テーブルと違って、これがエコロジカル・シチズンシップの政治空間の捉え方である。そこで、エコロジカル・フットプリントについてさらに詳しく議論することにしよう。

ニッキー・チェンバース、クレイグ・シモンズ、そしてマティース・ワケナゲルは、「バクテリアであれ、鯨や人間であれ、すべての生命体は、地球に負荷を与えている。われわれは皆、原料を供給し、廃棄物を吸収する際に、自然が提供する財やサービスに依存している。われわれが環境に与えている負荷は、われわれが消費様式を維持するために使用し、『占有』する自然の『量』と関わっている」と指摘している（Chambers and Simmons and Wackernagel 2000 : xiii）。そして、ワケナゲルはエコロジカル・フットプリントを、「ある定まった人口や物質水準を永続的に維持するために必要な土地（水域）面積」と定義している（Wackernagel and Rees 1996 : 158）。測定の難しさがエコロジカル・フットプリント概念につきまとっていることはすぐに明らかになるだろう。しかしだからといってこのことから、エコロジカル・フットプリントの基本概念まで台無しになるわけではない。ただし、不必要な複雑さを取り除くために、「永続的に」という条件をはずして、私はワケナゲルの定義を採用することにしたい。またそれによってエコロジカル・フットプリントは、人間共同体と自然環境が供給する財やサービスとの代謝関係の時系列的指標となる。

エコロジカル・フットプリントの分析とは、ある一定の人口や経済の資源消費と廃棄物吸収要件を、それに対応した生産可能な土地面積に置き換えて試算しようとする計算ツールである。たとえば、このツールを使って次のような課題を探究することができる。調査対象人口は、どれほど「どこか他のところ」から輸入された資源、そしてグローバル・コモンズの廃棄物吸収能力に依存しているのか。

（Wackernagel and Rees 1996 : 9）

チェンバースと彼女の共著者は、エコロジカル・フットプリントの大きさの計算の際考慮される代表的諸要素を示している。

小羊の肉とお米を使った食事を考えてみよう。小羊の肉を食べるには、ある面積の牧草地と、輸送するための道路、加工や配送、料理に使うエネルギーが必要である。同じく、お米を食べるには、一定の耕作地、輸送するための道路、加工、配送、料理に使うエネルギーが必要である。詳細なエコロジカル・フットプリント分析は、フットプリント全体を計算するために、これらすべての環境影響を考慮に入れることになろう。

（Chambers *et al.* 2000 : 60）

所与の人口が実際に居住する空間とその維持に必要なエコ・スペースとの潜在的な非対称的関係は、ワケナゲルによって図式的に描かれている。

政治的境界線に囲まれた地域、人工的構造物であふれる市街地、社会経済活動の集中地などによって定義される近代都市――たとえば、バンクーバー、フィラデルフィア、あるいはロンドンなど――に、光線以外いかなる物質も出入りできないようなガラスまたはプラスチック製の半球体のカプセルをかぶせて密封したとしたら、どのようなことが起こるのかを想像してみよう……。このような人間社会が、健全にまとまりを保って円滑に維持されるかどうかは、半球に初めから取り込まれているものに完全に左右されるであろう。そのような都市は二、三日のうちに機能を停止するばかりか、その住民も死滅してしまうことは、ほとんどの人々にとって明白である。（Wackernagel and Rees 1996 : 9）

事実、ワケナゲルが描く都市は、生き残りのために、どこかよそからエコ・スペースを借りてきている。エコ・スペースが無限なものと見なされる限り、このことはたいしたことではない。都市が負う「エコ・スペースの負債」は、よその世界の無限にある自然資源の蓄えを引き出すことで償還することができる。しかし、地域や地方の、そしてグローバルな限界や閾値を考えた場合、引き出す蓄えが枯渇、消滅してしまえば、エコ・スペースの負債が償還できなくなる可能性に直面してしまうことになる。

この点について考えるもう一つの方法は、エコ・スペースの占有と環境持続性との関係である。閾値や許容範囲の世界において環境持続性は、持続的に占有することができるエコ・スペースの量に限界を設けている。これらの限界は個人や共同体にも当てはまるかもしれない。原理上、持続可能性の目的と調和するように、どの諸個人や共同体であっても、利用可能なエコ・スペースの量

――あるいは割当――を決定することは広い意味で可能である。繰り返し言うならば、この割当は、環境資源を包括的に見た場合であっても、あるいはそれらの一つないしいくつかを取り出した場合であっても、当てはまるだろう。チェンバースと彼女の同僚はその原則を以下のように概括して、二酸化炭素排出の例を挙げて説明している。

「エコ・スペース」とは持続可能性を達成するための一つの手法である……。それは人々が費消している生態系容量だけでなく、持続可能な世界において利用することのできる生態系容量を裏づける数少ない指標アプローチの一つである……。ひとたび重要な資源の「エコ・スペース」が定義されれば、それらは持続可能な発展の「衡平原則」に基づくグローバルな一人当たり「割当量」として表現される。たとえば、二〇五〇年までに気候を安定させるために、世界の二酸化炭素排出量の目標値を一一・一ギガトン、二〇五〇年の世界人口を九八億人と仮定した場合、エネルギーの「エコ・スペース」は、一人当たり年間一・一トンになる。イギリスの一人当たりの二酸化炭素排出量はおよそ九トンであるから、この場合、約八五％も排出量を削減しなければならない。（Chambers *et al.* 2000 : 21）

この引用で二つのことがらに注目しておかなければならない。第一にエコ・スペースには、資格要件がなく、潜在的受領者の間で平等に分配されるべきであるという仮定があること、第二に、少なくとも二酸化炭素排出に関して、エコ・スペースは不平等に分配されているという観測実態があることである。言うまでもなくあらゆる資料や推定によれば、こうした環境財やサービス全体にわたる分配の不平等性は、富裕な国や、豊かな住民の方向に系統的に傾いていることを示している（Chambers *et al.* 2000：122-3）。

さて、誰に、どのようなエコ・スペースの割当が行われるべきなのかを決定するにあたって、人間共同体を分類する様々な方法がある。たとえば、国家、地域、都市、あるいは町を想定するかもしれない。また、われわれは諸個人を想定するかもしれない。ここではそれに関して考慮すべき二つの課題について考えてみよう。第一に、「平均的なイギリス人」のエコ・スペースが持続可能性目標の五倍にもなっているという興味深い事実についてである。しかしこのことは、イギリスにおける諸個人間のエコ・スペースの分配については何も述べていない。第二に、われわれの議論の文脈はシチズンシップであるが、エコロジカル・シチズンシップがエコ・スペースを過剰に占有することで課せられる責任と関係しているとすれば、これらの責任は、いくつかの点で、個々の市民と関係づけられなければならない。私はマーセル・ヴィッセンバーグの以下の考えに同意するという点で、かなり自発主義者（voluntarist）である。

自由民主主義（あるいは、原理上いかなる他の政治形態）が持続可能性の潜在力を実現しうるかどうか、それは社会がグローバルな規模でマンハッタン化することを妨げるのかどうか、そして持続可能な自由民主主義社会が自然の自由な開化の余地を提供し得るのかどうか――もちろん、いかなる政治制度がこれらの事柄を行い得るのか――ということは、結局のところ人間

の選択にかかっている。(Wissenburg 1998 : 219)

このことは、集団行動の必要性を過小評価するとか、持続不可能な方法で世界を構造化する強力な政治的及び経済的利害を無視した純粋な自発主義(voluntarism)に与するというものではない。エコロジカルな市民は、政治制度が彼らに提供する集団行動の機会を活用するであろう。明らかに、これらの政治制度やその構成要素(国家、企業、自治体など)もエコロジカル・フットプリントの生産者であり、それらが持続不可能な活動と関係したり、それを支えているような場合には、検討してみなければならないことになる。しかし、これらの政治的構成要素が「市民的」と呼べるかどうかは議論の余地がある。本書の目的にとって、私はそうした政治的構成要素を市民的と考えることはできない。ただしそれらは、持続可能性に向けて活動しようとする市民的試みを行う諸個人から構成されると考えられる。グッドールは、「重大な変革をもたらすようになるには、地域レベルで、多くの個人の行動を必要とするだろう。すべての個々人がオゾンにやさしい製品を購入し、燃料をあまり使わず、リサイクル計画に参加することにでもなれば、その時生産者は変化を迫られるだろう」と書いている(Goodall 1994 : 7)。私はこれらをシチズンシップの行為と考えている――しかし、それらはまた、諸個人をきわめて持続不可能な目的を持つ政治的・経済的構造との対立状況の中に連れていく。この点でエコロジカル・シチズンシップは個人的行為と並んで集団的行為を求めることになるだろう。したがって焦点は個人に当てられている――ただし諸個人は社会生活の割れ目で活動することになるという理解に基づいてである。

先に進む前に、エコロジカル・フットプリント概念が持つ難点を整理し、それに答えておくことにしたい。エコロジカル・フットプリントの考え方は明らかに、成長の限界という多くの人々の信頼をすでに失っている概念を援用している。ドネラ・メドウズとローマクラブの同僚が、『成長の限界』の中で、有限なシステム内における無限の成長は不可能であることを発表して以来、批判者はただちにその議論の欠陥を指摘してきた。批判者は、その報告の結論が依拠している「世界システム」のモデル化が不十分であること、資源枯渇の予測が的外れであったと最近の歴史記録が示していること、そして報告書がわずかなものから多くのものを得る人間の創意や技術の能力を過小評価していることなど、様々な点を指摘してきた。

これらの批判に対する返答は、簡単なものから、複雑なものまで、相当の範囲に及んでいる。私が共感しているのは、「われわれは利用している自然の量と比べて、どのくらいの自然を持ち合わせているのだろうか」という設問に対する最も簡単な回答である（Chambers *et al.* 2000：29）。（成長の限界テーゼへの根本的な批判家がわれわれに信じさせようとしているように）この設問が全く無意味となる唯一の文脈は、資源の無限代替性が可能となる、すべてが豊穣な世界である。そしてこの設問が少なくともある程度意味を持つような文脈においては（すなわち、すべての想像しうる文脈）、必然的に、エコ・スペース概念やその分配的意味が生じることになる。

同様の返答でも幾分複雑なのは、大気中の二酸化炭素許容量が「尽きてしまう」という問題より、二酸化炭素濃度の増大が主に最弱者に対する予測不能な気候変動効果を与えているという認識にある。言い換えれば、公正な一人当たり二酸化炭素排出量について信憑性のある数字をわれわれがこれまで手にしているかどうかについては議論の余地があるにしても、地球の温度が人為的理由で上昇しており、ある人々が他の人よりもこの現象の原因となり、そしてある人々が他の人よりもこれらがもたらす非予測性に苦しんでいることについてはかなり確信を持てる状況となっているのである。

エコロジカル・シチズンシップ概念から見れば、これらの返答のうちどれを選択するのかということが問題なのではない。フットプリントが具体的で、計算可能で、成長の限界の枠組みを使って描かれるのかどうか、あるいはたんにすべての個人が人間生活の生産や再生産の中で環境に与える不可避的影響の一表現と見なされるにすぎないのかどうかに関係なく、フットプリントはまさしく、ジュディス・リヒテンバーグのいう「いつも、すでに」ある義務の共同体を生み出すということなのである。

この点を説明するもう一つの方法は、エコロジカル・フットプリント概念が、「サマリア的」関係を、シチズンシップの諸関係へと転換させるということである。それは手品によって行われるのではなく、(リヒテンバーグの言葉を使えば) 存在しないと考えていた「先行行為や関係」を指摘することによってである。これらの行為や関係は、サマリア主義というよりも、むしろシチズンシップの義務と考える方が適切な義務を生み出すことになる。このことの中心的特徴は、エコロジカル・シチズンシップの「空間」が、隣接領土ということでは理解し得ないということである。エコロジカル・シチズンシップを生み出しているのは「離れた所で行われる行為」ということで最も上手く捉えることができる。自由主義的及び市民共和主義的シチズンシップに共通する隣接領土のメタファーは、ここでは役に立たない。コスモポリタン・シチズンシップでさえ、「一つの世界」に変装した隣接領土の考え方を用いている。それと比べて、エコロジカル・シチズンシップの中心的論点は、「フットプリントは通常、ひとまとまりの土地ではないし、ある特定の種類や性質を持った土地でもない。貿易のグローバル化によって、（少なくとも富裕な国の）消費を支えるのに必要な生物生産力のある土地が地球上に分散化する可能性が高まっている」（Chambers *et al.* 2000 : 60）という点にある。ワケナゲルはこの点をより簡潔に書いている。「人々のエコロジカル・フットプリントのかけらが世界中に散らばっている」（Wackernagel and Rees 1996 : 53）。要するに、エコロジカル・シチズンシップの「共同体」は次のようなカリーの「最小限の定義」と一致している。「⑴物質的あるいは身体化された行為に影響を与えるような成員相互が影響し合う社会的つながり、そして……⑵他の当該者に対する経験的修復、すなわち他の共同体成員の認識」。カリーにとって、最も重要なのは「これら二つの要件は、共同体がしばしば共有された地理的空間を伴うものであるがしかし絶対的にそれらを必要とするものではないことを意味している」という点である（Curry 2000 : 1060）。

エコロジカル・シチズンシップの「空間」とはしたがって、国民国家という境界線や欧州連合などの超国家的組織といった境界線、あるいはコスモポリスという想像上の領土という境界線によって与えられたものではない。むしろそれは、個々人の環境との代謝的及び物質的関係によって創造されるのである。結果としてこの関係こそが、エコロジカル・フットプリントを生み出し、影響を受けるものとの関係を生み出すのである。われわれはこうした関係を持つ人々に出会わないかもしれないし、出会うかもしれない。彼らはすぐ近くに住んでいるかもしれないし、遠く離れているかもしれない、また現在世代の人かもしれないし、まだ生まれていない世代の人かもしれない。もちろん、彼らがわれわれの国に住んでいるかもしれないと認識することも重要である。ただし、最後の場合、伝統的な国民国家の同胞市民であることを理由に、私は彼らとエコロジカルな市民的関係を持っているのではなく、それは彼らがエコロジカル・フットプリントが生み出した領土に住んでいる（かもしれない）という理由からなのである。その場合、定義上、エコロジカル・シチズンシップは見知らぬ者同士のシチズンシップである――ある意味では、すべての人のシチズンシップである。すなわち、「市民は、原理上も実際上も、互いに見知らぬ者であり、見知らぬままであることを受け入れている。生涯には良く知り合うことのできる人もいるが、どの国民国家にも個人的に出会う以上の市民がいるということなのである」（Roche 1987 : 376）。（シチズンシップが基本的に求めている「見知らぬ者」以上の適切な比喩的表現を発見しようと試みても、ほとんどいつも結局はそこに戻っていく。イセルト・ホノハンはお互いに知らないにもかかわらず――したがって見知らぬ者である――「同僚（colleague）」というメタファーで拡張している。Honohan 2001 : 58）。しかし、エコロジカル・シチズンシップに新たに加わった論点は、われわれが互いについてばかりではなく、互いの場所や時間についてさえ見知らぬ者であるということにある。エコロジカルな市民の義務は、空間と同様に、これから生まれてくる世代に向かって時間を越えて拡張していく。エコロジカルな市民は、今日の行為が明日の人々にとっても意味を持つことを認識しており、また「世代主義」が人種主義や性差別主義に近く、それらと同様に擁護することはできないと論じるだろう。彼らはモーリス・ローチェの考え方を自ずから支持することになろう。

マーシャルのシチズンシップ概念など、社会的シチズンシップの支配的パラダイムは、あまり述べられたことがなく、通常あまり認識されていない世俗的な仮定に依拠している。そこでは、現在世代の社会的諸権利や豊かさの希求だけが考察に値する唯一の課題と考えられている……。このこと以上に支配的パラダイムが時代遅れになっていることを示しているものはない。
（Roche 1992 : 242）

こうした政治空間の生産（Behnke 1997）や、それが生み出す市民的責任の説明は、政治的―エコロジー的文脈において一般的な倫理的義務を生み出すもう一つの方法とかなり対照的である。この点で言うと、多くの所謂ディープ・エコロジストは非人間的な自然世界とわれわれとの関係について異なった理解を示している。われわれはこれをエコロジカル・シチズンシップの共同体の定義問題に対する「存在論的」アプローチと呼ぶことにしよう。ディープ・エコロジストは、政治以前の非人間的自然世界との関係は、差別化とか支配というより、むしろ埋め込みとか共存の点から最も良く理解されるものと考えている（Dobson 2000a : 46-51）。こうした埋め込みの存在論は、差別化の存在論より、容易に配慮の義務を生み出すと言われている。この見解の主導的支持者であるワーウィック・フォックスが書いたように、例えば、ネズパース族のアメリカ・インディアンは土地をなぜ耕さないのかと尋ねられたときや、土地が何故固有の価値を持っているのかという問いに対して、理性に根ざした説明ではなく、むしろ「ナイフを取り出して、母の胸を切り裂こうとするものなどいるであろうか」というように地球との深い一体化という修辞で答えようとしている。（Fox 1986 : 76）

ひとたび存在論的転換が行われたなら、問題は「どのような理由で非人間的自然世界に配慮するのか」ということではなく、「それらに配慮せずにいられるのはどのような理由からなのか」ということになる。埋め込みの存在論は、自分をいたずらに傷つけることが奇妙だと考えるように、いたずらに環境を破壊することについても同様に考えるのである。

同じ脈絡からエコロジカル・シチズンシップのもう一つの説明を行っているのはレイドやテイラーで、エコロジカル・シチズンシップの共同体に対する存在論的アプローチの認識上の強みと考えられているものが、実は最大の弱点でしかないことを明らかにしている。レイドとテイラーは「われわれは、エコロジー的、歴史的、倫理的、文化的、政治的な意味で身体的存在の同時性を考える方法として、『世界の肉』というメルロ・ポンティの理解に帰ることを求めている」（Reid and Taylor 2000 : 452）。このことは、私が先のパラグラフで述べた埋め込みの存在論を表現するもう一つの方法である。この説明では、われわれの存在様式が分離しているのではなく、つながっているものであり、たとえわれわれの事後的省察的説明が「連続的」形態を取るとしても、事前的省察レベルでそれらは同時に共存しているのである。レイドとテイラーは、この存在論がシチズンシップ共同体についてかなり特定した理解をもたらすと考えている。

> われわれの関心の中心にはシチズンシップの問題がある。エコロジカル・シチズンシップを議論することはどのようなことを意味しているのであろうか。メルロ・ポンティの「世界の肉」という概念は、「自然権」という抽象的概念に基づくシチズンシップを越え、大地に住まう者、繰り返して言うならば、地球の原住民であることを認識させるシチズンシップ概念へとわれわれを導いていけるであろうか。
>
> (Reid and Taylor 2000 : 452)

レイドとテイラーは、こうしたシチズンシップ共同体の説明の強みは、それが「抽象的概念」を用いていないという点にあるとしている。もちろんこのことは賞賛すべき目標であるが、「世界の肉」という概念には共同体に関する物質的説明が含まれているものの、その基礎は依然として、見せかけの意識変革に依存した理想主義的伝統に留まっている。言いかえれば、「世界の肉」という概念はそれ自体、コスモポリタニズムが依拠する、理想的な対話共同体と同じ位抽象的概念にしか過ぎないのである。

したがって、私の全体的な認識は、第一の原則から演繹的にエコロジカル・シチズンシップ共同体を生み出そうとすることは誤りであるということにある。私がすでに紹介した論文の中でカリーは、エコロジカル・シチズンシップ共同体を導出するために問題を解きほぐそうとしている。エコロジー的共和主義の概念を作り上げようとして、彼が「人間共同体の最小限の定義」の二つの要件を設けていたことが想起されるだろう。すなわち「⑴物質的あるいは身体化された行為に影響を与えるような成員相互が影響し合う社会的つながり、そして……⑵他の当該者に対する経験的修復、すなわち他の共同体成員の認識」である（Curry 2000：1060）。しかし彼は、エコロジー的共和主義に人間共同体より幅の広い共同体を含めようとしており、それゆえ彼にとって問題は、エコロジー共同体概念がこれら二つの条件と一致するかどうかということにあった。第一の条件は人類を越えた共同体の拡張という彼の希望と一致するが、「第二の要件は……かなり問題を抱えているように思われる。手始めに、われわれは、汎神論（あるいはむしろ汎心論）を除いて、エコロジー共同体の非生命的『成員』が通常考えられているような意識を持ち得ないことを認めなければならない。感情を持つ生物だけがそうした成員の資格を与えられている以上、これは実際、重大な譲歩であ る」と彼は述べている（Curry 2000：1064）。

その場合、カリーが言うエコロジー的共和主義における人間と非人間の共同体にとっての障害物は、（いくつかの）非人間成員が求められるようには互いを認め合わないという点にある。しかし、私が勧めているようなやり方でエコロジカル・シチズンシップ共同体を定義する演繹的アプローチを再検討しようとしない代わりに、カリーはたんに何もかも含めようという結論を再確認しているだけである。

次のように仮定してみよう。エコロジー共同体と呼ばれるものの中には、われわれが、共同体の必須要素として当該有機体――人間だけに限られない――の経験が含められ、尊重されなければならない。ただしその認識は暗示的で、あまり明確にされたものではないが。
(Curry 2000 : 1065)

当然、カリーが自ら課した定義上の問題が再浮上してくる。「この理解では依然として、生態系の非生物的要素を私の第二の提案基準と一致させることができない」(Curry 2000 : 1066)。この点でカリーは、第二の基準問題を率直に放棄することで、不満足な解決しかできないでいる。「しかし、この失敗のために生態系に共同体という地位を与えないと考える人々は、まず自らにこう設問してみよう。生命共同体は、非生命的構成要素がなくても存在しうるだろうか、そしてそのことを想像することさえできるだろうか。その答えは明らかに否である」(Curry 2000 : 1066)。

その場合、コスモポリタニズムや、レイドとテイラー、そしてカリーが示したシチズンシップ共同体は、すべて異なっているように見えるかもしれないが、それらは本質的な共通点を持っている。それらはすべて、第一の原則から演繹されたものであり、日常生活の再生産という物質的かつ差別化された条件から引き出されたものではない。コスモポリタニズム共同体は理想的な対話共同体という前提条件から演繹されたものである。レイドとテイラーの共同体は、その前提となっている共同体概念を含んだ存在論的転換から演繹されている。またカリーは、その存在を証明しようとしている共同体が、「共同体」の定義ためにあらゆるものを含めるといった基準——ただし彼はその内の一つを落としているのであるが——から演繹されうるものと考えている。

それと対照的に、エコロジカル・シチズンシップ共同体は人間自らが行う物質的活動によって創造されるものである。エコロジカル・シチズンシップは、「われわれは、一つの世界的人間共同体に道徳的に所属している」(Dower 2002：146) という理想主義観とか、中心的論点は「自然的秩序から切り離されていると同時に、その一部でもある」(Barry 2002 : 144) という対立した存在論的認識であるということを拒否している。エコロジカル・シチズンシップ共同体を定義する物質的アプローチは、メタ議論の領域では機能する必要がないという利点を持っている。たとえば、コスモポリタンが描くシチズンシップ共同体は、われわれがコミュニケーション的規則の取り決めや、結果として生じる理想的発話状況の「事実」を受け入れることに依存している。これは解決された問題というより、むしろ論争中の問題であり、そのため、これらの前提の基礎で築かれたどのようなシチズンシップ概念もそれ自体不安定であるだけでなく、これらの前提の基礎も不安定になりがちである。すなわち、ジェレミー・ベンサムがいうように「大言壮語のばかばかしい」ものにすぎないものである。同じく、レイドとテイラーが提起した存在論的転換はあらゆるレベルで論争を呼ぶものである。均質化した「世界の肉」という存在論を突き返すデカルト的二元論は今でも生き残っており、そのためそれ自体対立的な基礎の上に論争的なシチズンシップ概念を構築することは賢明とは言えない。それと対照的に、われわれが受け入れているエコロジカル・シチズンシップのポストコスモポリタニズム的理解という基本的考え方は、人間が日常生活の生産および再生産を行うことで環境に負荷を与えているということである。理想的発話状況や大げさな存在論的転換よりも、エコロジカル・シチズンシップ共同体をうまくスタートさせる手段として、この点に意見の対立はあまりないように思われる。

ここでもう一つの大事な論点を掘り下げておくべきかもしれない。すなわち、私はエコロジカル・シチズンシップを基本的に人間中心的概念と考えているのである。要するに、エコロジカル・シチズンシップは明らかに、人間自身の関係であると同時に、人間と非人間的自然的世界との関係でもあるが、エコロジー中心的な言葉でこの関係を表現する——政治的にも、知的にも——必要はない。フレッド・スチュワードの主張を論評しながら、この点を明らかにしていこう。彼は以下のように書いている。

シチズンシップの政治学は環境主義と遭遇することで、第二の主題へと入っていく。その概念では、人間社会における個人と共同体の関係が対象化されているが、緑の政治学が扱う基本的な問題は人間社会とは別に区別された自然の地位にある。自然は権利を持つのか、もしそうであるとすれば、社会的シチズンシップの言説の中でそれらはどのように明確化され、表現されるのだろうか。(Steward 1991 : 73)

「自然の権利」について述べることで環境的シチズンシップあるいはエコロジカル・シチズンシップ概念を生み出そうとする暗黙の試みは明らかに、先に触れた「大言壮語のばかばかしい」困難に陥ってしまう。自然は権利を持たないと信じている人々にとって、自然の権利に基づいたエコロジカル・シチズンシップ概念は最初の障害物となる。その場合、エコロジカル・シチズンシップを人間中心的概念にしようとする議論の方が都合が良いことになる。

さらに「将来世代主義（future generationism）」と呼ぶもう一つの原理的議論がある。その最も明確な支持者であるブライアン・ノートンはこのように書いている。

他の生物種が固有の価値を持ち、人間はすべての他の生物種に対して「公平」でなければならないという概念の導入は、将来世代の人間の利益にとって健全かつ複雑で、自律的な機能システムを保護するという、普遍的で、時間を超越した義務の中に暗黙には存在していない機能的に認識しうる制約を人間行為に課すものではない。（Norton 1991：239）

ノートンの基本的な考えは、非人間的自然の保護に関する大多数の環境主義者の要求が将来世代の人間に対する義務の履行を通じて満たされるというものである。これらの義務は、「健全で、複雑な、そして自律的な機能システム」の承認につながっており、それゆえそうしたシステムの維持は、将来の人間にとって正しい事柄を行う際の副産物であると彼は述べている。この観点からすれば、「自然の権利」やディープ・エコロジストが好む「存在論的転換」に関する神秘的で、論争的で、かつ政治的に人気のない議論を行う必要はなくなる。われわれが将来の人間に対して義務を持っていること、そしてこれらの義務は彼らに（広く理解すれば――もう少し正確にするつもりであるが）生活手段を提供する義務を含んでいることを認識するだけで十分である。先に指摘したように、エコロジカル・フットプリントは現在の領土を越えるのと同時に、将来にまで拡張しており、そのためノートンが述べている義務はシチズンシップの観点から適切に考えられるものである。その結果、私はエコロジカル・シチズンシップを人間中心的なものと考えているが、しかしそれは「長期的視野に立つ」という意味において人間中心的なのである（Barry 1999：223）。ジョン・バリーは適切にこのように指摘している。

> 自然保護の最も政治的かつ倫理的に強靱な根拠の一つや、環境政治学の多くの他の政策目標が、われわれが将来世代に負っている義務に訴えるものであるという考え方にエコロジカル・スチュワードシップ［バリーはエコロジカル・シチズンシップと同じものと見ている。2002：146を参照］は、「入り込み」、結合するのである……。将来世代に対するこうした義務観念はスチュワードシップの倫理と結合する。（Barry 2002：142）

この点はマーク・スミスによって一般的に次のように示されている。すなわち、「現在世代は将来世代の生存や彼らが威厳を持って生きる能力を損なうような方法で行動してはならない、将来に不利益な結果を残す可能性がある場合は、そうしたリスクを最小化しなければならない」（Smith 1998：97）。

その場合、表面上の急進的魅力から、私はエコロジカル・シチズンシップを、エコロジー中心的説明を行うことで明示的に支持しようとは考えていない。エコロジー中心的なエコロジカル・シチズンシップを拒否する最も根本的な理由は、エコロジカル・シチズンシップの主な徳が正義の徳であり、正義がその対象を非人間的自然存在にまで拡大しうるかという点は非常に議論を呼ぶものであると考えているからである。言いかえれば、私にとって正義の共同体とは人間の共同体であり、そのためエコロジカルな市民の共同体が根本的に正義の共同体であるのであれば、その場合の共同体は人間の共同体でなくてはならないことになる。「シチズンシップは、その完全な表現において、人間共同体以上のものを含むものと理解されなければならない」(Curtin 2002 : 302) という考え方には比喩的強みがかなり含まれているが、私の考えでは、非人間的存在との関係は市民的関係ではなく、道徳的関係だけである。エコロジカル・シチズンシップの主要な徳である正義については、次節でさらに論じるつもりでいる。

あらためて、われわれは道徳共同体と市民共同体を区別する必要がある――善きサマリア人と善き市民との間にある相違については先述した。私の考えでは、道徳共同体はエコロジー中心的な方法でも有効に考えられるが、市民共同体はそうではない。この関連でいえば、私は、マーク・スミスの以下の考察は、二つの共同体を混同していると考えている。「エコロジカル・シチズンシップは……人類を倫理的地位の中心から引き降ろすことで、道徳共同体自体の性質を転換させる」(Smith 1998 : 99)。私にとって、道徳共同体を転換させるのはエコロジカル・シチズンシップではなく、環境哲学、とりわけ環境倫理学である。エコロジカル・シチズンシップはシチズンシップ共同体を転換させるのであり、道徳共同体ではない。要するに、私は、「たとえグローバル・シチズンシップがほぼ人間に限定されているとしても、グローバルな市民の関心を含め道徳的関心の境界線は、非人間的利益を排除しないし、またすべきでもない」(Attfield 2002 : 197) というロビン・アットフィールドの考え方を支持しているのである。私はまた、「自然の長期的持続可能性を最適に保持する、人間の活動や相互行為の形態を考慮した他の人間に対する義務の観点から定義された、民主的共同体における主体の道徳的及び政治的な権利や責任のまとまり」（Light 2002：159）というアンドリュー・ライトのエコロジカル・シチズンシップの定義を支持している。アットフィールドの論調を滲ませながら、ライトが適切に指摘しているように、「そうした考え方は、自然を道徳的関心の直接的な対象とか、独自の道徳的主体と見ることを必要としていない」（Light 2002：159）。

先の点に戻ると、コスモポリタン・シチズンシップとポストコスモポリタン・シチズンシップとの著しい違いは、前者では、シティズンシップ共同体は単に告げられるだけであるのに対して、後者ではそれが創造されるという点にある。本章で私は、エコロジカル・フットプリントという物質代謝的概念を介して、エコロジカル・シチズンシップ共同体の創造された性質を議論してきた。第2章でポストコスモポリタン・シチズンシップについて述べる際、私は、「国際的かつ世代間の広がりを持ったシチズンシップである一方、その責任は非対称的である。その義務は、正確に言えば他者に『いつも、すでに』影響を及ぼす能力を持つ者に課せられている」ことも指摘した。ポストコスモポリタン・シチズンシップの具体化として、われわれはエコロジカル・シチズンシップがこれらの特徴をとくに共有していると考えているし、実際にそうした特徴を持っている。私は先に、エコロジカル・フットプリントが「影響を受けているもの」との関係を生み出すと述べた。われわれがエコロジカル・フットプリントの特徴的な大きさについて述べたすべての事柄は、これらの影響が非対称的であることを示している。それと関連して生じる亀裂というのは、「グローバル化している」個人と「グローバル化された」個人との間にあること、前者はその行為が「遠くにいても影響を及ぼし」得る個人であり、後者はその行為がそうした影響を持ち得ない個人である。その場合、互恵的かつ釣り合いのとれた権利や義務を持つ市民のことを思い浮かべながら、「地球という惑星のシチズンシップは……新しい普遍的な政治主体感覚を具体化している」(Steward 1991 : 74) などとは考えられない。こうした互恵性や釣り合いはポストコスモポリタン・シチズンシップよりもコスモポリタン・シチズンシップの特徴であり、スチュワードはここで完全にコスモポリタンの語法を用いているのである。私は、何がエコロジカル・シチズンシップの興味深い点なのかを彼は見誤っていると考えている。同様に、どちらの市民が配慮の義務を負っているのかについても慎慮を欠いており、「個々の市民は……資源消費と汚染を最小化する点で地球に配慮する義務を負っている」(Steward 1991 : 75) と述べるだけでは不十分である。割当以下のエコ・スペースしか占有していない人々は、甚大な損害が発生した場合に万人に出される指令を除くならば、そのような義務を持っていない。ここではエコロジカル・フットプリントが鍵となっている。それがエコロジカル・シチズンシップの空間表現であり、またシチズンシップの責任の方向を決定する方法でもある。こうした枠組みを想定するならば、われわれは間違いなくグリーンピースの活動家を市民と見なすことはできないというデヴィット・ミラーの考えを拒否しなければならない (Miller 2002 : 90)。ミラーによれば二つの理由がある。「彼女が政治的な意味で帰属する自明な共同体は存在しないし、互恵的関係にある団体の他のメンバーを除けば、誰もいなくなってしまう」(Miller 2002 : 90)。しかし、エコロジカル・シチズンシップの場合、それと関連した適切な政治共同体とは、エコロジカル・フットプリントが創出したものであり、フットプリントは明らかに非互恵的であるが、それでもなおすべての成員にとって市民的であるような義務を生み出すのである。

エコロジカル・シチズンシップとコスモポリタン・シチズンシップに共通しているのは、シチズンシップの課題として、成員に共通利益がなくなっているという点にある。近年シチズンシップに対する関心の多くが現代社会の複雑で多元的な性質によるものであることを前提にするならば、このことは重大なものと考えられるであろうし、権原に関して、引き続く難問を生み出すことになる。権原が市民に与えられるべきであるならば、シチズンシップの基準が決定的に重要となる。しかし、エコロジカル・シチズンシップやコスモポリタン・シチズンシップはいずれも、以下二つの理由で、こうした流れとは逆の方向に動いている。第一に、伝統的なシチズンシップ概念にとって成員資格問題の重要性は成員資格と権原との密接な関係によるものである。すなわち、成員資格のない権原はない。他方、エコロジカル・シチズンシップは権原よりも義務に焦点を当てており、それゆえ市民と彼/彼女が市民として行うべきこととの間の特殊な関係は希薄になっている。エコロジカル・シチズンシップの義務は特定されずに課せられる。私は後の節でこのことについてさらに述べるつもりである。

第二に、エコロジー的概念に応じたシチズンシップの諸関係は伝統的な権原モデルとは異なっている。後者のモデルの主な関係は、制度的な政治的権威から生まれ、またそれに権原を要求するというように、個々の市民と制度的な政治的権威との間の関係である。それに対してエコロジカル・シチズンシップは、市民と国家との垂直的(たとえ互恵的としても)関係よりも、市民同士の水平的関係に関わっている。このことはコスモポリタン・シチズンシップについても当てはまる。その限りで、国民国家の成員資格の意味は小さくなっており、個人―国家関係が最も重要であるというルソー的観念は否定されている。

したがって、エコロジカル・シチズンシップとコスモポリタン・シチズンシップは、「国家的」シチズンシップが非国家的特徴によって補足される必要があるという幅広い認識の一部なのである。

国民国家や福祉国家の観点から、シチズンシップ一般や社会的シチズンシップを考えることが可能であったという時代は明らかに終わろうとしている。シチズンシップ諸権利が持つ新しい積極的な神話や理想は、「地球の権利」や「生まれていない者の権利」、「世界シチズンシップ」の概念などを発展させている。それらは、人間の平等概念や場所や領土のアイデンティティ概念、国民の概念、歴史的継承の概念など、シチズンシップに関するより伝統的な近代的神話や理想を豊富化し、複雑化させている。(Roche 1992 : 244)

しかし私の理解では、「世界シチズンシップ」や「地球の権利」について述べる場合、エコロジカル・シチズンシップがコスモポリタン・シチズンシップや他のいくつかのエコロジカル・シチズンシップの表現と著しく異なっていることに注意しておかなければならない。主な違いは、ポストコスモポリタン・シチズンシップや(私の)エコロジカル・シチズンシップでは、シチズンシップ共同体が政治以前の問題というより、むしろ物質的に創造されるものであり、あらかじめ決められた規模の空間ではないという点にある。「シチズンシップや権利に関する理念は現代国民国家の概念に根拠づけられてきたが、本来そうである必要はない。公共圏は国家より『小さく』なることも、『大きく』なることもあるかもしれないし、また別のものにもなるかもしれない」(Jelin 2000 : 53)。

エコロジカル・シチズンシップが、市民の成員資格というもう一つの重大な問題とあまり関係がないのは、焦点がシチズンシップの権利よりも義務に当てられているからであると述べた。これは次節の課題である。

エコロジカル・シチズンシップにおける義務と責任

私は、「環境運動と他の解放運動との間には一つの重要な相違がある。この相違は責任の概念と関係がある……。シチズンシップは権利や権原だけでなく、義務や責務、そして責任にも関わっている」(Steenbergen 1994b : 146) というバート・ヴァン・シュテルベルゲンの考えを支持している。エコロジカル・シチズンシップに関する多くの論者がこのことに同意している(たとえば、Smith 1998 : 99–100 ; Barry 1996 : 126 を見よ)。しかし、こうした率直な発言は二つの明確な、しかし重要な問題を提起している。すなわち、これらの義務や責務、責任はどのようなものなのか、そしてそれらは誰に、あるいは何に負っているのか。それはまた、あまり明確ではないかもしれないが、理念としてのシチズンシップに関して第三の重要な問題を提起する。たとえこれらの義務や責務、責任がどのようなものであっても、また誰に、あるいは何に負っているにしても、それらをシチズンシップの義務と見なすことが適切であるのかどうかということである。最後に、第2章で、権利のシチズンシップと義務のそれとの相違は、自由主義的シチズンシップと市民共和主義的シチズンシップとを区別する、一つの重要な、昔から行われてきた信頼ある方法であるが、しかしその相違は両者の基本的共通点を曖昧にもする、と指摘しておいたことが想起されるだろう。その共通点とは、一般的に言えば、自由主義的シチズンシップと市民共和主義的シチズンシップが共に、権利と義務、市民と政体との関係を、契約的で互恵的な観点から考えているという点にある。それに対して私の提案は、ポストコスモポリタン・シチズンシップが明確な非契約的義務観を採用しており、そのため、ポストコスモポリタン・シチズンシップの典型例であるエコロジカル・シチズンシップにも同様のことを期待するということである。以下でこれら四つの問題を個別に扱うことにする。

さて第一に、エコロジカル・シチズンシップの義務とはどのようなものなのだろうか。これらは明らかに前節で述べたエコロジーの非領土性の議論とつながっている。そこで私は、エコロジカル・シチズンシップの「空間」がエコロジカル・フットプリントであること、ある国の成員のフットプリントが、自国の成員のみならず、他国の成員の生活にまで被害を与えるほどの影響を及ぼしていることを論じた。簡単に言うならば、エコロジカル・シチズンシップの主な義務とは、エコロジカル・フットプリントが持続不可能ではなく、持続可能な影響を及ぼすということを保証することにある。このことが諸個人の日常生活に関してどのような意味を持つのかをここで議論することはできないし、「緑の生活」の綱領をここで概説するつもりもない。当然のことながら、そうした綱領の追求は、一般的なエコロジカル・シチズンシップ指令の中心的特徴を見誤らせてしまう。義務とは非常に漠然としたものである。「持続可能な影響」によってわれわれは何を考えるだろうか。私は第4章でより詳細にこの問題を議論するつもりであるが、いま重要なことは、この問題があらかじめ決められた回答を認めない規範的次元を持っていることを明らかにすることである。このことは、「民主主義」や「正義」、あるいは「自由」が様々な意味を持っているという認識がそれらの議論や具体化を不要にしたりしないのと同様に、エコロジカル・シチズンシップを無意味にするものではない。しかし、例えば教育を通じてエコロジカル・シチズンシップを促そうとする場合、その規範的次元をはっきり認識してく必要がある。これは第5章の主題である。また持続可能な発展の定義として最も広く、一般的に引用され、現在の目的に相応しいブルントラント委員会を擁護する立場から発言するならば、エコロジカル市民は、彼女あるいは彼のエコロジカル・フットプリントが、彼らにとって重要な選択を追求する現在世代や将来世代の他者の能力を害したり、あるいは奪ったりしないことを保証するだろう（World Commission on Environment and Development 1987 : 43)。

この定式はまた、エコロジカル・シチズンシップの義務は誰に、何に負っているのだろうかという第二の問題に対する回答を示している。あらためて言うならば、答えは前節の「エコロジー的非領土性」から出てくるものである。エコロジカル・フットプリントは、すぐ近くにいる者や遠くにいる見知らぬ者に対する、個人や集団の日常生活の生産や再生産の影響を表現したものである。エコロジカル・シチズンシップの義務は、これら見知らぬ者に負っている義務である。これらの義務の正確な範囲を考えるには、考慮すべき多くの変数がある（いかなる個人なのか、いかなる諸個人の集合なのか、いかなる消費や生産のカテゴリーなのか、どういった影響なのか——資源なのか廃棄物なのか、など）ため、ここで確定することができるものではない。ワケナゲルとリースの『われわれのエコロジカル・フットプリント』の第3章は試算の探究を始めるには良い素材となる。どのような結果になろうとも、こうした義務の見方は、義務の範囲が通常、国家という政体の領土的境界線によって決定されると考える自由主義や市民共和主義双方の立場と対照的である。義務は同胞市民にも、国家自体にも課されるであろうが、前者の場合であっても、シチズンシップの義務は憲法上の政治的権威が市民と定義した人々を越えて拡大するものでは決してない。他方、エコロジカル・シチズンシップの義務はエコ・スペースの負債を持つ人に課せられる。そうした人々は同じ政治的に制度化されている空間に住んでいるかもしれないし、そうでないかもしれない。ちょうど環境問題が政治的境界線を越えてしまうように、エコロジカル・シチズンシップの義務もそうなのである。

しかし、それらはコスモポリタンの市民と同じやり方で境界線を越えるのではない。コスモポリタン・シチズンシップの世界では、義務——とりわけより良い議論の力を認識する義務——は、万人が万人から課せられているものである。それに対して、エコロジカル・シチズンシップの義務は非対称的に課せられる。現在世代や将来世代の他者が重要な選択肢を行う能力を損ねたり、剥奪したりするようなエコ・スペースを占有する者だけがエコロジカル・シチズンシップの義務を課せられる。この最後の定式はまた、エコロジカル・フットプリントの議論が、現在世代と同時に将来世代にもその影響が及んでいるということを示唆している。そうした義務は現在世代と並んで将来世代にも負っているのであり、シチズンシップの義務が「誰に課せられるのか」という問題に対するエコロジカルな回答が、自由主義的、市民共和主義的、そしてコスモポリタン的なシチズンシップと異なっているもう一つの点である。これらのタイプの義務やそれを誰に対して負っているのかということの重大な意味は、その義務が明確な互恵性という期待を全く含んでいないという点にある。エコロジカル・フットプリントが持続不可能な規模になっているのであれば、私の義務はそれを削減することにある。エコ・スペースが不足している者に互恵的削減を求めるのは馬鹿げたことだろう。しかし、過剰なフットプリントの規模を削減する義務は、十分なエコ・スペースに対する相関的権利から生まれているのである。

　エコロジカルな市民の義務の非互恵的性格に際限がないと考えるのは間違いである。私がここで行っている議論の初期の考えを批判する中で、ジョン・バリーは重要な点を指摘している。

> 共感のこうした非互恵的感覚は疑問の余地のないほど立派なものであるが、ドブソンのエコロジカルな市民は将来世代、非人間的世界、そして世界の他の場所にいる見知らぬ者への利他的関心という点でエコロジカルな天使のようなものである。ドブソンのエコロジカル・シチズンシップ概念は、正当な根拠を持った「私益」と他者への関心とのバランスの議論がとくに不足しており、過度の要求をしている。（Barry 2002 : 145-6）

私の現在の定式では、エコロジカルな市民の義務が非互恵的で非対称的な性格を持っている一方、それらは無制限ではないということを明らかにしなければならない。その義務はエコ・スペースの不公平な分配のために課せられているのであり，不均衡がなくなった時にはなくなるという性格のものである。いずれにせよ，エコロジカルな市民の義務に制限が課せられるという絶対的要件について述べているにもかかわらず，バリーはそれがどのようなものなのかを説明していないことを指摘しておく必要がある。彼自身の説明では，彼が批判しているものと同じくらい際限がないものである。すなわち，「個々人は自らの利益に関心を持つというより，彼女は人間の行為が潜在的に影響を及ぼすあらゆる人々の利害を考慮するよう促され」（Barry 2002 : 146），「われわれは，多かれ少なかれ，非人間的世界に責任があるのと同様に，相互に世話をする者同士であることを認識している」（Barry 2002 : 147）というのである。

このことは，自意識の強い，頭でっかちでありながら，最後にはエコロジカル・シチズンシップに対して柔軟なアプローチをとるという皮肉な結果になっている。頭でっかちの側面とはこういうことである。

自然世界の一部を使用，消費，殺傷，侵食，変形，開発する人間の必要性や正当性のあらゆる感覚からも切り離して，自然世界に対する非互恵的な配慮の概念を支持することは，他の点で力強いエコロジカル・シチズンシップ概念を展開しているにもかかわらず，ドブソンの議論の重大な欠陥を表している。この点に関して，シチズンシップの緑化をエコロジカル・スチュワードシップと見なす利点は，人間と自然との間で想定している関係が部分的，利害的，互恵的なものであり、結局のところ実体的というよりむしろ現象的なものとして自然と接触しなければならない「人間状況の現実性」に基づいたものであるという点にある。

(Barry 2002 : 146)

柔軟性とは次のようなものである。

私が提案しているエコロジカル・スチュワードシップとは、依存性や脆弱性の網とか、依存性と脆弱性の共同体を創出する人々や地球、および両者の関係、そして責任、配慮、そして慎慮に向かう最も適切な姿勢の軌跡を描き、それと関係づけられている。

(Barry 2002 : 146)

本章で述べてきたすべての事柄から、私が引用文の後半部分より前半部分の感覚に共感していることが明らかになっていると期待している。まさにエコロジカル・フットプリント概念は、日常生活の生産及び再生産のために人間が環境を変化させているという事実に基づいている。この意味で、「人間状況の現実性」が私のエコロジカル・シチズンシップ概念の中心にある。第二に、私はこうしたシチズンシップが、何よりも「依存性と脆弱性との網」から生み出されるとは考えていない。それに対して考慮しなければならないのは、エコロジー的不正義の体系的諸関係であり、脆弱性の網は原因というより一つの徴候であるということである――ただしすべての脆弱性が不正義の観点から表現されるのではない(ケージ飼いの鶏は不正義の対象なのだろうか)。これらすべての事柄はまた、「ドブソンは、エコロジカルな市民の配慮の理由を明らかにしていない。むしろ彼らが配慮することは定義上の前提となっている」(Barry 2002 : 146) というバリーの的を射た懸念に暗に含まれている動機的問題に答えることに役立つはずである。エコロジカルな市民は、正義を行おうとして配慮するのである——ただし一体なぜ彼らが正義を行おうとするのかは、私より立派な精神を持つ者に課せられた問題であるが。

第2章で私はジュディス・リヒテンバーグが描いた「道徳的」義務と「歴史的」義務との違いに言及し、後者がシチズンシップの義務の根拠になることを指摘した。非互恵性はこれら義務の双方に共通した特徴である。しかし、シチズンシップ理論にとって互恵性が中心的位置を占めていることを前提とするならば、問題になるのは、エコロジカル・シチズンシップの非互恵的かつ非対称的な義務がシチズンシップの義務になるのだろうかということである。第2章でわれわれは、ジョン・ホートンがこの問題に対して否定的な回答を行っていることを見てきた。「シチズンシップの互恵的／契約的モデルが魅力的なのはまさに、シチズンシップの権利(そして義務)がどのように制限されるのかを市民に説明しようとしているからである。シチズンシップ諸関係にとって重要なのは、それらが市民間の問題であって、親子関係とか、ある国の人々と他の国の人々との間の問題ではないということにある」(Horton 1998 : 個人的対話)。道徳共同体と市民共同体とを区別する必要があることに私は完全に同意しているが、それを行う最善の方法が、誰が契約を交わし、誰が互恵性を進める現実的かつ潜在的な返答能力を持つ者なのかを決定することによってであるという点については同意していない。

しかし、道徳共同体と市民共同体はエコロジカル・シチズンシップに関する論評の中でしばしば混同されている。したがってホートンの指摘は重要である。その代表例はパトリック・カリーである。

非契約的義務の候補に、子供、高齢者、一時的及び恒久的精神異常者、知的障害者、胎児、人間や感情を持った動物、感情のない動物、植物、絵画などの工芸品、無生物、生態系、景観や場所、国、生命圏、そして自分自身が含まれることを前提とするならば……「義務は、対照的な一組の合理的な人間主体間の擬似的な契約関係である必要はないことになる……。私のリストにある無生物及び包括的な諸領域にある事物に対する義務について話すことは、必ずしもそれらを神秘的に擬人化するものではない……。それはある状況における適切な行為と不適切なそれがあることを表しているだけである」(Midgley 1995：97)。言い換えれば、シルヴァンとベネット(1994)が論じているように、「互恵性の仮説」から解放されることで、「エコロジー共同体が倫理共同体を形成する」ことを実現する方法が明らかとなる。(Curry 2000：1067)

「義務は、対照的な一組の合理的な人間主体間の擬似的な契約関係である必要はない」ということは相対的な意味で議論の余地はないが、そのことは決してこれら義務が必然的にシチズンシップと結びつくということではない。カリーはここで、どちらなのかを明確に述べていないが、この文章は「エコロジー的共和主義」に向けた議論の一部を述べたものであり、そこでは市民共同体の拡張が歓迎されている。カリーの主張は、シチズンシップの決定的な特徴である互恵性や契約を放棄する場合にのみ、そうした概念にたどり着くというものである。しかし彼はあまりにも先に行き過ぎているのではないだろうか。「非契約的義務の候補リスト」は非常に幅広く、カリーは暗黙の内にこの包括的なリストを市民共同体の成員資格と同一視してしまっている。そうした動きは、われわれが異なる関係類型、とりわけシチズンシップの関係と他の種類の関係とを区別する何らかの方法を持たなければならないというホートンの非難と衝突してしまう。

次のように書くときリチャード・フォークは同様の誤りを犯している。

> グローバル・シチズンシップの精神はほぼ完全に脱領土化され、かつ人間的条件と結びついている。それは、都市であれ、国家であれ、特定の政治共同体に帰属する忠義な参加者の問題ではなく、人類種、とりわけ最も脆弱で不遇な人々に対する感情、思考、行為の問題である。例えばアフリカの赤ん坊は、人類全体の脆弱性と連帯性の適切かつ力強い象徴である。
>
> (Falk 1994 : 133)

フォークはグローバル・シチズンシップと「特定の政治共同体」に対する忠誠とを正しく比較しているが、「人類種のための思考や行為」がシチズンシップの表現であるという誤った結論に飛躍してしまっている。人類種への普遍的関心は、善き市民よりも善きサマリア人の点から正しく表現されるということを理解するには、両者の違いをしっかりと心に留めていなければならない。フォークによる人類種の「最も脆弱で、不遇な」成員に心を留めるべきであるという指摘も、必ずしもわれわれをシチズンシップの領域に導くものではない。「彼らの苦境を軽減」（Lichtenberg 1981：80）することができるという理由から、地球上の脆弱で不遇な立場にある人々を救う道徳的コミットメントをわれわれは持つかもしれないが、われわれが彼らの状況の「原因となる役割」（Lichtenberg 1981：80）を果たしているということを示すことができる限りで、それはシチズンシップのコミットメントへと転換しうるのである。フォークが述べているアフリカの赤ん坊の例にあるような象徴主義は、市民共同体の決定とは全く無関係である。問題なのは現実的、実践的、物質的、原因的関係である。こうしたアプローチが、あまりにも過度なことを要求しているシチズンシップの互恵性条件や、フォークやカリーによってあまりにも曖昧に道徳共同体と市民共同体とが無差別に混同されている中で、適切な道筋へ舵をとらせることになる。

それはまた、これら両方の立場に対する対案であるのと同時に、非国家的シチズンシップに意味を与える「萌芽的諸制度」アプローチと呼ばれるものとも対照的である。「市民」には、関連した政体の中で、またそれを通じてシチズンシップの諸権利を主張したり、シチズンシップの義務を果たすことができないために、非国家的シチズンシップは時に何ら意味を持たないと論じられてきた。言い換えれば、世界国家などというものはないのである。しかし、グローバル・シチズンシップ概念の支持者は、トランスナショナルなシチズンシップ概念が機能しうる場所として、ＥＵや国際連合など早くからある地域的及びグローバルな政体を指摘するであろう。彼らはまた、世界の市民が活動しているグローバルな市民社会の先例として、トランスナショナルな主要な活動組織を指摘するかもしれない。たとえば、リチャード・フォークはこう書いている。

アムネスティ・インターナショナルやグリーンピースは、いかなる国やいかなる地域とも特別な結びつきを持たない、それ自体進化し、自己変革するアイデンティティを備えたトランスナショナルな闘いの象徴的存在である……。プロジェクトとしても、予備的存在としても認識されるこれらのトランスナショナルな活動のネットワークは、グローバルな市民社会としだいに表現されるようになった政治的アイデンティティや共同体への新しい方向性を生み出している。

(Falk 1994 : 138)

しかし、ピーター・クリストフはそれほど熱狂的ではなく、次のように述べるに留まっている。

政府が政策上の対象としている地域や国家、国際レベルで環境主義者の影響力が増え、国境を越えた環境組織の発展や国際協定や条約の数が増大しているにもかかわらず、今のところ、ポスト国家的エコロジカル・シチズンシップの概念──「地球の市民」となっている理念──は依然として比喩的なものでしかないことは明らかである。

(Christoff 1996 : 163)

確かに、シチズンシップの国家的概念の重要性と比べて、ポスト国家的概念はあまり影響力を持っていない。それにもかかわらず、トランスナショナルなシチズンシップの制度的証拠や具体化などはないという批判に対するすべての返答の中に、鍵があるように思われる。たとえばEUでは、シチズンシップの要求や義務が増大している。もちろん、国連にはそれに匹敵するものはないが、ポストコスモポリタン・シチズンシップと結びついたある種の義務を満たす潜在的主体と見なすことができるかもしれない。グリーンピースなどトランスナショナルな運動組織も同様の視点で捉えられるかもしれない。ローカルな人々に「いつも、すでに」という影響を与えているグローバル化している国家機関も同様である。もちろんこのことは、フォークが述べる「グローバルな市民社会」の先例であるという最も深い意味においてである。

しかし、われわれはトランスナショナルなシチズンシップの証拠などというものはないという主張に対して「萌芽的諸制度」という返答を評価し（この問題のより詳細な議論はDower and Williams 2002：65-124を参照）、手始めにそうした主張に真正面から応えようとしている。トランスナショナルなシチズンシップに対する批判者はそうした制度的証拠はないと述べている。支持者はあると主張している。私がここで採用するアプローチはこれらとは異なっている。私は、どのようにグローバル化のパターンや影響がトランスナショナルなシチズンシップの義務の理念に意味を与える一連の実質的条件を生み出してきたのかを明らかにしようとしてきた。

私は本節の議論を、四つの課題を提起することから始めた。第一に、エコロジカル・シチズンシップの義務とはどのようなものなのか、第二に、これらの義務はシチズンシップの義務と厳密に見なしうるのか、第三に、これらの義務は誰に、何に負っているのか、第四に、これらの義務の非互恵的性格は、ポストコスモポリタン・シチズンシップと同様にエコロジカル・シチズンシップの特徴でもあるのだろうか。これらの問題に対する返答を規定するのは、異なった大きさのエコロジカル・フットプリントが及ぼす非対称的な影響であり、それに伴う義務はそうしたフットプリントが、現在と将来双方の他者の有意義な生活に向けた機会を害したり、占拠したりしないことにある。まさしく、義務の非互恵性を生み出すのはエコロジカル・フットプリントの影響の体系的で、非対称的な性格である。これらすべては、エコロジカル・シチズンシップの徳の問題と分かち難く結びついている。そこでこれらの問題に目を転じてみよう。

エコロジカル・シチズンシップと徳

シチズンシップの理論家はシチズンシップの発展を時代区分する傾向があり、第2章で指摘したように、多くの理論家は市民的シチズンシップから始まり、政治的シチズンシップを経て社会的シチズンシップに至るというT・H・マーシャルの時代区分に傾倒している。マーシャルの時代区分の起源は、「人格の自由、言論、思想、信仰の自由、財産所有の権利や有効な契約を結ぶ権利、そして正義に対する権利」を含む、市民的シチズンシップの確立に必要な権利や自由が確立された一八世紀にある（Rees 1996 : 5）。マーシャルの時代区分の影響は非常に大きく、時代状況と合わなくなったり、より幅広い観点から状況がより良く描かれる場合であっても、シチズンシップの内容の変化は、いつも彼の時代区分に閉じ込められてしまっている。マーシャルの権利に対する関心では、権利と徳が非常に曖昧な形でしか結びつけられていないために、政治とシチズンシップの現代的再道徳化の「発見」は許されなくなっている。（本章の冒頭で見たように）マーシャルの分析的、時間的枠組みに依拠してきたために、ヴァン・シュテルベルゲンはエコロジカル・シチズンシップを十分に発達させることができなかった。

時代区分に関する限り、「中世の制度的、文化的基礎」を支持しつつ、マーシャルが「一七、一八世紀における資本主義革命と階級形成」（Somers 1994 : 83）に焦点を当ててきたことを論駁しているマーガレット・サマーズでさえ、依然として権利要求としてのシチズンシップに関心があるために、その先へ進めないでいる。徳に基づいたシチズンシップが時間枠に入り込んできた場合にのみ、政治の現代的再道徳化やエコロジズムの役割の重要性が確実に視野に入ってくるのであり、このことがマーシャルの言う一八世紀や、サマーズが言う中世時代以前にまでわれわれを導くのである。第2章で、われわれはピーター・ライゼンバーグが二種類のシチズンシップを区別していること、そのうちの最初のものは理念や実践としてのシチズンシップの起源にそのルーツを持っていることを見てきた。「中世後期以降、最初のシチズンシップの最後の世紀が第二のシチズンシップの道を準備していたのであり……法律家や政治理論家達は市民的徳の価値を低め、忠実で従順な臣民のそれを強調してきたのである」（Reisenberg 1992 : 272）。ライゼンバーグの表現を借りれば、徳は中世以前の時代と結びついた政治学の現代的再道徳化のテーマであり、エコロジカル・シチズンシップはその格好の例である。エコロジカルな市民はインセンティブからではなく、まさしく行うことが正しいという理由で、正しいことを行うのである。この意味で、エコロジカル・シチズンシップ概念は、社会が自らをより持続可能にする資源の一つである。私が序章で指摘したように、ラドヴィグ・ベックマンはこのことを非常に的確に述べている。彼の言葉を繰り返してみよう。

消費者主義と個人主義的生活様式の持続可能性が問題にされているという事実は、われわれの社会をどのように再構築するのかという全体的な問題を提起することにほかならない。そのためにどのような新しい経済的、政治的諸制度が必要となるのだろうか。どのような規制やインセンティブが、持続可能な方向に行動様式を転換させるのに必要となるのだろうか。

しかし、持続可能な行動の問題は、アメとムチの均衡議論に還元できない。ゴミの分別や、エコロジカルな製品を好む市民は、エコロジカルな価値や目的にコミットしたいという思いから、しばしばこれを行っている。すなわち、市民は、たんに経済的あるいは実践的なインセンティブだけでは、持続可能な方法で行動しようとはしないかもしれない。時に人々は、（罰則や損失の）脅威や（経済的報酬や社会的地位への）欲望とは違う別の理由から善を行おうとするのである。時に人々は、有徳でありたいという思いから善を行うのである。

（Beckman 2001 : 179）

しかし、この文脈で「有徳である」とはどのようなことなのであろうか。第2章で私は、ポストコスモポリタン・シチズンシップの文脈では、どのような徳がシチズンシップの徳なのかということより、どのような関係がシチズンシップの義務を生み出すのかということが問題となると論じるに先立って、ポストコスモポリタン・シチズンシップの中に自由主義的シチズンシップと市民共和主義的シチズンシップ双方の徳がどのように「含まれている」のかを明らかにすることで、ポストコスモポリタン・シチズンシップの徳を位置づけようとした。その場合、ポストコスモポリタン・シチズンシップの徳とは、これらの義務を満たし得るような徳であった。エコロジカル・シチズンシップという特殊事例は、これらの包括的なポストコスモポリタンの論点をほぼ正確に引き継いでいる。その場合、まず第一に、われわれはエコロジカル・シチズンシップが自由主義的及び市民共和主義的シチズンシップの徳を「含んでいる」と期待するであろうし、実際そうである。以下のジョン・バリーの主張を考えてみよう。

> 緑の民主主義理論が考えているように、シチズンシップは自己の行為や選択の責任を取る市民の義務を強調している——持続可能性を達成する集団的試みの中で「自分の責任を果たす」義務。このように、緑のシチズンシップ概念の中心には「市民的徳」の概念がある。市民的徳の概念の一部は、他者の利益の考慮や、論議や審議の公開性と関わっている。このことは、市民である義務が、たとえば廃棄物のリサイクル、エコロジーを自覚した消費、エネルギー保全活動など、公式な政治領域を越えていくことを意味する。（Barry 1999：231）

ここでバリーは、自由主義及び市民共和主義的伝統双方を明確な形で参照することを提案している。前者は「論議や審議の公開性」の徳への参照の中に含まれている。第2章で見た「公共的道理性」が自由主義的シチズンシップの中心的な徳であるというウィル・キムリッカとウェイン・ノーマンの提案を想い起こしてみよう。「自由主義的市民は彼らの政治的要求の理由を述べなければならず、それはただ選好を表明したり、脅したりするものではない」(Kymlicka and Norman 1994 : 366)。バリーの概念はこれに非常に近いものである。市民共和主義は「持続可能性を達成する集団的試み」の概念を通じて表現されており、これは「共通善」概念を特別の形で解釈したものである。私が本章で先に言及したパトリック・カリーの「エコロジー的共和主義」も、市民共和主義的伝統が明確にした徳の観念を復活させたものである。彼は、「市民共和主義に由来する観点がどの程度エコロジカルな解釈や拡張と調和しているかを見るのは興味深い」と述べ、次のように続けている。

いかなる人間共同体の共通善もエコシステムの統一性(生物と非生物の両方)に――最終的だけでなく、中間的に多くの点で――すべて依存している限り、そうした統一性はまさに定義上最上位にあることを前提にしなければならない。そしてそれはただ能動的「シチズンシップ」の実践と責務によってのみ維持されるのであり、その大きな目的は人間の公的領域の健康ばかりでなく、それを囲い込み、維持し、かつ構成するような自然世界の健康にある。このように市民的徳はエコロジカルな徳の下位にある。(Curry 2000 : 1067)

カリーは技術的な意味でマキャヴェリ的な徳の概念を持続可能性の文脈に慎重に関連づけようとしている。私が先に本章で指摘したように、彼の議論は、「マキャヴェリの観点からすると、公共サービスよりも、積極的な私企業やあるいは受動的な個人的救済を重要視するいかなる共同体も破滅に向かう」(Curry 2000 : 1062) ということである。また持続可能性の要点は、「私的利益のために世界の生態系が損害を被り続け、絶えず拡大している持続不可能性の典型となっている損失は、[マキャヴェリが言う] 破滅の申し分のない事例である」(Curry 2000 : 1067) ということにある。要するに、カリーにとって持続可能性とは、まさしく市民共和主義の言語で論じられてきた共通善であり、それはこの伝統と結びついた徳の行使を必要としている。

これらの主張は、エコロジカル・シチズンシップには自由主義及び市民共和主義的シチズンシップ双方と結びついた徳が特徴的に含まれているという主張を正当化することにつながっている。しかし、エコロジカル・シチズンシップはその徳すら越えている。すなわちエコロジカル・シチズンシップは、第2章のポストコスモポリタン・シチズンシップの包括的な分析で機能していたようなやり方で越えているのである。第2章で検討し、本節冒頭でも述べたようにそれは、定義上シチズンシップと結びついた一連の徳を前提としているのではなく、むしろシチズンシップの義務が生み出され、そのことを通じて、結果的にそうしたシチズンシップの徳が――それがいかなるものであれ――求められる条件に伴う問題である。この点で、私が議論したエコロジカル・シチズンシップの他の二つの側面とのつながりが明確になる。「エコロジー的非領土性」の節で私が主張したのは、エコロジカル・シチズンシップの「空間」が、個々の人間(そしてそれらの集団)と、非人間的自然環境との間で絶えず行われる日常生活の生産及び再生産としての物質代謝関係によって生み出されるという点であった。これが「エコロジカル・フットプリント」なのである。「エコロジカル・シチズンシップの義務と責任」の節ではこのことに基づいて、エコロジカルな市民の責任は

「彼／彼女のエコロジカル・フットプリントが現在世代と将来世代に生きる他の人々の重大な選択の追求能力を害し、占拠することもないよう保証すること」であると述べてきた。

エコロジカル・シチズンシップの第一の徳が正義であることはこの点から明らかであろう。より特定して言うならば、エコロジカル・シチズンシップの徳はエコ・スペースの公平な分配の保証を目的としている。それに対して、ジョン・バリーは「エコロジカル・スチュワードシップあるいはシチズンシップが機能する共同体やネットワークを支えているのは損失や脆弱性の諸関係である」（Barry 2002：146）と論じている。私の考えでは、エコロジカル・シチズンシップの義務は、体系的なエコロジカルな不正義の諸関係から生み出される。脆弱性は、第一に、シチズンシップのネットワークを生み出すというより、むしろ不正義の徴候であり、すべての脆弱性の関係をシチズンシップの関係と考えることは出来ないのである。したがって、エコロジカル・シチズンシップの「第一の」徳について私が述べていることは重要かつ慎重に扱わなければならない。それに合わせて私は、エコロジカル・シチズンシップの基本的な徳とそれが道具的に求めている他の徳、あるいはまたアリストテレス的な「性格的気質」としての徳と政治的徳との双方を区別するつもりである。アリストテレスの語法で表現されているエコロジカルな徳の説明を発見することは非常に一般的となっており、より広い文脈では適切かもしれないが、それがとりわけシチズンシップの政治的文脈において役立つとは思えない。たとえば、ジョン・バリーはこう書いている。

徳を中心とした道徳観に基づいて、緑の政治学は「寄生的」な社会―環境関係よりも、「共生的」な関係を創造しようとしている。すなわち、エコロジー的に有徳な環境との相互作用様式を開拓することである。共生的関係と寄生的関係との境界線は利用と濫用との倫理的境界線を意味している。一定の性格的気質やその社会的要件は、人間—自然関係を構築する局面になると受け止められる。これらの徳のいくつかは道徳生活の領域に特有なものであるが、同感（sympathy）あるいは人道性（humanity）などおそらく最も重要なもののいくつかは、道徳性のすべての諸側面に及んでいる。（Barry 1999：64）

私は緑の政治学——そしてエコロジカル・シチズンシップ——にとって「徳が中心にある」ことには同意するが、バリーが述べる「性格的気質」がエコロジカル・シチズンシップの中心的な徳であるとは考えていない。中心的な徳はむしろ正義である——ただし、一定の性格的気質がその要件を満たすのに必要とされることはその通りであるが。私がここで多くの事例を挙げて指摘したように、われわれは善きサマリア人と善き市民との区別を維持する必要があり、緑の政治学の論者がしばしば述べている性格的気質は一般に後者よりも前者に適切に当てはまるものである。たとえば、少なくともまず最初の事柄として、バリーが言う「同感」は善き市民よりも善きサマリア人にとって相応しい徳である。

ただし重要なことは、同感、あるいは配慮や共感といった他の候補がエコロジカル・シチズンシップの二番目の徳と見なされる可能性が残されていることである。すなわち、それらは正義という第一の徳が効果的に実行されることを通じて重要なものへと変わっていくのである。このように考えるならば、エコロジカル・シチズンシップの主要な徳に役立つ手段として、第二の徳がさまざまな予期せぬところから引き出されうるというバリーの指摘は間違いなく正しい。

> シチズンシップとは、自足や自制心といったエコロジー的に有益な徳が学習され、実践される活動なのである。緑のシチズンシップが政治的根拠を持っているのに対して、それが具体化する活動、価値観、理念は、伝統的に理解されている政治領域に限定されるものではない。道徳的性格の一形態として、責任ある緑のシチズンシップ形態に具体化されることが期待されている徳は、政治とは別の人間行動や役割の領域においても力を発揮するだろう。
>
> (Barry 1999：228)

もちろん、シチズンシップと環境に関する文献には、厳密に考えれば、シチズンシップと規範的につながらない徳への言及で溢れている。たとえば、ハートレイ・ディーンは、「配慮の倫理――それがフェミニスト的倫理、エコロジカル倫理のどちらで特徴づけられたとしても――は、抽象的な共同責任の原則とわれわれが権利と義務とを継続的に交渉することによる実質的活動との間の本質的つながりを提供する」(Dean 2001：502) と述べているし、バート・ヴァン・シュテルベルゲンは、「地球」シチズンシップと対立した「世界」シチズンシップへの批判文脈の中で (p. 98を見よ)、「グローバルな環境管理者の概念は、真のグローバルなエコロジカル市民と考えられる方向の途中にしかすぎない、なぜならわれわれがここで見落としているものに配慮という概念があるからである」（Steenbergen 1994b：150.）と論じている。

第2章から、マイケル・イグナティエフの神経を尖らせているのが、この種のものであったことが想起されるだろう。「正義の言葉から配慮の言葉を引き出すという混乱は、サッチャーから左に位置するすべての政党がシチズンシップという言葉を堕落させてしまっている最も忌まわしい徴候」（Ree 1995：321）であり、「シチズンシップという言葉に共感などというものは全く含まれていないのである」（Ignatieff 1991：34）。今や、イグナティエフが描く「正義」と「配慮」との違いが不適切であることは明らかである。この場合、正義とは配慮であるという議論を引き出したいからではなく、配慮（または共感）が、ある状況において、（分配的）正義というエコロジカル・シチズンシップの最初の徳の行使に必要な二番目の徳だからである。共感を適切に行使するというのは、決疑論的判断（casuistic judgement）の問題である、何故なら「共感は常に前後関係があり……、その政治的応用は特定の状況判断を必要としており、そのようなものとして公式の規定の制限をうまく逃れる」からである（Whitebrook 2002：542）。

もちろん、配慮と共感は通常、人間生活の中でも、公的領域より私的領域と結びついている。われわれは先に、「伝統的に理解されてきた政治領域」と、「この責任ある緑のシチズンシップの形態において具体化が期待される徳は、政治とは別の人間行動や役割の領域においても機能するであろう」というジョン・バリーの考えに言及した。彼は「エコロジカル・スチュワードシップに関して重要なのは、エコロジー的観点から考えるならば、私的領域が『非政治的なもの』から政治的な活動舞台へと移っていくことにある」と述べている（Barry 2002：147-8）。私もこの点で同じ意見を持っている。そこでこの点をより詳細に検討してみよう。

エコロジカル・シチズンシップにおける私的領域

第2章で私は、私的領域がポストコスモポリタン・シチズンシップにとってシチズンシップ活動の重要な舞台となると結論づけた。これには二つの理由がある。第一に、私的行為はシチズンシップのカテゴリーにつながる公的な意味を持っていることである。第二に、前節で述べたいくつかの徳――なかんずく無条件かつ非互恵的性質を持つ配慮や共感――は私的領域関係における理想的かつ典型的な特徴であるということである。

特にエコロジー的文脈では、私的行為がシチズンシップという公的な意味をどのように持つようになるのかということが明らかにされなければならない。われわれはエコロジカル・シチズンシップが組織される空間概念がエコロジカル・フットプリントであることを見てきた。さらにフットプリントは諸個人や集団が環境に及ぼす影響の現れである。この影響は、公的領域と同時に私的領域に関わる諸個人の生活の生産や再生産の関数である。私的領域自体は人々の生活が生産され、再生産されるような物理的空間（アパート、家、移動住宅など）とか、あるいは「私的なもの」と一般的に考えられる諸関係の領域（友人と家族の間の人々など）と理解することができる。粗野な言い方をすれば、これらの私的領域の諸側面は、私的領域の広がりがエコロジカル・シチズンシップと関わりを持つ二つのことがらに対応している。

まず第一に、物理的空間としての私的領域を考えてみよう。本章の冒頭で私は、共同に生活している人間集団がその生活維持にどれだけのエコ・スペースに依存しているかを明らかにするため、ワケナゲルの都市の例を取り上げた。このことは、都市と同様に、アパートとか家、あるいは移動住宅にも当てはまる。私が本書を執筆している家――あるいはそこに住み、いかに自らの生活を再生産するかについて決定を下す人々――は、エコロジカル・フットプリントの創造主であり、したがって私が本章の最初の節で議論したエコロジカル・シチズンシップとつながる責任を生み出す潜在的根拠の一つである。(私は「潜在的に」と述べている。なぜなら明らかにすべての私的空間がエコ・スペースの負債を抱えているわけではないからである。) もちろん、このことは、人々が生活する私的空間と同様に、人々が働く「公共」空間にも当てはまる。たとえば、私が働く大学も、エコ・スペースの占有者であり、エコロジカルな市民の責任を重大なものと受け止めるならば、大学が占有しているエコ・スペースを削減するよう努めなければならない。しかし、このことはまさしく、大学における私の環境政治活動をシチズンシップの行為と見なしながら、同じ義務の根拠であるにもかかわらず、自宅で行われる同様の行為については同じように考えないということがいかに奇妙なものであるかを示している。第2章で、「男性の家事の公平な分担を呼びかけること」がシチズンシップと見なされ、「家庭の中でのたんなる家事の分担」(Lister 1997 : 28) はそうならないと述べることで、ルース・リスターはアンネ・フィリップの伝統的な公的/私的という区別を支持していることについて見てきたが、この点を改めて述べながら議論を進めていくことにしよう。フェミニズムの文脈ではどうであれ、エコロジカルな観点からすれば、そうした区別は反直感的な結果につながる。たとえば、リサイクルセンターのためにキャンペーンを行うことがシチズンシップを意味し、自分の庭で堆肥を作ることはそうではないというようにである。こんなことはあり得ない。問題とされるべきことは、家庭におけるすべての緑の行動が、エコロジカル・フットプリントの創出という特定の意味において、公的な影響を持つということにある。このことはさらに、私がエコロジカル・シチズンシップと結びつけるべきだと述べた義務を潜在的に生み出すことになる。

「私的なるもの」を理解する第二の方法は、通常そのように受け止められている関係領域の点からである。ここには友愛や家庭内の諸関係が含まれている。さて、そうした関係はもちろん、極めて有害で、逆の機能を持つこともありえるが、重要なことは、われわれが「有害」とか、「逆の機能を持つ」ことを全く特定の文脈から考えているという点にある。悪いことに、そうした関係は理想的に無条件性や非互恵性を伴うものと考えられている。われわれは見返りに何かを欲しいから子供を愛しているのではないし、見返りに買ってくれないからといって、友人に贈り物をするのを止めるわけではない。明らかにされなければならないのは、このこととエコロジカル・シチズンシップとのつながりである。私はすでに本章で、エコロジカル・シチズンシップの義務の決定的な特徴がその非互恵性にあることを指摘した。このことは通常、私的領域と結びついた諸関係の決定的特徴でもある以上、エコロジカル・シチズンシップと私的領域との関係は非常に強いものになる。このことは、それがまさに徳の領域にまで拡大しているために、類似性という問題を越えているものである。われわれは前節で、通常シチズンシップと結びつかない一定の徳が、正義という第一の徳を具体化するために必要な第二の徳という意味で、エコロジカル・シチズンシップの行使にとって重要になることを見てきた。そこで述べられた二つの徳とは配慮と共感であった——一般的に私的領域と結びついた徳。おそらく、これはピーター・クリストフの言う「緑の道義心」である。「その成功のために、エコロジカルな市民が形成する——そしてその結果構成する——解放プロジェクトは市民社会の活性化と拡大に依存している。それは『緑の道義心』の創出を通じた私的生活の積極的な転換に依存する……」(Christoff 1996：162)。私自身の観点からすれば、「緑の道義心」はエコロジカル・フットプリントの様々な影響の中にその非常に物質的な起源を持っているが、「公的な」正義を行うために時には必要とされる「私的な」徳という条件を通じて——少なくとも部分的に——確実に実行されうるものである。

要するに、私的領域はシチズンシップ活動の舞台であり、それが生み出す義務やその義務を満たすのに必要な徳が、一般に「私的なるもの」として描かれる関係の中に推論上も現実的にも存在しているために、私的領域はエコロジカル・シチズンシップにとって重要となるのである。このことはシチズンシップ一般に関する膨大な研究から見ると反直感的であるにもかかわらず、政治的エコロジスト達が受け入れるシチズンシップと完全に一致している。エコロジカル・シチズンシップは、少なくともあるレベルにおいて、ジェンダー的な市民共和主義やその現代的表明から遠く離れた、責任を課せられたシチズンシップである。「古典的共和主義の理想的市民は主に労働や身体的要件を満たす必要性から自由であり……日常生活の要求を課されなかった」(Lister 1997：32)。それ対して、エコロジカル・シチズンシップは日常生活のすべてに関わっている。第2章で、シチズンシップが特権的な地位として、もっぱら公的領域と結びつけられることで、体系的に私的領域が公的領域に従属的に位置づけられていたのかを指摘した。この文脈で、私はシチズンシップの獲得が「必要」の領域（私的領域）から「自由」の領域（公的シチズンシップ）への離脱として理解されていることを指摘した。ガーション・シャフィールはこう書いていた。

ギリシャの都市国家、すなわちポリスの文脈において、シチズンシップは二重の解放過程として出現した。……それは、われわれが物的欲求を満たすのに労苦する、道具的な必要の領域から、自由の領域に向けた超越であった……。こうした対比は、たとえば、世帯（オイコス）の私的領域から、政治生活（ポリス）の公的領域への解放というように、多様な形態で概念化されてきた。

（Shafir 1998 : 3）

エコロジカル・シチズンシップがこうした「解放」の解釈をどのように拒否するのかについては、ここでの議論から明らかになるはずである。「必要の領域」は人間生活の生産及び再生産の多くが行われる領域であるため超越することなどできないものである。シャフィールが暗黙のうちに強調している「自由の領域」は、薄い空気の中で生きるという最も不可能な領域である。本章で展開してきた言葉で言えば、「われわれの物的欲求を満たすのに労苦すること」はある種の特有な義務を実際に生み出すエコロジカル・フットプリントの生産につながり、それゆえシチズンシップの領域から引き離すことなどできないのである。

結論

本章で私は、第1章で描いたポストコスモポリタン・シチズンシップがどのようにエコロジーという文脈において、特別な調整形態を取るのかを示すことができたと考えている。エコロジカル・シチズンシップはしたがってポストコスモポリタン・シチズンシップの一例であり、またその特別な解釈でもある。それは、権利よりも責任を強調し、また義務を契約的というより非互恵的なものと見なすなど、ポストコスモポリタン・シチズンシップのあらゆる基本的な特徴を備えており、それゆえシチズンシップ義務に関して自由主義的及び市民共和主義的理解の双方と対照的である。それはまた、シチズンシップの中心にあるものとして徳に焦点を当てている。あらためて言うならば、これらの徳は公的領域と同時に私的領域からも引き出される必要があるという意味で、自由主義及び市民共和主義双方のシチズンシップと著しく異なっているのである。同様に、一般に私的領域と結びついた関係がエコロジカル・シチズンシップのそれと内容的に類似していること、また私的領域がエコロジカル・シチズンシップ義務そのものを生み出す空間――エコロジカル・フットプリント――を創出しているという理由で、エコロジカル・シチズンシップは私的領域をシチズンシップ活動の正当な舞台と見なしている。

自由主義者から見れば、私的領域をこのように政治化することは驚きであるだろう。マーク・スミスが「以前は不可侵と考えられてきた多くの基本的な個人選択が挑戦を受けることになるだろう」（Smith 1998：99）と指摘していることは間違いなく正しい。このことはさらに自由主義への挑戦となる。持続可能な社会が価値のある社会目標となっているのであるならば――自由主義であれ、それ以外であれ、多くの国家が少なくとも表面上それを支持している――、その場合、その達成のために自由主義政体はシチズンシップという資源の活用方法を見出さなければならない。ただし、このことは、自由主義政体が伝統的に抱えている大きな困難とともに、私的領域の政治化と「善き生活」の概念という二つの重要な課題を前面に押し出すことになる。持続可能な社会の追求は必ずある確定的な正しい生き方を支持するということなのだろうか。また、もしそうであるとすれば、善き生活に関する限り、中立性という基本理念を前提にしながら、自由主義国家はそれをどのように追求することができるのだろうか。エコロジカル・シチズンシップの教義の多くは自由主義的理念と対立しているというように特定したとすれば、自由主義国家の教育制度はエコロジカル・シチズンシップをどのように教えることができるのだろうか。これらは本書でこれから追究される興味深い問題である。

第4章
自由主義社会における環境持続性

これまで、新しいタイプのシチズンシップの知的かつ政治的な必要性を概説し、「ポストコスモポリタン・シチズンシップ」がどのようなものなのかを見てきた（第1章及び第2章）。第3章で私は、この新しいシチズンシップを特定したものとしてエコロジカル・シチズンシップを提案した。本章の私の意図は、（第5章の）正規の教育制度を通じた具体化の導入として、自由主義社会におけるエコロジカル・シチズンシップの位置を考察することにある。そのために二つの予備的設問が設けられている。すなわち、なぜ自由主義社会に焦点を当てるのだろうか、また、本章のタイトルで示唆された「エコロジカル・シチズンシップ」から「環境持続性」への転換はなぜ行われたのか。

第一の設問は、世界の多くの国々が自由民主主義的特質を持っておらず、これらの国々が自由主義社会という体裁もとっていないことから設けられたものである。その場合、そうした狭く限定することの一般的妥当性は何だろうか。この問題に対する一つの回答は、一般的妥当性はともかく、

（広く言えば）自由主義社会は私が最も良く知っている社会であり、それゆえ多くの知識を持って論じられるということにある。この点は常に、比較政治学がケース・スタディ分析を行う場合、一つの政治システムや政治体制を選択する正当な根拠とされているものであった。もう一つの回答――問題の中心により近い――は、環境持続性の具体化が自由主義社会の文脈で特に興味深い問題を引き起こしているということにある。これは、持続可能性の実践には、決められた「善き生」の営みが含まれているにもかかわらず、自由主義国家の決定的な主張の一つが、「善き生」をどのように営むかに関する見解の対立に中立的であるからである。言い換えれば、中立が暗黙の前提であるとすれば、自由主義国家はどのようにして持続可能性を実現しうるのであろうか。この問題は本章と第5章で一貫している議論である。なぜ自由民主主義社会に焦点を当てるのかという問題に対する最後の答えは、おそらくそれが最も重要なものであり、第二の問題とも結びついているが、ここで取り上げるつもりはない。その答えを簡単に言えば、世界中の政治制度に関して言えば、自由民主主義はごく一部の少数派でしかないのに、これまで極めて多くの環境破壊の責任を持っているということである（もちろん、このことは必ずしも自由民主主義がそうした破壊の直接的原因であるというわけではない）。このことは、地球温暖化、オゾン層破壊、そして多くの漁業資源の減少といった地球環境問題に当てはまるものである。したがって、環境持続性が自由民主主義社会のいたるところで重要な役割を果たしていることが特に重要である――この点は、実質的結果よりも正しい手続きに思想的にコミットするような社会で、いかに「善」が具体化されるのか、という先の第二の論点へ導くことになる。

第二の問題は、なぜ「エコロジカル・シチズンシップ」から「環境持続性」へ転換したのかである。転換があるとすれば、その答えの一部については、シチズンシップ教育との関連で環境持続性を扱う第5章で、エコロジカル・シチズンシップに戻って検討することにしたい。もう一つの答えは、いずれにせよそれを転換とは考えていないということである。第3章で、環境的シチズンシップとエコロジカル・シチズンシップの違いについて議論した際、「環境的シチズンシップとエコロジカル・シチズンシップが異なる条件で組み立てられている一方、両者は補完的であり持続可能な社会という同じ方向を目指しているものと理解することができる」と述べておいた。したがって、エコロジカル・シチズンシップと環境持続性はかなり明確に結びついており、前者は後者を達成する潜在的手段なのである。私は、こうした予備的考察によって、自由主義社会における環境持続性の具体化が考察に値する論点であり、シチズンシップと環境という本書にとっても中心課題となっていることを読者が十分確信していただけると期待している。

その際、本章と第5章で扱う主題は、自由主義社会の正規の教育制度に特別の関心を払いながら、環境持続性がそこで正しく具体化しうるのかどうかという点にある。先述したように、それが不可能であると論じる人もいるだろう。その議論は次のようなものである。

(a) 環境持続性は技術と同時に規範に関するものである
(b) 自由主義国家は生活規範に関して中立的でなければならない、したがって、
(c) 自由主義国家の正規機関（例えば教育制度）は、ある一つの生活規範を他のそれに優先して

押し付けるべきではない、そのため、
(d) エコロジカル・シチズンシップ教育は自由主義社会の国家では効果的に実施できない。

こうした議論の流れを絶つには多くのやり方があり、それは主に(a)と(b)に焦点を当てている。例えば、(a)の関連では、環境持続性は規範に関するものでは全くなく、科学的決定の問題であり、それ以上でも、以下でもないと議論されている。この解釈では、持続可能性の閾値は科学的エコロジストの問題であり、社会科学者の問題ではないことになる——ましてや哲学者や一般民衆の問題ではない。私はこの議論が間違っていると考えている。そこでその理由を説明するための時間を若干取ってみたい。

(b)に関していえばこれまで、自由主義的中立性の主張について、あらゆる非常に複雑な事柄が述べられてきており、それらの多くは(b)の主張自体を突き崩そうとしてきた。この議論は、マーセル・ヴィッセンバーグの先駆的な本（Wissenburg 1998）がねり上げた主題をめぐって行われ、自由主義と環境との関係に関するピアス・ステファンズとヴィッセンバーグの重要な意見交換（Stephens 2001a, b; Wissenburg 2001）の背景となっていた。ステファンズは、ヴィッセンバーグが行っている「緑の課題の多くを実現する自由民主主義国家の能力に関する」議論の問題点は、彼（ヴィッセンバーグ）が「自由主義国家の定義は、競合する善の諸構想に対して、中立的立場をとることにある」ということをあまりにも早急に受け入れすぎている点にあると述べている（Stephens 2001a）。自由主義の中立性要求に対して、どこかよそで他の人が行っている議論を繰り返しながら、ここには少なくとも二つの問題があるとステファンズは指摘している。その最初の返答は自由主義が自らの基準に従っていないということである。そのためステファンズがこう論じている。

なぜ中立性が適切な手続きなのかに関して、直接的であれ、間接的であれ、市民の福祉の定式と関連づける理由がなければならず、また……私は……そうした定式自体が価値を負荷されており、必然的に、人間とはいかなるものであり、どのようなものとなり、そして理想的にはどのようであるべきかについて明示的であれ、暗示的であれ、人間本性の規定的な理想に依拠すると考えている。（Stephens 2001a）

第二の回答は、たとえわれわれが自由主義にある種の中立性願望を認めたり、またこの願望が実際的なものであることを受け入れるとしても、政治的イデオロギーとしての自由主義をそうした中立性の点から全体的かつ完全に描くことができるということを受け入れるべきではないというものである。すなわち、他の種類の自由主義も存在するということである。ステファンズが指摘するように、「言うまでもなく、中立性概念は自由主義の長期的課題を明確にしているように思われる。しっかりと認識しておくべきことは、自由主義の特徴的な性格として、こうした抽象的用語の使用は……最近の展開にすぎないということである……［ジェレミー］ウォルドロンは、一九七四年以前に、こうした用語を用いた明確な定式はないと見ている」（Stephens 2001a）。参照されているのは、いわゆる「完全論者」の自由主義の文脈であり、たとえばジョン・ロックの自由主義（悪）とジョン・スチュワート・ミル（善）との間でその違いが見出される（Stephens 2001a）。先に挙げた議論(a)～(d)の流れを絶つという点で、こうした自由主義的遺産の「発掘」は有効な糸口となる。というのは、自由主義が中立性と定義上つながりがないというのであれば、自由主義国家にとって、ある確定的な善き生活の考え方を明確にする余地があるかもしれないからである。たとえわれわれが環境持続性は科学的判断と同時に規範的判断も含んでいるという(a)の設問を受け入れたとしても、自由主義の再読は、自由主義的教育制度が、ある決められた生き方の規範的枠組みを実現することを認めるかもしれないからである——上記(d)の論点を見よ。

その場合、自由主義社会の国家でエコロジカル・シチズンシップ教育を効果的に行うことができないという結論に赤信号（あるいは少なくとも黄色信号）がともると通常考えられている場所は、規範に関する中立性が自由主義国家の中心的特徴として見なされている(b)の地点である。本章では、これとは異なるこれまであまり探求されてこなかった戦略を試みようとしている。つまり、自由主義と環境持続性の調和を考えている人々の英知とは逆に、「中立主義的」自由主義者が望んでいる(b)の点、すなわち自由主義国家は生き方の規範について中立でなければならないことをわれわれが受け入れるということを提案したい。ただしこのことは、エコロジカル・シチズンシップ教育は自由主義社会において効果的に行うことが出来ないという(d)の結論をわれわれが受け入れるということではない。この結論に対して私は、自由主義と持続可能性との関係について斬新な「扱い」をしようとするだけでなく、中立性に対する自由主義の関与が——特にシチズンシップ教育の領域で——市民に対する義務を生み出すと考えている。ただし、議論上の必要手続として、環境持続性が技術と並んで規範に関するものであるという、先に述べた(a)の議論を擁護する観点から議論を続けることをお許しいただきたい。

環境持続性の規範的性質

環境持続性が規範の問題であるのか、科学的決定の問題であるのかという議論が依然として行われていることに私は驚きを禁じえないでいる。本書の読者のほとんどはおそらく、環境持続性が規範的概念であることについて私と同じ意見を持っているだろう。それゆえ本章の一節でこのことを論じることに疑問を抱くかもしれない。この点ははっきりした結論にたどり着いていないのであろうか。その通りである。政策担当者（policy community）と公式かつ非公式に議論をした私の経験によれば、そうではなかった――あるいは少なくとも、政策決定に違いを生み出す体系的かつ内部化された方法などないのである（あるいは、いかにそれを適切に中学や高校で教えるのかということに対して――第5章を参照）。私と政策担当者との議論はほぼイギリスに限定されているが、それらが他の場所で起こる議論と実質的に異なる明確な理由があるとは考えていない。私にとって、リトマス試験とは、いかに人々が「閾値」という言葉に反応するのかということである。閾値は持続可能性議論の重要な用語であり、それは事態の持続可能な状態と持続不可能な状態との境界線を指している。正確な閾値の決定に必要な観測道具や知識を持っているという点で、閾値は自然科学者によって最も適切に決定されるということが公開討論会などで繰り返し述べられている。ただし、閾値は、誰のものなのか、何のためのものなのかという程度の設問ならば、心地よい一致点が得られなくても十分かもしれない。われわれが、閾値は誰に、何に適用されるのかを（人かインコ？）伝えたならば、科学者は、活動Pを行えば閾値を超えるかもしれないと警告することはできるであろう。しかし、このことを科学者だけで決定することなどできないのである。ある生態系における様々な人間の干渉はそのシステム内の生命及び非生命要素に様々な影響を持つであろう。これらの諸要素のどれが「重要」であり、それゆえそれらのどれが保存され、維持されるべきかという問題は、科学的観察によってのみ答えることができると考えられるかもしれない。しかし、どの要素が「重要」であるかの決定は、それ自体科学的事柄であると同時に、規範的事柄でもある。

持続可能性の「定義」に関するかぎり、ブライアン・バリーが「持続可能性概念の中核には、われわれの権限が及ぶ限りにおいて、無限の将来までその価値が維持されるべきXがあるということにある」と述べていることは間違いなく正しい。彼はこの後に続けて、「ここにはXの中身が何であるべきなのかについて議論の余地がある」と指摘している（B. Barry 1999：101）。その場合この議論では、Xとは何かということだけでなく、どのようなものを、どのように決定するのか――科学的調査かあるいは規範的議論を通じて決定されるのか――という点が明らかにされなければならない。同様に、バリーはわれわれに次のように問いかけている。

持続可能性に対する関心が、われわれは後継者を欺いているのではないかといった疑問から生まれていると考えてみよ。その場合、もしわれわれが享受しているよりも少ないものしか残せないような方法で行動してはならないということを持続可能性と理解し、そのように呼ぶとすれば、持続可能性の中身は、われわれが何を重要なものとして取り上げるかに決定的に左右されることは明らかである。（B. Barry 1999 : 101）

繰り返して言うならば、「何が重要であるか」ということを科学者だけで決定することはできないのである。

バリーは持続可能性に関して、事実の問題と思われているものが実際には解釈の問題でしかないという示唆的な例を挙げている。「とくに『自然資本』の地位に関して文献でどのような議論が行われてきたのかを考えてみよう」と彼は述べている（B. Barry 1999 : 102）。「自然資本」は、何が将来に向けて維持されるべきなのかという問題に対する一つの共通の回答であるが、自然資本が持つすべての機能は代替物によって担うことができる以上、不必要であると論じる人もいる。ここには一つの「代替可能性（fungibility）」に対する信奉が見られる。バリーは続けている。

欲望（want）の充足を基準にしている人にとって、すべての資源は理念上代替可能である。すなわち、十分な数だけプラスチックで置き換えて製造しうる資源が存在する限り、本物の木と同様のプラスチックの木が十分にあれば、世界中の樹木の伐採を心配する理由などなくなる。「自然資源」を保存しなければならないと主張する人々は、事実上すべての資本の完全代替性を否定している。しかし、こうした不一致は実際、何に関するものなのだろうか。私が提案する解釈によれば、これは事実の問題に向けられた不一致ではない。代替性を支持する立場にすべて同意しつつ、「自然資本」を特別な地位に置くことに反対しないということは依然として全く可能である。自然の保存に一つの独立した価値を認めるのは、自然の保存そのものが重要であるということである。将来の人々にとって重要な事柄に接近し、損なわれていない自然こそ重要な本質的一部であると考えるのであれば、「自然資本」の損失を追加的な生産能力で相殺することなどあり得ないと認識していたことになる。（B. Barry 1999 : 102–3）

バリーの主張は、代替性への反対と自然資本の保存を支持する議論が、通常、自然資本は決して人工代替物によって永久的かつ体系的に置き換えることなど出来ないという代替不可能性の観点から表現されているということである。これは確かに正しいが、そこでは規範的な点が見落とされているとバリーは指摘する。重要なことは、たとえわれわれが代替可能性を受け入れるとしても、それらを望ましいと考えているわけではないという点にある、とバリーは論じている。言い換えれば、持続可能性Xの中身は「事実」だけでは決定できないということである。

しかし、持続可能性の定義に関して、政策担当者が事実と科学に基づいた解決策に単純に関わっているだけだと考えるのは誤りであろう。少なくともイギリスでは、これらの議論に深く関わっている様々な政府省庁や審議会、委員会が、持続可能性の規範的性質を認識しようという困難に取り組んでいる歓迎すべき徴候が出てきている。それにもかかわらず、持続可能性の規範的性質が中心的かつ決定的特徴というより、むしろ扱いにくい特徴としてしか見なされていないというように、メッセージの中身は依然として混沌としていると言わざるをえない。こうした主張を証明する例を一、二提示する中で、自由主義社会における環境持続性の具体化という一般的問題の重要性について述べてみよう。

環境に関わる情報へのアクセス、政策立案における市民参加、司法へのアクセスに関するオーフス条約（一九九八年）は、環境との関連でヨーロッパ各国がこれまで締結してきた中でも最も重要な条約と広く見なされている。合意の詳細をここで取り上げることはしないが、指摘しておく価値があるのは、その一般的委任事項に含まれた規範的前提である。その前文で協定は、「人間環境に関するストックホルム宣言」と「諸個人の福祉のために健康な環境を確保する必要性」に関する国連総会決議45／94を好意的立場から触れている（Aarhus Convention 1998 : 1）。総じて、これら二つの声明は、われわれが先に明らかにした持続可能性を定義する際の中心的な規範的要素に依拠した立場を取っている——誰のために、何のために、を決定する場合、持続可能性の閾値が満たされていなければならない。福祉を保証される諸個人とは明らかに人間諸個人である。わたしはこの立場をここで判断するつもりはないが、政府がわれわれの名前でしばしば署名している環境協定の規範的基礎の一例だけを挙げておきたい。たとえば建設作業に先だって行われる環境影響評価は、誰に、そして何に影響を与えるのかということによって様々な結論に達するのであり、このことが政策を実行する際に実質的な違いを生み出している。

オーフス条約は高らかに、「環境の状態を保護、保全、改善する」必要性を強調している。ただし、「改善」という考えがわれわれを規範的難問へ導くことを道徳哲学者に理解させようというのではない。環境改善がいつ行われるのかをどのようにして知るのだろうか。一般的に言うならば、より強い持続可能性が実現される時期をどのようにして知るのだろうか。もっと差し迫った言い方をすれば、これらの問題に対する確定的な回答などないということをわれわれは受けとめることができるだろうか。これらの事柄に対するイギリス政府の見解は、持続可能な発展の目的や指標リストからある程度つきとめることができる。その目的の一つは「高水準かつ安定的な経済成長と雇用水準の維持」にあり、「一人当たりGDP及びGNP」がこの指標の一つである（UK Government 2002)。もう一つの目的は、「効率的な環境保護」であり、この指標の一つは「健全で清らかな河川の質」である（UK Government 2002)。さて、全体的枠組みの中で調和可能な構成要素とされているこれら二つの目的は、意地悪く言えば「改善」が意味するような調和的解釈ではなくむしろ、対立しているものと見なされるだろう。国内総生産（GDP）が、ある経済の健康状態を決定する非常に切れ味の鈍い道具でしかないとすれば、このことはとくに明らかである。環境主義者が指摘して飽きないように（例えば、Anderson 1991を見よ)、GDPはある経済で行われる*あらゆる*活動——環境被害の発生に対する修復など——の尺度の一つでしかない。その場合、持続可能な発展指標の一つを引き下げる事柄が、他の指標にとって特典（修復に伴う経済活動の増大）と見なされる可能性が生じてしまう。そうであるなら、少なくとも、持続可能な発展の文脈においてイギリス政府の「改善」観には、混乱したメッセージが含まれていることになる。先のブライアン・バリーの指摘に従うならば、こうした緊張関係は、事実に関する論争として特徴づけてはならないものである。経済成長や河川の水質の計測手段に関しては不一致がないのに、依然として持続可能性指標の相対的長所に関して論争があると考えることは十分にあり得ることである。

ただし、少なくともイギリス政府に関する限り、正しい方向を向いていることはほぼ疑いない。例えば王立協会（もちろん政府から独立）は、食用及び健康用遺伝子操作作物に関する報告書の中で、「何人かの回答者が遺伝子操作技術について社会的・倫理的問題を提起した」（Royal Society 1998 : 4）と指摘しているが、その場合でも報告書は、「われわれは遺伝子操作作物に伴う科学的課題について述べることだけに限定してきた。なぜならこれはわれわれの専門性に関わるものだからである」と述べ、社会的・倫理的問題を「純粋科学」から切り離そうとしている。少なくとも公には、イギリス政府はこの種の区別に懐疑的である。環境汚染に関する画期的な王立委員会の報告書への回答の中で、環境・食糧及び農村事情省（Department of the Environment, Food and Rural Affairs ; DEFRA）は、「科学自体の価値がその行いにどれだけ影響を及ぼすかを理解することは、科学にとって重要なことである」と指摘している（DEFRA 2000 : II, 22）。「目新しい遺伝子操作食品が既存食品と組成上本質的に同等であることが明らかにされれば、伝統的同等性と同じくらい安全である」という証言から、悪名高い「実質的同等性」の考えを王立協会が取っていることは明らかである。王立協会は毒物学や栄養学の観点から同等性を判断しているが、他に考慮すべき多くの要素があることは明らかである。文化的問題も「同等性」の決定に重要であることを理解するのに、食物の人類学者になる必要などない――王立協会は、「相対的同等性を確立するために必要な比較データにはいくらか主観的な判断が含まれている」（Royal Society 1998 : 5–6）といった貧弱な結論的認識に立っているようである。

おそらく、政策立案集団において持続可能性の規範的性質の認識が依然として意思決定過程の原理的かつ総合的特徴とならなければならないという私の主張を具体化する最善の方法は、価値が決定過程にいかに遅れて入ってきているかを明らかにすることであろう。世界中の政府が「環境規格」の問題や、どのようにこれらの基準のあり方を決定すればよいのかという問題に取り組んでいる。「客観的基準」に基づいて規格を決めるというしごく当然な要求に対して、イギリス政府は普段からそうした基準が、「証拠に基づく政策立案」の場で行われていると簡潔に述べている(DEFRA 2000 : I, 5)。しかし、もちろん本当の問題は、まず何よりも基準として考慮すべきものは何かという点にある。持続可能性の非還元的な規範的性質について述べてきたことをすべて想起するならば、科学的証拠を考慮することはもちろんであるが、価値もまた証拠として認識され、提供されるべきではないだろうか。

時に政府は、価値を証拠として考慮する必要性を認識していたようである。私は先に持続可能な発展の目的に関するイギリス政府のリストについて述べた(すなわち「すべての人のニーズを認識する社会的進歩」、「効率的な環境保護」、「自然資源の慎重な利用」、「高度かつ安定した経済成長と雇用水準の維持」の四つである。UK Government 2002)。私はこれらの目的の間に緊張関係が生じる可能性があり、それはたんに科学を応用するだけでは解決できないことを認識しておくことが重要であると指摘した。イギリス政府も同じ認識をもっている。

政府は、持続可能な発展の中心にある総合的思考の必要性がより良い環境基準設定につながると信じている。（環境汚染に関する報告書の中で）王立委員会が指摘しているように、「持続可能な発展の達成を意図した全体的均衡において、相対的重要性が異なる諸要素にどのように置くべきなのかについては多くの議論がある」。そうした議論は今後も続いていくであろう。しかし、持続可能な発展の視点から考えることは、優先順位を定め、一致点を作り上げ、多様な利益のための機会の確認に役立っている。

（DEFRA 2000 : II, 15）

「相対的重要性」という考え方は、四つの目的の間に緊張関係があることを認めているということであり、また「議論」があると述べていることは、科学的決断以外の何かがあるということを示している。

価値を証拠と見なす明確な正式決定は以下からも明らかである。

報告書の冒頭で王立委員会は、「正確かつ冷静な分析を行うと同時に、人々の価値に対してより敏感でなければならない」新しいアプローチが求められていると述べた。「科学的評価や技術、経済、リスク分析は政策決定に伝えられなければならないが、それらをあらかじめ占有することなどできないということも認識しなければならない。基準や目標の設定は科学的及び技術的問題であるばかりか、関連した諸要素すべての点から行われる実践的な判断でもある。問題を限定し、解決される必要のある課題について最初の枠組み設定段階から人々の諸価値が考慮されなければならない」。政府はこうした結論を完全に支持している。

（DEFRA 2000 : II, 21）

この文書から、政府とその助言者が持続可能性の規範的領域を完全に理解し、環境規格の設定に関する限り、それを意思形成の中に一つの要素として組み入れる決定をしたということが認められるだろう。皮肉屋がこの点を確信できないという場合に備えて、環境・食糧及び農村事情省は議題の設定と、問題にされるべき課題を考察する際、価値を考慮に入れる重要性を強調している。

価値は、総合する場合においてばかりでなく、（委員会が認識しているように）「問題」を構成している事柄を決定したり、分析課題の枠組みを作る上でも役割を果たさなければならない。政府は、人々の価値を明確にする、より良い方法の発見が必要であると考えている。政府を近代化するという課題の一部として、人々が重要な問題と受け止めている方向性を明らかにするために市民パネルを設置した。遺伝子操作有機物の規制システム改革の一環として、政府は科学的問題だけでなく、遺伝子操作有機物が提起した倫理的・社会的問題も検討する農業・環境（バイオテクノロジー）委員会を設置しようとしている。

（DEFRA 2000 : III, 27）

ここからもわかるように、持続可能性の性格が科学実験室で決定されるという考えに抜本的改善はないと言うのは馬鹿げたことであろう。しかし、そうした転換が完全でない形跡もある。その一つは、最後の引用文で、人々の価値の「明確化」について述べていることである。環境主義者は、人々の価値観の明確化と同様に、これらの問題を議論するフォーラムが、その発展のために認められるべきであることを長年主張してきた。換言すれば、既存のどのフォーラムで明確になったことよりも多くの価値が存在するということもあり得るのである。もう一つの形跡は、私が引用してきた同じ文書からも明らかになっている。例えば、環境のどの部分が手つかずのまま保護される必要があるかについて決定する必要性を述べる際、環境・食糧及び農村事情省はこう書いている。

> 環境規格を設けたからといって、永遠にすべての環境保護を目的とすることなどできない。しかし政府はさらに全体的な環境悪化が進むことを防ぎ、生活の質を全体的に改善することを目指している。環境のどの側面が重要であるのか、それがなぜなのかを理解するのに役立つ環境資本技術は、環境意思決定のいくつかのタイプにとって有益な一助となり得る。
>
> (DEFRA 2000 : II, 18)

ここで「環境資本技術」について触れているのは、(先に述べたように) 自然が提供する「サービス」のいくつかが人工代替物では適切に提供することができないという考えから、「自然資本」概念の方向を追求しようとしているからである。言い換えれば、これらが政策立案目標にとって「重要となっている環境の諸側面」なのである。

私がここで論じたいのは、どこで線引きをするべきなのかを決定する難しさではなく、環境を「資本」という用語を用いて述べようとする考え方自体にある。先の環境・食糧及び農村事情省の重要文書からの引用文の中で、できるだけ早く――まさに問題を設定する時点で、「価値を組み入れる」という称賛すべき決定が行われていることを見てきた。ただし、環境を「資本」という用語を用いて述べることは、これまで述べてきたことに背くことである。ブライアン・バリーの以下の主張は間違いなく正しい。

「資本」は本来経済議論の中に位置づけられた用語である。一例として、山はまさに山である。それを――ある種の――「資本」カテゴリーの下に持ち込むことは、経済的資産といった観点から捉えられることになる。しかし、スキーのスロープのために掘り起こされ、採石され、切り出され、あるいは誰かの利益のために変形されていない山を将来世代に残すべきだと主張したいと思うならば、私の主張は「資本」について述べることを完全に放棄することでしか成立しないだろう。(B. Barry 1999 : 103)

もちろん、持続可能性Xを議論するにあたって、完全に価値から切り離された言葉などありえないし、「資本」はわれわれにとってより明確な意味を持ったカテゴリーの一つである。トマトはそれが売買することができるという点で資本と見なされるかもしれないが、その一方でその価値は他の方法でも表現されうるものである（トマトは良い匂いがする、あるいはそれについて詩を作ることができるなど）。最も早い段階で価値を組み入れるというルールを徹底させるとすれば、少なくとも、環境を述べるために「資本」を用いる意味について何らかの説明が必要となるだろう。

価値判断が曖昧になっている例をもう一つ示そう。「問題を限定し、解決する必要のある課題の枠組みを作る最初の段階から人々の諸価値が考慮されなければならない」（DEFRA 2000 : II, 21）という指令を思い起こしていただきたい。その上でさらに、イギリス政府の「環境リスク評価及び管理」に基づいた次のようなリスク評価の重要な諸段階について考えていただきたい（全文を引用することをお詫びするが、これが論点を指摘する上で最善の方法である）。とくに、「価値判断」が最初に明確な形で述べられている点を見ていただきたい。

・**危険要素の確認**――損失可能性を確認すること。これは全体的評価に対して重要な意義を持つであろう。生じるかもしれない二次的危険を見落とさないことが重要である――例えば、洪水の際に汚染物質が農地に沈殿してしまうこと

・**結果の確認**――あらゆる危険から生じる潜在的諸結果を確認すること――この段階では、起こり得る露出とか、それゆえ起こり得る結果についていかなる説明も必要ではない

・**結果の大きさの評価**――これらは人間の健康、財産、あるいは自然環境に対する現実的もしくは潜在的損失になり得る。結果に関する地理的大きさや継続期間、そしてどれだけ早く損失的影響が見られるようになったかを考慮する評価が必要となる。即時的なリスクと並んで長期的問題にも配慮しなければならない

・**結果の蓋然性の評価**――危険が引き起こされ、損失が生じる蓋然性を考慮すること

・**リスクの重大性の評価**――結果の蓋然性や大きさを決定したならば、それらを関連づけることが

重要となる。この段階では、毒性基準とか環境の質に関する基準など何らかの既存の尺度に従うか、あるいは社会的、倫理的政治的基準に従うかといった価値判断が行われる。例えば健康安全担当官が発展させたリスク・フレームワークの許容性のように、重大性を決定する場合の定式化された数量的アプローチが可能であるかもしれない。他の例では、多様な選択肢のリスクが相互に比較される

・選択の評価――リスクを拒絶、許容、あるいは削減したか、もしくは影響を緩和したかどうかについて検討すること

(DEFRA 2000 : VI, 69)

価値について最初に明確な形で述べているのは、リスク・アセスメントの六段階うちの第五段階であり、そこではおそらく「問題を限定し、解決の必要がある課題を形成する最初の段階から」人々の価値基準を考慮することをしていない。私はこのことを「政策立案サークルにおける持続可能性の規範的性質の認識が依然として意思決定過程の原理的かつ総合的特徴とならなければならない」(p. 152) という私の考えの証拠として提示している。

マーセル・ヴィッセンバーグが的確に指摘したように、「いかに多くの事実があろうとも、事実はそれらを解釈する手段、すなわち道徳的観点がなければ無意味である」(Wissenburg 1998 : 224)。私がここで示した証拠は、環境持続性という扱いにくい領域で、政府がこの意味と格闘していることを示唆している。これは偶然イギリス政府から示された証拠ではあるが、他の場所では状況が全く異なるだろうということを示す理由はない。価値は持続可能性連鎖の中でどこに位置づけ

られるかについて政府内部に格闘があるとすれば、これはもはや価値基準が適切か、どうかということではなく、それらが適切であるという明確になりつつある認識と政府がどのように折り合いをつけるかという議論となる。この点は、持続可能性自体の観点からだけでなく、どのように政府が市民に対して義務を果たすのかという点からも非常に重要である。先に指摘したように、イギリス政府はオーフス条約の調印者であり、そのため「主要な環境政策の提案を行うに当たって適切かつ重要と考えられる事実と事実分析」(Aarhus Convention 1998 : 9) の公表を約束してきた。あるレベルから見れば、政府は明確にこの義務を果たしている (たとえば、UK Government 2002 を参照)。しかし、「事実分析」を明らかにするという指令はどのようにすれば最も良く解釈されるのだろうか。われわれが持続可能性の規範的性質を重大なものと受け止めるならば、これらの分析には「事実」の中にある価値について明確かつ体系的に述べることが含まれていなければならない。そうした分析は、たとえばオーフス条約の人間中心的性格を示しているだろうし、どの環境が保全されるかを決定するための「環境資本技術」が少なからず規範的「分析」を必要とすることを認識するものでもあろう。

政府が自らが関わりを持つ「事実分析」は十分に掘り下げられ、持続可能な発展の目標が提起する規範的諸問題について言及されなければならない。政府にそうした分析を行う十分な準備があるわけではなく、明らかに改善の必要性がある。どのような改善なのだろうか。一つの方法は、マーセル・ヴィッセンバーグの次のような重要な持続可能性の定式 (彼の「制約原則」) を政策立案者に提供し、「避けられないということでなければ」ということが何を意味するかという議論を呼びかけることである。「避けられないということ、また完全に同等の財によって置き換えられるということがなければ、いかなる財も破壊されてはならない。それが物理的に不可能である場合、それらはできるだけ近い等価の財によって代替されるべきである。そしてそれも不可能であるならば、適切な補償が提供されるべきである」（Wissenburg 1998 : 123）。

環境文脈においてより十分な「事実分析」を求めようとするもう一つの方法は、そうした分析を要求し、市民が関わる規範的要求を交渉する能力を持った市民を創り出すための公式の教育制度を用いることである。しかし、自由主義国家は価値中立性を犯すことなしに、そうした市民を生み出すことなどできるのだろうか。「緑の自由主義はそれが目指す持続可能性がいかなるものなのか、いかなる世界なのかといったことをより明確に定義しなければならず、そしてそれらを求めている」（Wissenburg 1998 : 81）ということが正しいのであるならば、その場合このことは善き生のある決まった考え方に自由主義を関与させることにはならないだろうか、そしてこの点で、もはや自由主義国家とは言えないのではないだろうか。われわれは、本章の残りと第5章の多くで、この問題に答えたいと考えている。

自由主義国家と規範的中立性

自由主義とエコロジズムの調和を求めるならば、善き生の規範に関して中立であると公言されてきた自由主義国家の目的が重大な障害となってきている。デレック・ベルは以下のようにこの状況をまとめている。

自由主義に中立性概念が含まれていると理解するならば、両方の陣営（自由主義は環境主義と調和すると論じる人々と調和しないと論じる人々）とも、自由主義は環境主義と調和しないという問題について意見が一致することになる。環境主義者の課題を進めるとすれば、国家は善き生の特定の観念を奨励することになる。しかし自由主義的中立性はいかなる「善き生」の特定の観念も国家は支持すべきでないということを求めている。（Bell 2002 : 704）

ベルはまたわれわれが議論すべき中立性の類型を次のようにまとめている。

1　効果の中立性――制度的調整や国家政策はすべての包括的な諸理想が同じ関係を持つように設計されるべきである。
2　実質的な国家中立性――国家は政策を正当化するための包括的な議論を提供（あるいは受け入れ）してはならない。
3　本質的中立性――（意思決定手続など）正義の政治概念は包括的教義に由来する議論や認識に訴えることで正当化されてはならない。（Bell 2002 : 718）

本章と第5章にとって最も興味深いのは二番目の点である。何故なら、それは他の二つより、ある特定の規範的課題、すなわち環境持続性の達成と関連した課題を追究するため、国家の正規教育制度を用いることに影響を及ぼすからである。

私は本章の冒頭で、自由主義とエコロジズムとの調和性に対する中立性批判をかわす二つの方法があることを指摘した。そこで、自由主義国家が現在提供しているよりもはるかに多くのことを自由主義国家（正規の教育制度まで含む）に求めるという犠牲を伴っているものの、われわれの期待以上に自由主義とエコロジズムを調和させる代替戦略に進む前に、あらためて議論を確認しておくことにしよう。

しばしば主張されているように、第一の「バイパス戦略」は、生活規範に関する中立性が自由主義の基礎であるということを否定している。このことが真実であれば、自由主義国家に明確な善き生の追求を認める――おそらく積極的に関わりさえする――ような、自由主義の伝統を描く明確な方法が開かれることになる。これは「ロック以外の人々」の手法と呼ばれるものであり、ピアス・ステファンズが「（ジョン・スチュワート）ミルの研究はまさしく環境派が共通の基盤を見出す古典的自由主義理論である」（Stephens 2001a：10）と書いているように、その典型的な解釈を提供している。

第二の戦略は、いかなる自由主義の解釈も善き生に関して中立的であるということを否定することである。これを読んでいるときに、カーペットを持ち上げてみれば、どの角からも、その下に潜んでいた善き生の解釈が現れてくるであろう。ステファンズは繰り返し、「自由主義は善き生の性質に関して対立しているかもしれないが、善き生にとって何らかの必要要件の観念を含んでいることは間違いない。ロールズが指摘するように、そこには基本財という概念があるにちがいない」(Stephens 2001a : 4) と書いている。より特定した言い方をするならば、「ロックは、自由主義的寛容の象徴としての地位のために、牧歌的自由という民衆の伝統が培ってきた自由の概念の余地をなくし、エンクロージャーや生産極大化を目指したベーコン的な農業改良の熱烈な擁護者であった」(Stephens 2001a : 6)。このことは、ロックにとって不本意かもしれないが、善き生の一つの解釈を明確にすることにロックを関わらせてしまっているとステファンズは述べている。

> その場合、ロックは客観的善の存在に全く疑いを持っておらず、この善の性質を強く確信していた。先に述べた国家中立性の目標に関して、われわれは……特定の自由概念、すなわち自由と道徳的合理性を、変化しつつある労働のダイナミックと密接に結びつける中核的目標を促進させるための追加的な権限が国会に与えられているのを見ることができる。生産を極大化する勤勉な農場経営者に対するロックの称賛は、こうしたダイナミックな転換期のただ中では明確になりえなかった。「すべてのものに価値の差異を作り出すのはいうまでもなく労働である」。使用価値の九九%は「労働によって」説明される。「自然のままに残されている」土地は「荒地に過ぎない」ことを、彼は教えている。 (Stephens 2001a : 6–7)

「持続可能性の中身はわれわれが何を重要視するかによって決定的に左右される」(B. Barry 1999 : 101) というブライアン・バリーの見解に戻るならば、ロックが「何が重要であるか」についてどのような立場を取っていたのかがわかる。われわれは将来世代に何を残すべきかとロックに尋ねたとすれば、「荒地」はリストの下位にしかこないであろう。彼にとって、労働が投下された土地は「自然のままに残された」土地よりも価値がある。ステファンズは、「直接的な抑圧的国家手段によってある一貫した道徳の強制まで試みることはないものの、他の財を軽視する一方、ある財を暗黙のうちに奨励する原動力を持つシステムを考えることは可能である」と結論づけている(Stephens 2001a : 7)。

私は自由主義をエコロジズムと調和させようとするこれらの戦略を詳論するつもりはない。双方ともそれぞれ利点を持っており、それらが成功すれば、自由主義国家は環境持続性を実行できないという結論に向かう議論の流れ(段階(a)~(d)、p. 143を見よ)を絶つことができる。ただし、両方の戦略が抱えている問題は、多くの人が自由主義の王冠上の宝石と見なし続けている「包括的教義」に関する中立性へのコミットメントを真っ向から攻撃しているという点にある。自由主義のショーウィンドーに飾られた多くの品々——寛容へのコミットメントなど——の少なくとも一部は、理論的にも実践的にも、現実に機能している自由主義的中立性に基づいたものである。その場合二つの戦略の戦術的欠点は、環境持続性の具体化を論じる前に、多様な変化を見せている多くの近代自由主義者に依拠し過ぎている点にある。本章の冒頭で示したように、中立性を重要なものと受けとめるには、予想以上に能動的で、規範的な国家が関与していなければならないということを明らかにするために、自由主義的中立性に対する「内在的批判」という形式をとった代替的説明を示すことが必要である。こうした説明の場合、かつて自分自身が依って立っていた場所に留まるには、規範的コミットメントの点でかなり多くのものが要求されるということを自由主義者は理解しておかなければならない。

そこでしばらくの間、ブライアン・バリーの次のような持続可能性に関する一般的定義に戻って考えてみることにしよう。「持続可能性概念の中核には、われわれの権限が及ぶ限りにおいて、無限の将来までその価値が維持されるべきXがあるということである」(B. Barry 1999 : 101)。バリーは何らかの「物」としてXを考えるよりも、機会あるいは「善き生を営むチャンス」の点から考えるという、非の打ちどころのない自由主義的方向にいざなおうとしている。

将来世代のために何が残されるべきなのかということは、われわれが想定しているような善き生を営む機会であると考えることができよう。しかし、たとえがその点に(明確ではなくとも)合意が成立していたとしても、ここには「何が重要であるか」について明らかに対立した基準があるだろう。人間の決定的な特質の一つは、自ら善き生の観念を形成する能力にある。将来における彼らの選択肢をあらかじめ閉ざすことは、われわれの傲慢――また不正――であろう。(このことはすべてのユートピアが間違っている点である。)われわれは将来の人々の創造性を尊重しなければならない。このことが示唆しているのは、善き生を構成する自身の観念に従って善き生を営む機会を将来世代に提供することが要件になるということである。ここには明らかに、われわれの観念に従って人々が善き生を営むことができるということが含まれていなければならないが、しかし彼らに他の選択も残されていなければならない。

(B. Barry 1999 : 103-4)

バリーが指摘しているように、ここには機会の提供に関する自由主義的解釈と反自由主義的解釈とが見られる。反自由主義的解釈が善き生に関する「われわれの」（すなわち確定的）観点と結びついた機会に焦点を当てているのに対して、自由主義的解釈はより幅広い機会、すなわちわれわれと異なっていようとも、将来世代に、彼らが追求したいと願う善き生を決めることができる機会を残そうとしている。

世代を越えた平等な機会を提供する場合、自由主義国家は一体何に関与することになるのだろうか。そこには明らかに、機会をあらかじめ閉ざすことを防ぐために成し得るすべてのことが含まれており、そしてこのことは、人々が選択した善き生を営む精神的及び物質的手段の保存や保護、あるいは維持への関与を意味している。「精神的手段」とは、善き生の営みに関わるすべての観念である。これらの観念のいずれも故意に摘み取られるべきではない。また、これこそが自由主義的寛容への関与に他ならない。ただしさらに言えば、自由主義的中立性には、こうしたすべての観念の体系的提供や提示が含まれている。ちょうど小学校が、宗教教育授業で、子供達にすべての宗教を教えるよう奨励されているように、人間中心主義とエコロジー中心主義の双方——そして豊饒主義——が自然環境保護（あるいは保護しない）の理由として示され、検討されなければならない。これらのうちの一つだけを取り上げるならば、他方を省略したことで非中立性という非難を受けることになる。

「物質的手段」とは、善き生の考え方の決定と、それを実行に移していく場合の物的内容を提供する環境のことである。私はここで「どこからそのような観念が生じるのか」ということを議論するつもりはない、しかしある種の物的環境を欠いているために、ある善き生の解釈を「思い描く」ことができなくなってしまうと言うことはできるかもしれない。最近の認識科学から、この点が重要であることを示すいくつかの証拠がある。「カテゴリーや図式、メタファーが具体的な活動から生まれている以上、環境が与えるある種の行為可能性もわれわれの認識理解に関係している」(Preston 2002：434)。ピアス・ステファンズも同様に、かなり偏ってはいるが、同様の傾向で、「われわれが自然に配慮する徳を身につけることが必要であるとすれば、われわれの生に最初の経験的土台を与えるような、自然の再認識やその存在を必要とするだろう」と指摘している(Stephens 2001a：20)。偏りのない言い方をすれば、平等な機会が、市民に対する最も広い精神的、イデオロギー的可能性の提供を自由主義国家に求めるのであれば、それは同時に、これらの可能性を思い描き、彼らが生きる最大限の環境の維持も求めることになる。したがって、「電気仕掛けの鳥が空でさえずり、プラスチックの樹木に囲まれ、人工芝の上を歩く、すべてが人工的な風景の中で人々が満足することを学ぶ(必要がある)」(B. Barry 1999：102)ような世界の創造を認めてしまうならば、自由主義国家は反自由主義的に活動しているということになるだろう。またこのことは、本物の鳥、本物の樹木、本物の芝生といったもう一つの善き生を考え、営む道を事前に閉ざしてしまうことになり、自由主義にとって不適切だということになるだろう。

その場合、普遍的理念とは、可能な限り幅広い精神的及び物質的選択肢を残し、それを保護すべきだということになる。この考えにしたがえば、ブラジルのファベーラ（スラム街）やカルカッタのスラムをそのままにして保護することが適切なのかという問題を呼び起こすことになる。私は、これらの環境では善き生を営むことにはならないという一般的な理由から、そのようには考えていない。簡単に片付けることができないのは、炭鉱業が生み出すコミュニティが善き生の正当な文脈を提供しているという理由から、炭坑業を残し、保護する努力を国はすべきだという提案である。おそらくこの特殊な例は、炭坑業が最後には枯渇してしまう有限な資源に依存しているために、文字通り持続不可能であるという批判に直面することになる。ただし、自由主義的中立性の名の下で、保護、維持するという一般的な命令は、ある特定の対象物の保護や維持に関する論争を生み出すことにならざるを得ないということは認められなければならない。同時に、機会をあらかじめ閉ざすべきではないという指示自体が、潜在的機会を閉ざしてしまうこともあることも認められなければならない。というのも「われわれがすでに持っているもの」の変更が他の場合ほど認められなくなるからである。このことは善き生にとって今のところ考えられていない文脈の基礎を提供するような新しい製品、環境、そして社会形態の創造を妨げてしまうかもしれない。ただし、予防することが行動を起こさない理由には全くならないので、この点を強調することは可能であろう。保護や維持の指示は、多種性や多様性の枠組みの中で多くの潜在的変化を認めている。

環境持続性という特定の文脈から見て、これらすべてのことは一体何を意味するのであろうか。要素Xとは何であろうか。また自由主義社会は環境持続性を実現し得るのであろうか。ブライアン・ノートンによれば経済学者が非常に好んで行う回答の一つは、「われわれが将来に対して負うものは、非逓減的効用機会であるべきである。そのため世代間公平の問題は、異なる時代に生きる諸個人の利用可能な集合的福祉機会の比較である」（Norton 1999：119）とか、あるいは別の定式では、「持続可能な行動をすることとは、その先祖と同水準の経済厚生達成のために将来世代の機会を減少させる原因を回避することである」（Norton 1999 : 120）。この見方からすれば、われわれは経済厚生を創出する機会が時代を通じて減少しない限り、将来世代に対して公平であるということになる。この規定ではブライアン・バリーの電気仕掛けの鳥、そしてプラスチックの樹木や芝生というもう一つの世界と完全に一致してしまう可能性があることにも注意しておきたい。非常に高水準の経済厚生と調和しない世界については何も描かれていないのである。

ノートンが重要な問題を投げかけるのはこの点である。すなわち「ある人を経済的貧困から救済したとしても、その人の選択肢が減少し、そのことで損害を与えるというような考え方にわれわれは納得できるだろうか」（Norton 1999 : 131）。ノートンは、われわれが人々を間違いなく豊かにするのと同時に貧しくすることもできると考えており、その点をこのように説明している。

> われわれの世代がすべての原生地域や自然共同体を生産的な炭坑、農地、生産林、あるいはショッピングセンターに転換し、そしてそれを効率的に運営し、また慎重に利益の一部を蓄え、賢明なやり方で投資し、将来を今以上に豊かにすることを想像してみよう。それを行えば、経済的な意味ではなく、将来の人々の選択や経験を深刻かつ不可逆的に狭めているという意味で、彼らに損害を与えていると主張することは無意味だろうか。あらゆる人間の経験は抹消され、

将来は——少なくとも多くの環境主義者の価値を前提にすれば——貧困になるだけである。(Norton 1999：132)

少なくとも私にとって、これは力強い説得的な議論である。しかし、自由主義的観点から見れば、ノートンの主張は控えめである。「多くの環境主義の価値を前提にすれば」将来が貧困化されているのではなく、将来の人々の選択肢が減少してきたという一般的な意味で貧困化されているのである。言いかえれば、人々はノートンの主張を支持するために環境主義者にならなければならないのではなく、自らの善き生の構想を自由に選択し、営むべきであると信じるからこそ自由主義者にならなければならないのである。このことは結局、「善き生」の範囲をできるだけ広げるために、自由主義者は、精神的及び物質的前提条件（ノートンが言及する原生地域など）の保護や維持——そして奨励することにでさえ——に関わることを意味している。さらに言えば、省略による非中立性を非難されるべきでないとすれば、自由主義国家をこれらの事柄にも関与させることになる。

こうしたすべての事柄が、ノートンに「われわれは将来世代のために何を残すべきか」(Norton 1999：119) という彼の問題に対するもう一つの答えを提起させることになる。それは以下のように続いている。

第二の答えは諸個人の豊かさを比較することによってではなく、将来世代のために残されるべき「もの（stuff）」をリスト化する（listing）ことで提起されるものである（LSアプローチ）。

「もの」によって、私は重要な遺跡、生物的な分類集団、現存の資源ストック、そして重要な生態学的プロセスなど物理的に描写可能な自然世界の諸側面を考えている。その例として、新鮮できれいな十分な水の供給、グランドキャニオン、ハイイログマ（あるいはより一般的に言えば「生物多様性」）、大気圏上層部の堆積したオゾン層、そしておそらく密林といった景観上の特徴などが挙げられる。（Norton 1999 : 119）

アラン・ホーランドも同様に答えている。

これまでの議論は自然事物（natural items）の現実的かつ潜在的な経済的価値の点から自然資本を取り上げてきた。しかし、自然事物それ自体の存在を確認し、どのような枯渇があったのかどうか、それがどのような意味で枯渇しているのかを「確定的」判断に基づいて決定する測定問題に対するもう一つ可能なアプローチが存在する。（Holland 1999 : 63）

ホーランドの定式は、持続可能性の要素Xを考える場合、それを分類する必要性を強調している。ホーランドとノートンは両者とも、機会の点で、非人間的自然世界が潜在的な経済的価値の宝庫として最適であるというロックの考えと対立している。非人間的自然世界が「固有の価値」を持っているというエコロジズムの政治学や哲学を理由に、この見解に反対することはできる。しかし、将来世代のために何を蓄えるのかということに対する「リスト化」アプローチの自由主義的擁護は、善き生の観点で中立性への関与を実現する最善の方法である。ロックのいう「荒地」のすべてを生産農地に転換することは、明らかに未利用地に依存している善き生の解釈を閉ざしてしまうことになる。

このことは、「弱い」持続可能性と「強い」持続可能性論争から明らかにすることができるだろう。弱い持続可能性は一般に、次のような持続可能性問題に対するノートンの最初の答えを述べる際に用いられている。すなわち「持続可能な行動をすることとは、その祖先と同水準の経済厚生の達成のために将来世代の機会を減少させる原因を回避することである」(Norton 1999 : 120)。弱い持続可能性の支持者は、「人工資本」が「自然資本」を常に代替しうると信じているため、両者を区別する必要はないと考えている。言い換えれば、「資本」(この文脈で呼んでいる)の個々のカテゴリーを区別することで、持続可能性の特別な政策対象とする必要はないのである。他方、「強い」持続可能性の信奉者は、人工資本が自然資本を常に代替しうるとは考えておらず、それゆえ個別の知的かつ実践的カテゴリーとして自然資本の保存を求めている。ノートンはここで行われている議論を以下のように適切に要約している。「弱い持続可能性の理論家は、われわれが構造化されていない遺産パッケージを将来世代に負っていると考えているのに対して、強い持続可能性の理論家は、次世代に引き継がれる資本基礎に含まれなければならない特定の要素を区別し、資本一般から彼らの遺産パッケージを構造化する、と言うことができよう」(Norton 1999 : 126)。

私がこれまで述べてきたすべての事柄は、自由主義者や自由主義国家が強い持続可能性を支持すべきであることを示している――それは「自然」に対する特別な関わりからではなく、構造化された遺産パッケージが善き生を選択するうえで幅広い選択肢となるからである。言い換えれば、強い持続可能性は「包括的教義」に関して中立性を極大化する方法の一つなのである。弱い持続可能性に見られた全体的代替性の信奉は、最初から機会を閉ざすことになる。それが「どろどろしたもの(gunk)」(それがどのように表現されようと)という言葉で全体を完全に表現できるとすれば、善き生は好きなように営んでよいのである。アラン・ホーランドはわれわれと同じ観点から、「リスト化」アプローチや強い持続可能性アプローチについて以下のような核心的な主張を行っている。

最初に注意しておかなければならないのは、そうしたアプローチの採択が様々な測定システムの採択以上のことを行うという点である。それは様々な種類の価値を強調することである。経済的価値の測定に関する限り、自然事物の変形は自然資本の増進、あるいは創造とさえ見なされなければならない。というのも、それが利用されなかったり、利用不能というのであれば、価値を持たないからである……。他方、自然事物それ自体に焦点を当てることは、その潜在的価値の強調を含んでいるかもしれない。このことは非合理的なことではない……。それら(自然事物)を変形することは、議論の余地があるかもしれないが、細胞の場合に分化がそれらの発展上の役割を制限するように、それらに与えられる可能性がある利用可能範囲を制限してしまうことになる。自然資本の「逆説」は、同時に、その潜在性の実現がその可能性の制限にもなるという点にある。

(Holland 1999 : 63-4)

ホーランドが言うように、自然事物の変形はそれらの利用範囲――善き生の諸観念の源泉や表現として与えられうる利用など――を制限することである。その場合、「健全な自由主義は、最も広い選択範囲の潜在的実現を背景に、主体自身の真の選好形成を促すであろう」(Stephens 2001b : 45-6) というピーター・ステファンズの主張が正しいことは明らかである。私の考えでは、このことは自由主義者と自由主義国家を強い持続可能性のような何かに関与させることになる――自由主義者が通常、新古典派経済学の弱い持続可能性の立場と結びつけられていることを考えるならば、おそらく反直感的結論ではあるが。

利用可能な持続可能性の選択肢を描く際、最も広く引用されている刺激的な内容を含んだ方法の一つは、マーセル・ヴィッセンバーグの以下のような指摘である。

> われわれは……実質的に規範的な性質の問題につながる成長と資源の限界概念や、それと並ぶ持続可能性概念の導入に期待をかけている。持続可能な社会は一つの大きなイエローストーン国立公園である必要はない――われわれは、持続可能で、多くの人々にとって快適で、牛や穀物、温室で満ちあふれたホーランドの世界観構想、あるいは公園のないグローバルなマンハッタンさえも想像することができる。
>
> (Wissenburg 1998 : 81)

実践的観点から見れば、これら三つの構想のいずれも持続可能でありえることは言うまでもない。イデオロギー的観点から見ても、「持続可能であること」といずれも抵触しないという意味で同様である。しかし、自由主義的観点からすれば、三つの要素のうちいずれかが「取り下げられる」ということになれば、善き生の選択肢が減少してしまうために、それらは確実に残されなければならなくなる。善き生に関する限り、取り下げることは非中立性になってしまう。ステファンズが述べているように、「自由と多様性の価値を信奉している自由主義者は間違いなく、最も広範な選択肢を提供するモデルならどれでも選択するはずである」（Stephens 2001a : 13）。このように、ノートンは自由主義自体を描いているわけではないのに、「公平な貯蓄率の維持に加えて、一定の価値を持った関心や活動を行うための非逓減的選択肢や機会を維持する義務など、将来に対するわれわれの義務を考えることは妥当であるように思われる」と書くとき、彼はまぎれもなく自由主義的結論に達しているのである（Norton 1999 : 132-3）。私は、ヴィッセンバーグが「自由主義は自然に対する配慮の理由を全く支持できない」（Wissenburg 2001 : 35）と述べる時、（かつての）彼は間違っていたと結論づけざるをえない。なぜなら「自由主義、あるいは少なくとも現代自由主義はいかなる特定の善の理論も支持していない」（Wissenburg 2001 : 35）と続けているからである。しかし、自由主義が「自然に対して配慮」しなければならないのは、まさしくこの理由のためなのであり、そうしなければ、そのような自然に依拠した善き生を思い描くことや、それを営む機会を自由主義は閉ざしてしまうことになる。

　自由主義が自然に配慮する理由を全く示していないという結論につながる思考結果をまとめるに当たって、ヴィッセンバーグは、自由主義はいかなる特定の善の理論も支持しようとしないけれども、「それを禁ずることもしない」と述べている（Wissenburg 2001 : 35）。これは、自由主義が全体的に（ある）人々の生を意義づけることができず、あまりに中身のない人間の条件に関わりすぎているという非難に対して、自由主義の最後の砦を奇麗に表現したものである。持続可能性に関する限り、自由主義はこれよりはるかに積極的な意味を持っていると、私は考えている。ブライアン・ノートンの以下の引用で見られるように、自由主義の立場はしばしば、逃げ口上や警戒心で覆われている。

将来の人々とは何者なのか、またいかに彼らを確認しうるのだろうか。そしていかにわれわれは、彼らが望み、必要としているもの、あるいは彼らが主張する権利を知り得るのだろうか。将来に生きる諸個人は自らの利害関心や興味を表現できず、またわれわれは特定の「善」の構想を彼らに課すことをしようとしないのだから、彼らに影響を及ぼす政策評価を始めることさえ困難である。（Norton 1999：124）

もちろんわれわれは将来世代がどのように生きようとしているのかを知らないし、持続可能性をある決まった方法で彼らが望んでいるものを推測することであると見なすならば、言うまでもなくその場合われわれは政策評価の問題を抱え込んでしまうことになる。しかし、ブライアン・バリーが述べているように、「人間の決定的な特質の一つは、自らの善き生の観念を形成する能力にある。将来における彼らの選択肢をあらかじめ閉ざすことは、われわれの傲慢――また不正――であろう」（B. Barry 1999：103–4）。ノートンの政策評価の難点は将来世代が一つの善き生の構想（あるいは、せいぜいごくわずかなそれ）を営んでいるという仮説に基づいている点にある。したがってわれわれはそれらの生をできるだけ可能にするような政策を「目指」さなければいけない。しかし、以下のような信念を持つバリーにしたがうならば、

われわれは将来の人々の創造性を尊重しなければならない、このことが示唆しているのは、将来世代に、善き生を構成する自らの観念に従って善き生を営む機会を提供しなければならないということである。ここには明らかに、彼らがわれわれの観念に従って善き生を営むことができるということが含まれていなければならないが、しかし彼らに他の選択も残されていなければならない。 （B. Barry 1999：103-4）

この主張にしたがうならば、その場合、政策評価問題の特異性は消えてしまう。問題は、特定の目標を目指すことより、ある一定の目標を利用可能にすることである。したがって、徹底した自由主義は将来世代が何に価値を見いだすかについては判断しようとしないであろう。彼／彼女はしたがってノートンの以下のような評価を拒絶することになる。

問題は……有意義な将来の選択肢を支える生態学的特徴やプロセスを特定することである。この考えに基づいて、将来に対する公平な道筋を定めるという問題は、将来に向けて、特定のコミュニティの長期的価値や、これらの地域的に重要な価値を維持するのに不可欠な生態系や景

観を明確にすることを必要としている。(Norton 1999：133)

善き生に関する自由主義的中立性の論理が、強い持続可能性形態の支持を自由主義者に求めるという私の考えが正しいとすれば、その場合、われわれは「有意義な将来の選択」に関してあまり難しく考える必要などないということになる。われわれの課題は、現在世代が「地域的に重要」と見なしているものに将来世代を関与させることで選択の幅を狭めてしまうより、健全で多様な選択肢の中から選び取る前提条件の存在を確保することにある。

こうした指令には依然として問題があることは間違いがない。一読するだけでは、すべてのものを現状のまま保護しようとしていると思われるかもしれない。そしてこの方法だけでしか、減少することのない選択幅を将来に残す義務を果たせないのかと言われかねない。この観点からすれば、「成熟した木を切り倒しても、同種の苗木を植えるのであれば、将来の人々に重大な害を与えることはなさそうだ」(Norton 1999：124) というブライアン・ノートンの発言は配慮に欠けている。われわれが「非還元的独創性」と呼ぶものは、世界における潜在的な価値の源泉を意味しており、成木はある一定の状況においてそうした価値を具体化したものである。村の中心にあるイチイの木について考えてみよう。イチイの木はそこに二〇〇年もの間存在し、村の生活の象徴になっていた。しかし、村共有地の周辺の道路網は複雑で危険であり、道路の安全を確保するために緑地帯の撤去が提案されている。このことはイチイの木の撤去も意味している。村民は木が彼らにとって重要であると抗議したが、彼らには補償金が提示されてしまっている。実際、彼らには当局から村民にイチイの木の象徴的価値と同等と考えられる金額が提示されている。村民は木の撤去を補償し得るものは何もないと主張したため、当局は他のイチイの木を購入することを提案する。村民は新しいイチイの木は古い木と同じものではないという理由で再び抗議した。そのため、当局は古いイチイの木を撤去したり、新しい木で置き換える代わりに、木を新しい場所に移すことを提案する。しかし今度は、古いイチイの木の場所も村民にとって重要な価値を意味していたことから、他の場所への移動も受け入れられないということになる。

このエピソードは重大な損失が意外なところから生じる可能性があること、それはまた、持続可能性の政策とのつながりで、「善き生」の自由主義的中立性原則がわれわれを困難な実践領域に導いていくことを示している。私が第5章に向けて引き出そうとしているのは、自由主義の規範的中立性への関与ができるだけ幅の広い「善き生」の選択肢から選び取るための「精神的及び物質的手段」を提供するという私の考えが正しいとすると、自由主義国家は間違いなく能動的な国家にならなければならないということである。選択可能な生活様式とは、すでに存在し、実現可能で、そして持続可能な生き方であるとするならば、自由主義国家は生活様式の「調停者」（自由主義理論が一般にそれを行うものと考えている役割）として機能するだけでよいことになる。自由主義的手続きの中立性が「緑の市民」を生み出しうるかどうかを議論するにあたって、マーセル・ヴィッセンバーグはこう述べている。「要求されうる最も重要な点は、人々が特定の緑の思想に賛成する議論を考慮し、それに従った生き方を尊重することにある。そして私は自由主義がこのことを認め、従うことさえできると考える『公式の』理由以上のものを十分提供してきたと期待している」（Wissenburg 2001：37）。私はこの点をさらに強く主張したい。省略によって反自由主義的と見なされてはならないのであれば、生活様式に関する自由主義的中立性はこの義務を任意的というより強制的なものにする。あらためてヴィッセンバーグは、「自由主義は一つの公共哲学であり、個人的救済についての諸個人の見解に関する限り、いわばブッディストやアリストテレス主義者、快楽主義者や果食主義者のいずれにでもなることを諸個人に認めるよう設計された公的領域に関わる規則である」（Wissenburg 2001：35）と書いている。もちろんこのことは、自由主義国家に、これらの——あるいはそれ以外の——生活様式が実行されるための精神的及び物質的前提条件の提供に関わらせることになる。第5章で、私はこうしたことすべてが自由主義国家によって実行される一つの重要な活動——すなわち市民の教育——にとってどのような意味を持っているかを議論する。

第5章　シチズンシップと教育、環境

人々はどのようにして環境的市民あるいはエコロジカルな市民になるのだろうか。本書が目的としている課題に関するいくつかの示唆的研究に簡単に言及するつもりであるが、本章でこの問題にすべて答えようと考えているわけではない。私がここで対象としているのは、主に次の二つの理由から、正規の教育制度を通じたシチズンシップに至る経路である。第一に、多くの国々がシチズンシップ授業を公式のカリキュラムに設けていることである。必ずしも「シチズンシップ」と呼ばれているわけではないが、そうした授業が設けられている。例えばイギリスでは、「シチズンシップ」と呼ばれているわけではなかったが、この呼び方で扱われると考えられる課題の多くは、人格・社会健康教育（ＰＳＨＥ）の名で複数の教科にまたがったカリキュラムの中で扱われている。二〇〇二年八月にシチズンシップ教育が導入されたことで、イングランドの中学校（あるいは高校）ではシチズンシップがナショナル・カリキュラムの必修となっている。これがどのように生まれてきたのかを簡単に述べることにする。シチズンシップ教育が導入されたという事実は、広義の自由主義社会において、環境が最近編成されたシチズンシップ・カリキュラムの中に組み入れられてきた（あるいはこなかった）ことを検討するすばらしい機会を提供してくれている。

このことが環境的シチズンシップあるいはエコロジカル・シチズンシップにいたる正規の教育ルートを探究する二つ目の理由である。第3、4章で私は、エコロジカル・シチズンシップと、環境持続性というエコロジカルな市民が達成すべき幅広い目標の規範的性質を明らかにした。第4章では、一般に「善き生」に対して中立的な自由主義社会諸制度が持つ難点を論じた。問題は「持続可能性が確定的な善き生の考えを伴っているというのであれば、自由主義諸制度はそれを実行することができるのだろうか」という点にあったことが想起されるだろう。決定的役割を持っている制度は、いうまでもなく学校である。そのため、こうした特定の場合に問題となるのは、自由主義社会における公立学校制度（state school system）が、持続可能性と持続可能な発展のために活動する諸個人を生み出すという公式の目的を正しく達成できるかどうかということにある。ちなみに、自由主義的諸個人と自由主義的諸制度とを区別しておくことが大事である。自由主義社会の諸個人が善き生について明確な考えを持ち、そしてその利点を他者に訴えることは正しいとしても、自由主義的諸制度の資源をある確定的な善き生の考えに都合良く投入するべきではないのである。言いかえれば、どの教師も、エコロジー中心的観点から環境持続性を教えようとするかもしれないが、しかし彼/彼女をそうした考え方に改宗させる具体的な媒体として——自由主義的観点では——教育制度を考えてはならないのである。ナショナル・カリキュラム教員指針付属書9にあるように、

「一九九六年度教育法は、児童がその教師によって政治的あるいは論争的問題の一側面だけを伝えられることがないよう保証することを目的としている」（Teachers' Guide—National Curriculum)。

背景

環境的シチズンシップ教育やエコロジカル・シチズンシップ教育理念は、伝統的に別個なものと扱われてきた二つのカリキュラムクラス、すなわち一方のシチズンシップ教育と、他方の（一般的に呼ばれるものとして）環境教育を統合するものである（以前勤めていた職場の関係から、偶然、次の文章を読む機会があった。「重要なことに、一九六五年三月、キール大学で教育カンファレンスの開催が決定した。『環境教育』という言葉がイギリスで初めて聞かれたのはここであった」。Wheeler 1975 : 8)。両者を一体のものと考えることは難しいが、環境教育とシチズンシップ教育はカリキュラム上の位置という体系上の問題に関する限り、多くの共通点を持っている。たとえば、環境教育に関する標準的な疑問の一つは、それがどのように教えられるのかということである。たとえば、歴史や数学、地理が異なる科目であるように、個別科目として教えることはできるかもしれない。他方、その複数教科にまたがったカリキュラムの可能性を前提にすれば、環境の要素をとくに強調し、議論することで、他の様々な科目を通じて教えることもできるかもしれない。第三の可能性は、学校のグラウンドや建物、運営方法などが環境教育の装置や媒体となるように、「学校全体」を環境教育のための装置と見なすことである。

そこにはまた自ずから、「どのようにして」と同時に「何を」という問題もある。言い換えれば、何が環境教育カリキュラムに含まれるべきなのだろうか。この問題に対する最も一般的な回答は、環境に関する教育、環境の中での教育、環境のための教育を区別することである。こうした呼び方において、環境に関する教育とは、通常われわれが環境教育の「科学的」目的と考えているもの、すなわち環境面で機能しているシステムやプロセスの理解と関係づけられている。環境の中での教育とは、教室をベースとした環境教育アプローチと、それに代わる「屋外での」教育との区別に関係している。児童が教師と一緒に森の中で落ち葉を拾ったり、きのこを観察する場合、「環境の中で」教育を受けていることになる。もちろん、これらの子供達は依然として環境に「ついて」学んでおり、初期の環境教育の多くはこの形態を取っていた。暗黙のうちに問題となっているのはなぜ子供達が環境について学ぶのかということであり、環境のための教育理念が生み出されるようになるまで、それが幅広い目的を持つという感覚はほとんどなかった。このことからすれば、環境教育は、持続可能性につながる精神や習慣、活動の枠組みを生徒に喚起する明確な目的を持っている。学校評議会環境プロジェクトは一九七四年にこの点を最初に明らかにしている。

> われわれを取り巻く世界に関する授業の多くは、実態を表す資料を収集することに関心を寄せていた。環境教育は現在、環境を理解し、健全な環境や無責任な行動が環境に及ぼす脅威の重要性を認識するだけでなく、健全な環境に対する責任を自覚する社会を発展させる必要から出現してきた。学校に関する限り、環境から学び、環境について勉強するという早くからの関心

は、環境に対する責任につながっていかなければならない。

(School Council Project Environment 1974 : 4)

こうした考えは現在、イギリス政府によって公式に支持されているものである。「持続可能な発展のための教育は、将来の地球を損なうことなく、現在の生活の質を改善させるように、地域やグローバル双方で、個人及び集団によって行われ、行動様式に関する決定に参加する知識や価値観、技術などを人々が発展できるようにするものである」(Education for Sustainable Development 1999)。「知識や価値観、技術」には、環境に「関する」知識に基づいた教育を越えて、持続可能性の「ための」教育という価値志向領域へ転換しようという認識が含まれている。ボブ・ジックリングとヘレン・スポークは他の規定にはない環境の「ための」教育の転換可能性について述べている。

言うまでもなく、これらのカテゴリー(中で、関して、そのために)は有効であり、とくに「環境のための教育」という区分は環境教育について考えるのに役立つ有意義な理念である。多くの文脈で「環境のための教育」は、自分達とその生徒のエンパワーメントを喚起する教育者が共鳴するような力強いイメージを生み出した……。「環境のための教育」は……既存の構造を(転換させるよりも)強化する環境の「中での」教育や、環境に「関する」教育の傾向に歯止めをかけ、こうした傾向から「環境教育」を解放する可能性を持っている。

(Jickling and Spork 1999 : 310)

まさに同じような問題がシチズンシップ教育にも求めることができる――求められている。したがってイングランドの学校は現在、シチズンシップを教える法的義務を満たす最善の方法に取り組んでいる。一つの科目として、他の様々な科目を通じて、あるいは学校全体でなど、いずれを通じて教えるのかという、「どのようにして?」という問題についても同様の回答が出されている。何が教えられるべきなのかということについて言えば、シチズンシップ教育と環境教育のカリキュラムの詳細は自ずから異なっているものの、興味深い同じ構造的問題を抱えているということである。すなわち、環境教育が知識の獲得から価値観の交渉へ転換してきたように、シチズンシップ教育はもはや議会がどのように機能しているかを学ぶだけではなく、社会生活の道徳的、倫理的局面とも関わっているのである。言い換えれば、今日の環境教育が「環境リテラシー」の先へと進んでいるように、シチズンシップ教育もまた現在、「政治リテラシー」の先へ進んでいるのである。

そのため、環境教育とシチズンシップ教育が別の道を通って発展してきたにもかかわらず、それらを具体化する問題や、それらの問題に対する潜在的な回答は著しく似た性格を持っている。前述したように、私にとって最後のとくに関心のある問題は、広義の自由主義的教育制度の中で教育がどのように正しく行われうるのかということである。私はこの問題を環境的シチズンシップ、あるいはエコロジカル・シチズンシップのための教育という文脈(シチズンシップ教育と環境教育がすでに統合されている点)で提起したが、この問題は明らかにこれまでシチズンシップ教育と環境教育で別個に扱われてきた。シチズンシップとの関連でいえば、教育によって「学校とその生徒達を政治的操作や教化にさらすことになる」(Arthur and Wright 2001 : 72)という警戒心が常に存在していた。自由主義社会という特定の文脈において、ウィル・キムリッカは、「したがって、自由主義的シチズンシップの最小概念でさえ、かなりの範囲の市民的徳を必要とする。しかし、実質的な（および論争的な）道徳的信念を教えることを含むというのであれば、学校はこれらの徳を教える場所として適切なのだろうか」と書いている（Kymlicka 1999 : 85）。これらの問題は、環境教育に関する議論、とくに環境のための教育について述べていると理解されている場所はどこなのかという議論と並行して行われている。たとえば、ジックリングとスポークは「教育は赤い環境主義、緑の環境主義、あるいは持続可能な発展といった、特定の目的を目指すべきなのだろうか。また特定のやり方で人々を思考させたり、信じさせ、あるいは行動させたりするのは教育の仕事なのだろうか」（Jickling and Spork 1999 : 312）と問いかけている。

そこで、これまでのことを要約してみよう。われわれは三つの問題を提起した。それぞれに対する回答は環境教育やエコロジカル・シチズンシップ教育が自由主義社会で効果的に行われるどうかを見極める必要条件である（これらの問題に対する回答が、(a)エコロジカル・シチズンシップが一般的に自由主義社会であり得るのかどうか、あるいは(b)エコロジカル・シチズンシップは環境持続性に貢献し得るかどうか、といったより大きな問題を確定する十分条件ではないことを強調しておきたい）。三つの問題とは、何が教えられるべきなのか、それはどのように教えられるべきなのか、そしてそれは自由主義の教育制度において正しく教えることができるものなのかである。二〇〇二年八月に中学校で法的義務となったイングランドにおける新しいシチズンシップ・カリキュラムを対象として検討しながら、これらの問題に対する回答を示すことにしたい。

イングランドのシチズンシップ教育

中学校カリキュラムにシチズンシップが法的に出現した経緯は、要約すると次のようである。一九九七年の選挙で第一次新生労働党内閣が組閣された後、ただちに、当時の教育雇用大臣であったデヴィット・ブランケットは、「学校におけるシチズンシップ教育と民主主義教育の強化」を発表した（Qualifications and Curriculum Authority 1998 : 4）。デヴィット・カーはこれがなぜ必要なのかを簡潔に要約している。

第一に、イングランド社会の社会的、政治的、道徳的紐帯が急速な経済的・社会的変化の影響によって明らかに侵食されてきている。伝統的に社会を支え、婚姻や家族、法の遵守といった社会的結合や、安定を促進してきた諸制度や価値観が明らかに崩壊してきたことで、多方面の不安を増大させることとなった。国政選挙や地方選挙、そして欧州議会選挙での投票率低下に公式に表れているように、公共生活や参加への無関心が増大してきたことがとくに問題にされてきている。第二に、そうした変化には明らかに現代イギリス社会にとって損失効果があった。国家研究や比較研究の多くは、他の国と比べて、イギリス社会では市民文化が明確に衰退し、公共生活での政治的及び道徳的議論に著しい不足があると結論づけた。（Kerr 2001 : 8）

ブランケットは次のような課題に答えるために諮問グループを設立した。すなわち、「学校における効果的なシチズンシップ教育について提言すること――そこには、市民としての諸個人の義務や責任、権利、また諸個人や社会に対するコミュニティ活動の意義といった民主主義における参加の性質やその実践が含まれる」。諮問グループの議長はブランケットの出身大学の指導教官で、政治学教授であるバーナード・クリックで、彼のチームは諮問に答え、一九九八年に「学校におけるシチズンシップ教育と民主主義授業」と題した報告書を作成した。主な結論と勧告は、以下のようなものであった。「われわれが定義する広義のシチズンシップや民主主義教育が学校と国民生活双方にとって非常に重要であり、それを全生徒の権原の一部となることを保証することが学校の法的要件となることを一致して大臣に助言する」(Qualifications and Curriculum Authority 1998 : 7)。その結果、一一歳から一六歳児童を対象としたナショナル・カリキュラムの一部としてシチズンシップ教育が誕生し、二〇〇二年九月からこの年齢の生徒を対象に教えられることになった。

その目的は政治的及び社会的諸課題に対する若者の理解と、それらに対する熱意の変化に他ならない。バーナード・クリックが述べているように、

> われわれは、国家的にも、地域的にも、この国の政治的文化の改革を目指している。すなわち、公共生活に影響を与える意思、能力、備えがあり、発言や行動に先立って証拠を重んじる批判的能力を持つ能動的市民として人々が自らを考えるようになること、既存のコミュニティ参加や公共サービスの伝統の中で最良なものを築き、……それを若者に広げること、また個人的に

彼らが新しい参加や活動形態を確信をもって発見できるようにすること、である。公共生活に対する無関心や軽視、冷笑は懸念すべき水準にまで達している。あらゆる領域で取り組まれなければ、これらのことは、憲法改正、変容しつつある福祉国家の性質の双方から期待された便益を損なってしまう可能性がある。

(B. Crick in Arthur and Wright 2001 : 18)

積極的意思についても同様である。いまのところこうした努力が、われわれが「公式の」政治と呼んでいるものに対する無関心と参加レベルの改革につながるかどうかを述べるまでには至っていない(私はこの比較を、クリックや同世代人のやり方とは違い、若者は自分たちの政治を生み出しているために、指摘している)が、しかし進展状況の確認手段とともに、目標まで定められるようになっている。「教育・技術省(Department for Education and Skills)は、この九月(二〇〇二年)に一一歳だった児童が一八歳になるとき、この国の政治的、経済的、社会的及びボランタリー諸制度について多くのことを理解し、コミュニティ活動やボランタリー活動に今以上に参加するようになったのかを調査するため、七年間の研究を委託した。もし否定的な結果が出たとか、不明確な結果でしかなかった場合、(シチズンシップ教育の)必修制は終えなければならない」(Crick 2002 : 19)。

ナショナル・カリキュラムにシチズンシップが出現したことは明らかに、環境的及びエコロジカル・シチズンシップが教えられる可能性があることを示している。そうであるかどうか、そしてそれが成功する見込みがあるかどうかは、少なくとも一部には、私が先に描いた何を教えるべきか、どのように教えるべきか、そして自由主義教育制度で正しく教えることができるのか、という三つの設問に対する適切な答えが出されるかどうかにかかっている。第一の問題について、シチズンシップ指令は詳しい規定を定めていない。指令の意図は「軽く触れた程度にしかすぎず」、特に広い範囲のシラバスの内容を実施する方法の決定は個々の学校に委ねられている。ただし、ナショナル・カリキュラム指針や、これらの指針と地理、歴史、英語といった他の特定科目とのクロス・レファレンスには、環境やエコロジカルな局面が包括的なシチズンシップ・カリキュラムの一部となる範囲を判断する上で、十分な情報が含まれている。

何が教えられるべきか？

第2章と第3章の要点を抜き出すことで、われわれは環境文脈の観点から、粗仕立てではあるが、シチズンシップ・カリキュラムを発展させることができる。環境的シチズンシップの探究は権利の重要性を引き立たせており、したがってこの問題を取り扱うことができなければ、どのカリキュラムも不完全なものにしかならなくなる。第二に、正義がトランスナショナルな義務もしくは責任志向の強い、エコロジカル・シチズンシップの中心的構成要素となることは明らかである。したがって、シチズンシップ・カリキュラムは国際的義務や、おそらく世代間の義務、また生物種間の義務さえ提起することになるにちがいない。同様に、第4章で私は、持続可能な発展が技術やテクノロジーと同時に、少なくとも価値に関するものであることを明らかにした。科学はあらゆる生物種にとって許容し得る大気中の窒素閾値について言うことはできるが、われわれがどの種について配慮すべきか、ということを言うことはできない。その場合、重要な問題となるのは技術的なものではなく、規範的なものである。このことを考えるならば、どのようなエコロジカル・シチズンシップ・カリキュラムも、この種の規範的問題と向かい合うことがなければ、ある種の欠陥があると言わざるをえない。

政治制度の仕組み、構造、プロセスに焦点を当てる「市政学」コースでシチズンシップ教育を考えることに慣れてしまっている者にとって、こうした簡潔だが、熱望されるリストを実現することは、すでに非常に難しくなっている。伝統的な市政学が提起する可能性の最たるものは、（存在しているところでは）憲法上の環境権の自覚であり、そのことによって環境的シチズンシップの足場が提供されることになるかもしれない。市政学はほとんど常に、私が第2章で自由主義的及び市民共和主義的シチズンシップと結びつけてきた領土的な方法でシチズンシップを理解しており、したがって、ポストコスモポリタン――広げて言うならば、エコロジカル――シチズンシップの際立った特徴である国際的な課題や世代間の問題を取り上げようとしていない。政治制度を説明する手法に市政学が焦点を当てていることも、規範的問題に対する体系的関心やそれをどのように組み込むのかという点を排除してしまう結果となっている。その道筋のために、エコロジカル・シチズンシップと結びついた規範的ジレンマと向かい合うことを全く不可能にしてしまっている。

こうしたすべてのことがらを前提に、イギリスでは、シチズンシップ教育に対する市政学的アプローチを明確に拒否することが勧められている。バーナード・クリックはこのように述べている。

われわれは古い市政学と異なり、子供を退屈させることのないカリキュラムの作成に努めてきた。諸制度に関する事実を学ぶよりも、むしろ「出来事や課題、諸問題」について議論することを勧めており、どのような議論が行われなければならないのかを理解した時こそ、生徒は最も良く諸制度について学んでいる時なのである。彼らには学校とコミュニティの両方でグループ活動の機会が与えられるべきである。（Crick 2002 : 17）

そこでの意図は、「国の歴史、政府や政治生活の構造やプロセスに関する知識の獲得や理解」に重点を置く古い市政学を避け、その代わり、「大人の生活における役割、責任、義務に対して積極的で見識ある参加を準備する（知識、理解、技術、そして適応性、価値観や気質、そして重要な概念など）一連の道具を生徒に身に付けさせること」（Kerr 2001 : 10）に焦点を当てることにある。少なくとも政治諸制度と並んで、政治理論の問題としてもシチズンシップを取り上げなければならないという考えは、クリックがその要素として、「権利や義務、責任、寛容、自由、そして多様性の理解といった言葉」について述べていることから見ても、強くなっている。

少なくともエコロジカル・シチズンシップを教える枠組みに関する限り、今までのところこれで十分である。しかしシチズンシップ・カリキュラムにおいて、より特化した環境あるいはエコロジカルな中身はどうなのだろうか。中身について何か動きがあるのだろうか。あらためて言えば、よい徴候がある。カリキュラムはとくに次のようなことを求めている。

持続可能な発展のための教育は、環境や社会の質や構造、そして健全性に影響を及ぼす民主主義や他の意思決定プロセスに効果的に参加する生徒の技能やコミットメントの発展、また社会や経済、環境における人々の行為を決定する価値観の探求を通じて行われる。

(Department for Education and Employment and the Qualifications and Curriculum Authority : 8)

「持続可能な発展」について述べることは、この目標とシチズンシップとの関係を体系的に探究する扉を開くということを意味している。ただし、一つだけ恐れているのは、持続可能な発展に関する教育が一連の専門的処置として行われるかもしれないという点にある。しかし、前述したように、クリック報告とカリキュラム指針双方で、政治学の制度的基礎を学ぶだけといった問題であるかのように、シチズンシップ教育を行わないという、歓迎すべき決定が見られる。先のわれわれの枠組みには規範や価値への言及が含まれており、そのためカリキュラムには、「生活手段や目的、また人間社会の多様な価値に関する生徒の認識や理解を育てる精神的発展」という教え方が含まれている(Department for Education and Employment and the Qualifications and Curriculum Authority : 7)。これは幾分大げさな目標であるかもしれない。純粋なシチズンシップ論者は、憲法上の政治的権威に対する古典的な権利や責任の権限を越えていると感じるかもしれない。しかし私は、エコロジカル・シチズンシップを教えるにあたって、そこに価値の問題を学び、それを交渉する指示が含まれていることで、有効な法律上の文脈は満たされていると考えている。もちろん、ナショナル・カリキュラム教員指針の中で持続可能な発展の価値志向的な中身が特別な形で述べられている。すなわち、「生徒は……諸個人とコミュニティの行動を支える価値や、これらがいかに環境、経済、社会に影響を及ぼすのかを探究する」（Teachers' Guide 2002）。改めて言うならば、「シチズンシップは社会における態度や価値を探究し、彼らが生活したいと思う社会について考える特別な機会を生徒に提供する」（Teachers' Guide 2002. 強調はドブソン）のである。この定式の強調部分は——それに取り組みたいと考える教師に——持続可能性と持続可能な発展の中心にあるエコロジカルな市民の意味について中心的問題に取り組む絶好の機会を提供している。持続可能性の古典的難問は、われわれが将来世代に残したいと考える世界はどのようなものだろうか、という点にある。このことは環境保護と関連した価値問題を提起することになる。われわれはブレードランナー[訳注3]とかウォルトンズ[訳注4]を望んでいるのだろうか。あるいは全く異なる世界を望んでいるのだろうか。将来世代が電気仕掛けの鳥やプラスチックの木を望むなどということはあり得るのであろうか。われわれは、正義の問題として、将来世代に十分な財源を提供することを命じられているのか、など。

これらはすべて、「生徒が社会における正と悪、正義、公正、権利や義務といった問題を批判的に認識する手助けとなる道徳的発展」を教える要素として明示されている（Department for Education and Employment and the Qualifications and Curriculum Authority 7）。正義の概念に基づく環境的シチズンシップやエコロジカル・シチズンシップについて私が述べてきたすべての事柄を前提するならば、「正義、公正、義務」の三つはとくに重要である。これら三つの存在は、カリキュラムの枠組みの中心的部分がイングランドの中学校のシチズンシップ教育において重要な位置を占めるようになっており、これらのタイプのシチズンシップのための場所となっていることを示している。前述したように、持続可能性とは何かを決定する際に、価値への参照を重要な要素として加えなければならないとすれば、このことはとくに重要である。

しかし、私はとくに、シチズンシップの「能動的」感覚を促すという文脈から、「コミュニティ・サービス」がしばしばシチズンシップ・カリキュラムの称賛すべき要素と見なされていることについて、一つだけ警告しておきたいと思う。この点を典型的に表現したものとして以下のような記述がある。

> シチズンシップ教育の一領域としてのコミュニティ参加という目的は、社会的相互依存性と民主主義原則の意味を生徒が学ぶことと関係している。全生徒がコミュニティ・サービスの提起した経験的学習を学ばなければならない。改めて言うならば、多くの人々がそれをシチズンシップ教育の必須条件と考え、多くの利点を引き出している。イギリスでは、持続的あるいは総合的なコミュニティ・サービスを生徒に経験させようと準備している学校はほとんどない。
>
> （Arthur and Wright 2001 : 13）

高齢者の家を訪ねること、空き瓶を処分すること、落書きを消すこと、また芝生を刈ること、これらすべては非常に広義のシチズンシップ概念の特徴であるが、それらは明らかにいずれも正義に基づいているわけではない。特定の政治的観点から私は、正義の問題を明確に取り上げているキャンペーンの中から、シチズンシップ教育の能動的かつ参加的要素を見つけたいと考えている。本章の最後でこのことについてさらに述べるつもりである。

最後の主張は、エコロジカル・シチズンシップのもう一つの重要な要素、すなわち取り除くことの出来ないトランスナショナルな領域と結びついている――エコロジカル・フットプリントは国民国家に限定することができない。第2章で指摘したように、シチズンシップには見知らぬ者同士の関係が含まれており、生徒の心にある隣人性と区別されることが重要となる。したがって、「子供達は、最初から、教室の内外で、権威ある者やお互いに向かって、自信や、社会的かつ道徳的に責任ある行動を学ばなければならない」(Kerr 2001 : 14) と言うだけでは十分でない。それと対照的に、この文脈では、「コミュニティに基づいた国家的及び国際的ボランタリーグループの仕事……対立を公平に解決することの重要性……グローバル・コミュニティとしての世界、そしてこうしたことの政治的、経済的、環境的及び社会的意味、ヨーロッパ連合、イギリス連邦、国際連合などの役割」(Department for Education and Employment and the Qualifications and Curriculum Authority : 14) について学ぶカリキュラム上の義務を理解することが求められている。これは、自由主義的理解や市民共和主義的理解に限定しているシチズンシップの領土概念を越えた歓迎すべき動きである。コスモポリタン的対応やポストコスモポリタン的対応、したがって本質的に非領土性を持つエコロジカル・シチズンシップ的対応への扉が開かれている。生徒は「われわれが行う仕事、われわれが着ている服、われわれが食べる食糧、われわれが聞く音楽にはグローバルな広がりがある」(Teachers' Guide 2002) ことを理解するよう求められる。キーステージ四(一五～一六歳）のカリキュラムは、生徒が「地域で、国で、ヨーロッパで、そして国際的に社会変革をもたらす諸個人とボランタリー集団の機会」（Department for Education and Employment and the Qualifications and Curriculum Authority : 15）を学ぶことを求めており、そこには直接行動の現場となる可能性さえ存在している。

本章の冒頭で私は、環境的シチズンシップあるいはエコロジカル・シチズンシップ概念によって、シチズンシップ教育と環境教育という、カリキュラムの中で別個に扱われてきた二つのテーマの統合が図られていることを指摘した。幸い、エコロジカル・シチズンシップを教える効果的枠組みという観点からすると（環境的シチズンシップと異なるものとして）、ベースキャンプに到着したというような進展がこれら両方のテーマから生じてきている。このことで私は両方のテーマの規範的内容が認識され、エコロジカル・シチズンシップが他の場合より効果的に教えられる大きな可能性があると考えている。

先に指摘したように、「政治リテラシー」を越えようとするシチズンシップ教育の動きは、「環境リテラシー」を越えようとする環境教育の動きと並行したものであった。エコロジカル・シチズンシップの姿で二つを統合しようとする場合、この動きが一つの将来像を切り開くであろう。シチズンシップに関するバーナード・クリック諮問グループは、シチズンシップ教育の中に「社会的及び道徳的責任」、「コミュニティ参加」、「政治リテラシー」という三つの要素があることを明らかにした（in Kerr 2001 : 14）。古い市政学には、恐らくこれらのうちの最後のものしか登場してこない。環境の文脈で、同じくスティーブ・グッドールはこう指摘している。

環境や気象、地質、水質、資源、生活システム、そして人間活動に関する教育だけが、道徳や価値観の議論が行われる共通の枠組みを提供することができる。ある種の環境の存在や適性に価値を見出すことがなければ、環境について教えることはできない。生徒は、環境の直接的及び将来の利用を保証する最善の方法を議論することができる。彼らは対立する利害を考慮し、見識ある選択をすることで、環境問題に対して可能な解決策を考えることができる。そうすることで、彼らは道徳的及び政治的議論に参加しているのである。(Goodall 1994 : 5–6)

その場合、イングランドでのシチズンシップ・カリキュラムで何が教えられるべきなのかという設問に関する枠組みが、エコロジカル・シチズンシップ教育の将来の基礎を提供するのである。最悪の場合でも、それを教える可能性は排除されないし、最善の場合であれば、特定的かつ具体的な指針だけでなく、シラバスに含まれている規範的側面も実際にそれを奨励することになる。しかし、それが教えられるのかどうか、また効果的であるかどうかは、それぞれの学校における多くの構造的要素や日常的要素にかかっている。学校には、それがどのように教えられるべきかという問題がある、そこで今からそのことについて考えていくことにしたい。

どのように教えられるべきか?

現在の目的のために、カリキュラムにおいて環境的シチズンシップあるいはエコロジカル・シチズンシップ教育がどこに位置するのかという問題を取り上げることにしたい。「どのように」ということはまた、もちろん、教える方法に関するものと思われるかもしれないし、その答えには「教科書に基づいた教室学習」とか「キャンペーンを通じた活動学習」が含まれているかもしれない。折にふれてこの問題の理解について述べることにするが、それが本節の中心的論点ではないことをあらかじめお断わりしておきたい。

カリキュラムに関して私は、本章の冒頭あたりで、どのように教えられるべきかに対する潜在的な答えがシチズンシップと環境教育理論の双方に共通している問題であることを紹介した。最も一般的な三つの回答は、単一科目として、他の様々なカリキュラム科目を通じて、そして「学校全体」の計画として行われるというものである。引き続き私は、これら三つの基本的な選択肢を議論し、その後で、四番目のより斬新な選択肢を提案したいと考えている。これまで少なくともイギリスでは、シチズンシップ教育と環境教育は共に、「複数教科」科目と見なされてきた。シチズンシップ教育や環境教育がすべての科目に含まれていたり、すべての科目と関係しているという認識はあっても、その理論的重要性は教育実践の中であまり反映されてこなかった。成績評価が可能な中心科目を教えるという法律上の要求が、通常、シチズンシップと環境という効果的な複数教科教育の可能性を奪い取ってしまっているのである。

言うまでもなく、バーナード・クリックや彼のシチズンシップに関する諮問委員会が、シチズンシップをカリキュラムに法律上（そして評価可能を義務づける）の位置づけを与えようと勧告したのはこうした認識からであった。文面上、このことは、「他の諸科目を通じた」シチズンシップ教育からそれ自体の教育への転換を示している。これはもちろん一つの可能性にしかすぎず、「科目を通じたシチズンシップ」アプローチは依然として重要な位置を占めている。アーサーとライトが指摘しているように、

> カリキュラム上すべての科目は、シチズンシップ教育に寄与すると期待されているが、特に英語や歴史、地理はその促進に著しく貢献するものとして選ばれてきた……。その結果、シチズンシップ指令の諸側面は英語、歴史、地理学研究の個別プラグラムの中に挿入されてきたし、事実それらの一部となっている。こうした「シチズンシップの挿入」は、いくつかの授業科目の内容がシチズンシップ指令の指示に従うことを保証するであろう。実際このことが意味しているのは、効率的な「一石二鳥」アプローチである。例えば、ソビエト連邦のスターリン主義国家やホロコーストの性格を扱う場合、教師は同時に、「社会を支える法的及び人間的な権利や責任」を教えるといったシチズンシップ指令の中で述べられている必要性を述べ、強調することになるだろう。
> （Arthur and Wright 2001 : 29–30）

若干異なるけれども、同じような機会が環境的シチズンシップやエコロジカル・シチズンシップ教育の文脈にも存在する。例えば、ロス・マカロックは「環境意識への英語の貢献は、生徒に自然世界に対する人間の責任を強調する詩や物語を英語の教科書で紹介することから始まるだろう」と指摘している（McCulloch 1994 : 43–4）。デヴィット・ケインは、「環境問題の解決が、数学活動に

とって広範な広がりを持つ一つの分野であることは明らかである。庭、池、野生生物保護区を設ける仕事は『数学の利用と応用』というタイトルですでに展開されている技能の活用を必要とするだろう」（Cain 1994：49）と論じている。ティナ・ジャービスは設計や技術の文脈で次のような可能性を指摘している。

動物園を設計する場合、他の対立意見もあり得る。動物見物という大衆の要求と動物の適切な環境に対するニーズとの間で、生徒は選択を迫られることになる。彼らは自然環境から動物を連れて来ることと、動物に配慮することを人々に教える必要性を比較するかもしれない。自然環境における生態学的均衡の保全は、稀少動物の繁殖率の改善と比較されるかもしれない。
（Jarvis 1994：58）

金融学の授業でさえ環境（シチズンシップ）教育が可能な分野に変わっていく。

以下の費用を考慮して、最も現代的な方法で、ガラス瓶をリサイクルすることが費用効率的であるかどうかを問題にしなければならない。

—空き瓶回収容器までに費やす燃料
—回収箱の製造
—回収箱のための空間賃借料

—回収箱を収集するトラック
—ガラス溶解のためのエネルギー
—不良品除去

(Duffell 1994 : 106-7)

これら簡単なエピソードは、他のカリキュラム科目を通じて「環境を教える」確かな広がりを示している。もちろんこのことは、シチズンシップ・カリキュラムの中で教師に対して出された複数教科にまたがったカリキュラム勧告の中でも公式に認められているものである。地理は常に参考例に挙げられている。例えば、「場所の知識と理解」の項目で、生徒には「様々な場所がどのように相互に依存しているのか(例えば、貿易、援助、国際観光、酸性雨を通して)を説明し、そこでグローバル・シチズンシップの理念を調べてみることが」勧められる。注目すべきなのは、「これらが生徒のグローバル・シチズンシップの理解を育み、地域コミュニティ、イギリス、ヨーロッパ、そしてより広い世界の市民になるという自覚を含んでいる」という点である(http://www.nc.uk.net/nc/contents/Gg-3-POS.html)。

しかしながら、シチズンシップと環境の両方を教えるというアプローチには落とし穴がある。アーサーとライトによれば、最も一般的な意味で、シチズンシップの複数教科にまたがったカリキュラム教育が、

解決のために導入されてきたにもかかわらず、問題を解決出来ずにいることを示す多くの特徴

があることが指摘されてきた。指摘されている特徴とは次のようなものである。主に専門以外の教員によって教えられてきており、人格教育や社会教育のような成績評価は行われてこなかった。その内容はほとんど明確にされず、教師はしばしば、これまで意味してきたことから推察せざるを得ない。科目スタッフや、幅広いコミュニティの不十分な活用という点からそれに抵抗するという、教育サービスの提供に一貫性もないという否定的結果になっている。そうした熱意の欠如が、楽しみというより、苦痛に耐えなければならない、くだらない努力をしていると考えている生徒に浸透している。シチズンシップと個々の科目とのつながり、あるいはより一般的なカリキュラムの側面を生徒が理解できないという「結果に終わってしまっている」。そうした状況は、シチズンシップ教育が既存のカリキュラム科目に統合されている学校で起こっているが、ただし多くの学校で効果がなかったというわけではない。

（Arthur and Wright 2001 : 22）

シチズンシップ教育を法律上の要件にし、そして単位評価を可能にすることは、これらの困難の克服に役立つと考えられている――どのみち根拠が全くないが、今のところ、そうなるかもしれない。私の経験によると、シチズンシップの単位評価を可能にすることで確実に集中力は高まっており、大学院の教育課程ではシチズンシップの専門的教師が養成され、またシチズンシップ・カリキュラム指針は何が教えられるべきなのかを教員が決定する手助けとなっている。しかし教師の配置は寄せ集めでしかなく、今後もそうした状況はしばらく続くであろう。

シチズンシップは他の重要科目を修得した後の選択科目でしかないという感覚が根強く残っている。「シチズンシップ教育の実施」に関するイアン・ポッターの次のような勧告は間違いだらけである。「われわれの勧告は、指令の中で、すでに『実施されている』ことを確認することになるだろう。シチズンシップ教育要件が現在機能していることは驚きではない。喜ばしいのは、事実上新たに実施される必要のあることはもうほとんどないということがわかったことである」(Potter 2001 : 48)。シチズンシップ・カリキュラムの設計者であるバーナード・クリックでさえ、時にこうした「最小の抵抗線」の罠に陥ってしまっているかのようである。教育と技術に関する保守党の「影の」国務長官であるダミアン・グリーンとの論争の中で、クリックは、シチズンシップはすでに多忙な教員に過重負担を強いているというグリーンの懸念にこう答えている。「(教員資格及びカリキュラム局からの)シチズンシップ教育指針は、学校が個別科目として教えることを選択できる一方、その多くはわずかな調整を要するだけで他の科目を通じて教えることができると述べている」(Crick 2002 : 16)。

これでは、クリックが望むシチズンシップに対する体系的関心を生み出すには不十分である。クリックは、「個人的な考えだが、幾分、時として慎重にならなければならなかったのは、他の全科目のうち歴史は非常に大きな役割を果たすかもしれない(果たすべきであろう)ということである」(Crick 2001 : xix)と述べているが、「シチズンシップ教育が必要としているものすべてを対象とすることは、どの科目でもほぼ不可能であることを認識しなければならない」(Arthur and Wright 2001 : 22)というアーサーとライトの主張は、間違いなく正しいのである。実際、学校はシチズンシップ教育を「実行」する三つの標準的選択肢を組み合わせる可能性をもっており、三つのやり方はその環境的要素と関連している。第一に、環境的シチズンシップあるいはエコロジカル・シチズンシップはすべての科目を通じて教えることができるし、またそうなければならない。なぜなら、

環境問題は生活の全領域と重なっており、それゆえ全科目と関連している。環境研究は地理学の一部と見ることができる。しかし、中学校の生徒が原子物理学や経済学、生物システムについて、そして有機化学の工業合成ついて学ぶとき、彼らは核廃棄物や環境の費用便益分析、人口動態、クリーンな生産技術についても教わるべきなのである。(Taylor 1992 : 99)

第二に、(すでに述べられた)持続可能性の問題がシチズンシップ・カリキュラムに位置づけられているように、シチズンシップが時間割にあることは、環境的シチズンシップやエコロジカル・シチズンシップの実像を描くことに役立っている。また第三に、そうしたシチズンシップの意義と実践を達成する場合、学校全体で制度的に取り組むことは、生徒と教員にその重要性を伝え、強固にする手段となる。

私は先にシチズンシップと環境教育の双方を教える第四のアプローチを提起すると述べた。そこでこの可能性を概観し、本節を閉じることにしたい。本章において私がこれまで主張してきたのは、イギリスのシチズンシップ・カリキュラム要件が環境的シチズンシップやエコロジカル・シチズン

シップといった特定の事例を教えるのにかなり適しているということである――その制度的志向を前提にすれば，シチズンシップ・カリキュラムに期待することとは違っているが。しかし，われわれはもっと先に進んでいるかもしれない。カリキュラム全体を通じてシチズンシップが教えられる可能性もある。なぜなら，とくにカリキュラムのすべてのテーマがそれらの中に存在しているからである。そのため例えば，生徒に「社会における権利と義務の批判的認識を発展させる」（Department for Education and Employment and the Qualifications and Curriculum Authority 1999 : 7）という指令は，第3章で説明した環境的シチズンシップとエコロジカル・シチズンシップとの違いの検討を通じて完全に実現することができる。前者はシチズンシップと環境の権利に基づいた概念であるのに対して，後者は市民共和主義シチズンシップの義務の伝統を取り上げ，それをグローバルな環境領域へ持ち込んだものである。同様に，シチズンシップ・カリキュラムにおける「道徳的発展」部分の二つの他の側面――「正義と公正」――はまさにエコロジカル・シチズンシップの中心にあるものであり，そのため「環境を通じて」組織されたカリキュラムはそれらに取り組む具体的で豊かな機会を提供するだろう。持続可能性の中心的な問題は「将来世代にどのような世界を残したいのか」という点にあることをわれわれは理解しており，このことは，カリキュラムが教師に課しているように，「人生の意味や目的，そして人間社会の多様な価値に対する生徒の意識や理解を育てる」ための完璧な基礎を提供している。同様に，どの学校コミュニティにおいても環境問題が，どのように「考えを共有し，政策を定式化し，そしてコミュニティの責任ある行為に参加する」機会を生徒に提供しているのかということを想像するのは難しいことではない。「環境」が，コミュニケーションや数字の応用（統計学の利用や濫用）、IT（情報技術）、そして問題解決など、シチズンシップ・カリキュラムにおける所謂「必須技能」を発展させる模範的手段であることは間違いない。カリキュラムの「政治リテラシー」の部分が、古い市政学のようにしか聞こえないなどの無味乾燥の危険を避けるためには、事例に基づいた対応が必要になっている。「議会や他の政府形態の特徴」や「コミュニティを基礎としたボランタリー集団」の仕事、「経済機能の方法」、「対立を公平に解決する重要性」、そして「民主的かつ選挙プロセスにおいて能動的役割を果たす重要性」を丹念に考えるとすれば、環境論争（例えば、自動者バイパス計画）以上に有効なものはあるだろうか。最後に、私はすでに、エコロジカル・シチズンシップの重要な国際的テーマが、「グローバル・コミュニティとしての世界」や「グローバルな相互依存や責任」といった他のカリキュラムの課題に取り組む理想的機会をどのように提供しているのかを指摘した。つまり、「持続可能な発展のための教育」を教えるカリキュラム指令は、シチズンシップ・カリキュラム全体を教える手段として――私が先に議論した三つの選択肢に代わる代替的選択肢として――有益であると考えることができる。

自由主義的不偏性

本章を書く動機となった漠然とした問題は、環境的シチズンシップやエコロジカル・シチズンシップが自由主義社会において効果的に伝えることができるのかどうかという点にある。こうした一般的な問題に対して私は、その下にある三つの問題を通じて最も良く回答することができると考えている。そのうち最後の問題は——「生活プラン」に関する限り中立性を保証する——自由主義的教育制度が持続可能性という価値を伴う問題を扱うことができるかどうかということであった。私は少なくとも、イギリスのシチズンシップ・カリキュラムの事例研究に関する限り、最初の二つの問題に対して積極的な答えを提示してきた。そこで、最後の問題を検討することが残されている。

自由主義者は長い間、シチズンシップやシチズンシップ教育に疑いを持ってきた。なぜなら、これらは「非常に対立した概念である。歴史的に見て、それらは、局地的、地域的、国際的あるいはグローバルな課題や、社会的、文化的、政治的、あるいは商業的利害を進展させるために、政治スペクトラムのすべての地点で政治家や教育者によって利用されてきた」(Moss 2001 : xiii) からである。より特定した言い方をすれば、私が先に本章で述べた定式の中で、アーサーとライトは「中央政府によるシチズンシップ指令の場合、学校とその生徒を政治的操作や教化にさらすことになりはしないかと考える者もいる」(Arthur and Wright 2001 : 72) と述べている。彼らはさらに「教化とは、文献上、多様な意味を持つ困難かつ複雑な領域である。それは本質的に、教師が根拠のないにもかかわらずあたかも真実であるかのように教え、生徒は疑いを持たずに受け入れることを意味している」と続けている (Arthur and Wright 2001 : 76)。教員も含め、われわれの多くには価値観があり、学校で行う以下のような取り組みは申し分のない方法であるように思われる。「ほとんどの人が偏見から自由になることなどできない以上、自分自身がそれに関与することは教員にとって正当で、全く自然であるが、偏見のある方法で教えることは彼らにとって受け入れがたいものである」（Arthur and Wright 2001 : 76）。

しかし、こうした完全な中立性へのコミットメントに勝る「偏見的方法」で教えるということはないのだろうか。アーサーとライトが続けて述べているように、「しかし、教室の中での人種差別あるいは性差別的な何人かの個人的姿勢を変えるために、明確な態度で教育することは、彼ら（教員）にとって正当なのかもしれない」（Arthur and Wright 2001 : 76）。多くの自由主義者はこの提案に同意するであろうし、彼らの中には、自由主義は自らの価値観を持ち、それに生徒が感化されるのもよいという考えを持つ者もいるかもしれない。「自由民主主義は……中立ではなく、教師には、教室から始まり、コミュニティの内部にまで民主的原則を適用するといった、手続き的価値の奨励が期待されている」（Arthur and Wright 2001 : 76）。ウィル・キムリッカも同様の指摘を行っている。

> 自由主義的シチズンシップは、他者との相互行為の中で、礼儀の習慣、公共的道理性の能力を育むことを必要とする。言うまでもなく、学校で最も教えられる必要のあるのはまさしくこれらの習慣や能力である。何故ならそれらは、民族的文化背景とか宗教的信仰の中で同質になりがちな、家族、近隣、あるいは教会といったより小さな集団やアソシエーションでは学ぶことができそうにないからである。（Kymlicka 1999 : 88）

したがって、確定的で、実質的かつ手続き的な価値観が教えられる余地が自由主義的教育制度にはあることになる。おそらく驚くべきことであるが、こうした認識が生まれつつあることこそ、シチズンシップ教育に関するバーナード・クリック諮問グループの第一次報告やその勧告後に、「過去のシチズンシップ教育につきまとってきた要素の一つである、生徒の政治的教化の危険について大衆や専門家からほとんど懸念されてこなかった」理由である（Kerr 2001 : 18. ただし、例外的見解として Flew 2000 を見よ）。

さて、第4章から、環境持続性の目標には確定的な「善き生」の営みを伴っていることが提起されてきた。エコロジカル・シチズンシップがこの生の営みに関するものであるとすれば、多くの人は自由主義と国家中立性との関係のために、自由主義的教育制度ではこのことを適切に教えることはできないと言うであろう。しかしこのような考えは、ある確定的な習慣、実践、価値観を自由主義的市民に教え込む積極的な望ましさについて、キムリッカや他の人々が提起した「新しい現実主義」によって崩されてしまっているのではないだろうか。環境持続性には確定的な善き生の営みを含んでいること、言い換えれば、「真実」と「虚偽」が持続可能性の言説と実践にふさわしいカテゴリーであったとすればである。しかし、第4章の多くはそうではないことを明らかにするのに捧げられた。言説としても、実践としても、環境持続性は常に実現途上ある。第4章で議論したように、妥当な自由主義的関与とは、善き生の何らかの確定的説明を提供することではなく、持続可能性を考え、それにしたがって生きる最も広範な機会が確実に可能となる条件を確保することである。

その場合、環境的シチズンシップやエコロジカル・シチズンシップ教育との関連で、個々の教師が未検討のまま残されている、ある善き生の一つの解釈に吟味しないまま転向させるからではなく、持続可能な善き生に関する様々な見解を省略してしまうことから「偏向」が生じてしまう可能性がある（ただし、両者が同じことを意味する場合もある）。この点は、私が前章で「弱い」持続可能性と「強い」持続可能性に関して指摘した点を教育に当てはめることによる類推から出てきている。弱い持続可能性は、差別化された自然「事物」を経済的福祉の源泉としての最小共通項に還元してしまっている。他方、強い持続可能性は、人工資本が必ずしも自然資本を代替しえないこと、その理由の一つは自然それぞれのカテゴリーが善き生の多様な考え方の精神的、物理的インスピレーションの根拠となっているためだと主張している。自由主義は、「自然に価値がある」からではなく、「包括的教義」に関する限り、それが中立性を達成する最高の方法であるという理由から強い持続可能性に関与すべきなのである。同様に、教育における自由主義的中立性は、シチズンシップのシラバスが最も広範な環境持続性の意味と実践を教えることを可能にし、その奨励を求めている。イギリス政府の一九九六年度教育法の指針は、「論争課題を教える時、バランスの取れた反対意見の提示を学校が生徒に保証できなければ、いかなる者も、法律に基づいて、正式にクレームを出すことができる」(Arthur and Wright 2001: 82) と定めている。これは通常、ある一つの観点が純粋な形で体系的に存在していることを述べるために一般的に取り上げられている。現在の文脈では、われわれは中立性も観点の不在によって危うくなるということを理解する必要がある。

私はこの点を、以下のジョイ・パルマーとフィリップ・ニールの主張をそのまま紹介することで、キー・ステージ1の子供に人口成長概念を紹介するために作成された授業計画を用いながら簡単に説明することができる。

教材——透明なプラスチックの箱と、箱から溢れてしまうほどの大理石。

方法——

1　箱は教室であり、クラスの子供全員に大理石を一つずつ渡さなければならないことを説明する。

2　仮説として、五〇年後、人口が増えすぎてしまえば、クラスの子供の数は二倍になる可能性があることを説明する。

3　箱が溢れるにつれ、すべての人が十分な空間やイスも、絵の具、鉛筆を与えられるわけではなくなってしまうことについて議論する。

4　人口が高率で増えていく場合、どれだけ途上国の世界と人々の食糧や水の欠乏につながるかを議論する。

(Palmer and Neal 1994 : 58)

この説明の欠陥は、大人が「豊饒な」生き方と「十分な」生き方それぞれの利点について議論ができていないという点にある。資源利用は人口数の関数であるばかりか、一人当たり消費の関数でもある。したがって、少なくともパルマーとニールの子供達には、アメリカ人とバングラデシュ人の一人当たり「平均」消費率の違いを説明するために、ある者には大きな大理石を、ある者には小さな大理石を渡すようにすべきである。想像力を働かすまでもなく、この授業計画の設計者は一般的な言葉の意味で「バイアス」がかかっているとか、「教化」しようとしているという非難を受けてしまう。それは、どちらかというと教育法によって命じられた「バランスの取れた反対意見の提示」の可能性を妨害するという議論の中心的要素を省略したものである。これはまさに、「省略による非中立性」の一例である。

そのため自由主義教育制度は、持続可能な善き生に関する考え方全体を教えることが求められ、そこでは持続可能性指令にある曖昧さ、緊張、そして矛盾が包摂されていなければならない。マーセル・ボンネットは、「『持続可能な発展』は様々な解釈が行われ、内的な矛盾にさらされやすい非常に問題のある用語である。この概念が、われわれの環境政策の理解に建設的機能を発揮するものであるからこそ、この点は明らかに解決される必要があるし、同様にそのことは持続可能な発展の教育の可能性を検討する上で不可欠なものである」(Bonnet 2002 : 9) と的確な指摘を行っている。しかしそうであっても、持続可能な発展の「真実」を確立するために、矛盾の「解決や明確化」を取り上げようとすることは間違いである。なぜならそのようなものは存在しないからである。私はむしろ、正しい生活に関して見識ある選択を人々が行えるような道徳的根拠づけのプロセスを述べるためにこそ、「解決や明確化」を取り上げたいのである。繰り返し言うならば、このことの前提条件は、選択しうるあらゆる範囲の「生き方」であることを強調しておきたい。実際上これまで体系的に存在しなかったとしても、これが自由主義的意図と一致しているということは議論の余地がないように思われる。

しかし、第二の前提条件は自由主義的観点から見て疑わしいものだろう。これは、生徒が明確に「本当の信奉者」に直面するという要件である。デヴィット・カーは、この点に関して保守的教育観と自由主義的教育観を区別している。「問題なのはどのように生きるかということよりも、むしろどのように生きるよう導くかということにある」（Carr 1999：33）。彼は以下のようにこの点を強調している。

これら新しい自由主義教育専門家は、教育の主たる目的を基本的に個人の自律の促進にあると考えている。この観点からすると、教育や学校授業は、諸個人に、どのように生きるべきか、どのような者になるべきか、追求すべき目標は何か、何を生産し何を消費すべきか、などを決定する合理的な資源を授けることに関心を払わなければならない。それ以外のことはすべて——何らかの特定の方向で諸個人に影響を与えたり、あらかじめ彼らの精神的、社会的、経済的運命を決定するいかなる試みも——、受け入れがたい教化や強制にすぎない。

（Carr 1999：32）

しかし、これはまさしく間違った二分法であり、私は、「諸個人が道徳とは何かを判断し、意見を述べる立場に立てるのは、ある道徳生活形態を教え込まれることによってだけである」（Crittenden 1999：58）というのは真実ではないかと考えている。「道徳的根拠づけ」は、ルース・ジョナサンが巧みに「自由主義の道徳教育における『手を触れず見るだけの』手続き原則」（Jonathan 1999：75）と呼んでいるものを展開するといった問題ばかりでなく、生徒を生きた事例に直面させるという問題でもある。こうしてみると、「こういう見方がある」だけでなく、「私はこうした見方をしている」と述べることが教師の要件となる。道徳的根拠づけが上手くいくのはこの点からである。そのため、私は以下のジョナサンの見解を支持している。

価値観を批判的に考える若者の能力を発展させるだけでは、個人参加の発展にとっても、そうした参加を形成し、反映させるような共有された社会的認識にとっても、適切な枠組みを供給することはできない。なるほど、諸個人間でそうした反省を行う根拠は、個人の価値観が練り上げられ、修正されることの支持と、継続性、そして反対する価値の周辺的枠組みの存在を前提としている。（Jonathan 1999：64–5）

これは、価値交渉のやり方を教える最善の方法は「教師が自分の意見表明を避け、手続き上の規則にしたがう――事実上教師は『専門家』としての自らの権威を放棄する――『不偏的な議長』の理念」（Arthur and Wright 2001：76）を通じてであるという考えと異なっている。「不偏的な議長」は、自由主義的な「手続き的に『一つのクラブでゴルフする』（Jonathan 1999：74）」という価値を具体化し、表現するだけでない。その地位は、（不偏性のいかなる明白な定義においても）あらゆる事実と価値を持つことができる者――専門化としても知られる――だけが担えるのである。学校評議会プロジェクト環境（The Schools Council Project Environment）が述べるように、

教室で日常論争となっている話題を議論する場合、教師が果たすべき役割に関して多くの議論がある。彼は中立的な議長であるべきだという提案が行われている。われわれはこの考えを全

く支持しない……、あなたが問題のどのあたりにいるかを人々に知らせることと、あなたの考えを彼らに押し付けることとの間には雲泥の差がある。教師が、議論を支配したり、参加者に強制したりせず、論争課題について彼自身の考えを示すことは全く可能である……教師の意見は重要な根拠の一部であるが、それは他の根拠同様に、生徒から評価を受けるべきなのである。

(The Schools Council Project Environment 1975 : 15-6)

ここで環境文脈に移って考えてみよう。「人間による種の絶滅を受け入れることに対する反対論は、人間の選好が拒否されるべきであるのと並んで、横並びにされているだけである」など、環境的シチズンシップやエコロジカル・シチズンシップの価値領域では、あたかも道徳的根拠が純粋に手続き上の問題であるかのように教えられるという考え方は簡単には受け入れ難いのではないだろうか(Rawles 1998 : 140)。生徒は教師がこうした問題や、他の同様の問題に関して見解を持つことを期待しており、無関心な態度でいるだけではすまされないであろう。さらに言えば、そうした無関心な態度は効果的な価値教育に反している、何故ならそれは、「生涯計画」を支え、それによって支えられているという価値教育の需要がないかのように偽っているからである。種の絶滅に関する様々な意見に触れることなしにエコロジカル・シチズンシップを教えることは、数字を使わないで数学を教えるようなものである。

本節では、自由主義教育制度が環境的シチズンシップやエコロジカル・シチズンシップを効果的かつ正当に教えるために、肯定的回答を見つけておく必要のある三番目の問題を取り上げてきた。

特にエコロジカル・シチズンシップは、確定的な「生涯計画」へのコミットメントが、包括的教義に関して中立的な制度の下で教えられるべきであるという過度の要求をしすぎるのではないかという懸念があった。しかし、自由主義教育制度は、ある一つの包括的教義への体系的かつ転向的態度よりも、省略によって不偏性基準と衝突する可能性があると私は述べてきた。言い換えれば、自由主義制度の下で学校は、一一歳から一八歳のすべての者をエコロジカルな市民という自動装置に転換させる唯一の明確な目的をもって教えられることより、エコロジカル・シチズンシップが教えられないために偏っていると非難されてしまう可能性がある。

　第二に私は、環境的シチズンシップやエコロジカル・シチズンシップのカリキュラムには、エコロジカル・シチズンシップの未確定で、対立的な性質の意味をすべて含んでいなければならないと論じてきた。そこには、「真実」もないし、「正しい」答えを見つけるため、精神的仕組みを通じて一定の情報を生徒に提供する「偏りのない」方法もない。エコロジカル・シチズンシップを考える適切な根拠づけは、偏りとコミットメントの生きた事例に関わることだけである。

　したがって私は、エコロジカル・シチズンシップは、二つの但し書きがあるものの、自由主義教育制度で正しく教えることができると考えている。しかし、たとえそうであっても、このことは何らかの違いを生み出すのだろうか。シチズンシップ教育がより良い市民を創造するとか、環境教育が人々を持続可能な発展に関わらせるという根拠はあるのだろうか。こうした問題に完璧に対応するには、現在の計画の範囲を越える調査を必要とするため、ここではこれらの問題に答える意思表示をすることができるだけである。進むべき研究の方向を示すだけで、その意思表示は十分であろう。

うまく行くのだろうか？

この問題に対する答えは、少なくともイングランドの文脈からではわからない。それにはしばらくかかるだろう。われわれが見てきたように、シチズンシップ・カリキュラムは今まさに（二〇〇二年八月）議論され始めたところであり、そのためデヴィット・カーが指摘するように、

実行者から相当の支持を得て、新しいシチズンシップ指令や工程表を作成する政策立案者の仕事は、学校におけるシチズンシップ教育を強化するプロセスが終了したというより、むしろ始まりである。諮問グループは密かに国の政治文化を変化させつつ、こうした強化を実際に達成するには、少なくとも一〇年かかるだろうと見ていた。（Kerr 2001 : 24）

バーナード・クリックは、厳密な評価にはより多くの知識と参加が必要であると述べてきた。繰り返しになるが、

教育・技術省（Department for Education and Skills）は、この九月（二〇〇二年）に一一歳だった児童が一八歳になるとき、この国の政治的、経済的、社会的及びボランタリーの諸制度

について多くのことを理解し、コミュニティ活動やボランタリー活動に今以上に参加するようになったのかを調査するため、七年間の研究を委託した。もし否定的な結果が出たとか、不明確な結果でしかなかった場合、（シチズンシップ教育の）必修制は終えなければならない。

(Crick 2002 : 19)

とりわけ環境との関連では、多くの期待が環境教育に捧げられており、とくに一九九二年の持続可能な発展に関するリオサミットで合意されたアジェンダ21では、「持続可能な発展の促進には教育が決定的に重要である……それはまた、持続可能な発展と調和するような環境的及び倫理的意識、価値観や態度、技能、行為の達成、そして意思決定への効果的な市民参加にとっても重要である」(in Plant 1995 : 254) という信念に基づいて、環境教育が取り上げられている。しかし、これはうまくいっているのだろうか。ルーカス自身は懐疑的である。

多くの研究は、関心の対象が自分の生活と衝突する場合を除くならば、生徒の環境への態度が前向きになる傾向があることを示している……。例えば、自動車の無制限な使用に対する節度ある態度を見て、環境教育者は成功したと考えがちである。しかし、自分自身の車の使用に対する態度に関しては、慎重でなくなってしまうのである……。それはあたかも、自分自身の自由が侵害されない限りで、いつも環境の「ため」を考えているといったようなものである。

(Lucas 1991 : 37)

私が第2章と3章で描いたシチズンシップの市民共和主義やポストコスモポリタンの解釈は、行動を動機づける利己的反応を克服する試みである。前者は、市民が反応すると期待される共通善概念に訴えることで、後者は、諸個人が必ずしも利益にかなわない方法で行動するよう正義が要求していると指摘することで、それを行うとしている。しかし、ルーカスが述べているように、いくらそうした必要性を頭で認識したからといって、必ずしも要求された行為が伴うわけではない。少なくとも、教室を中心に行われた授業では、行為志向の経験に支えられ、伝達される必要がある。ジョイ・パルマーはイギリスその他で、環境教育の影響に関する最も体系的調査に加わった経験から、「疑いなく、すべてのレベルでデータ分析をした結果、ある最も重要な回答のカテゴリーは特に若い人の屋外での経験である。両親、他の親族、個々の教師や大人の影響もとくに重要である」と結論づけている（Palmer and Neal 1994 : 89）。

このことが正しいとすれば、環境的シチズンシップやエコロジカル・シチズンシップは教室という閉じられた場所では学べないことになる――しかし、これらのシチズンシップが、環境教育を越えたところにわれわれを導くことを考慮するならば、森を歩くだけでは十分ではない。エコロジカル・シチズンシップはフランス人が言う「生きた経験」（le vecu）、あるいは‘lived experience’を通じて生み出される可能性が最も強い（私は第3章でこれを市民形成への「物質主義的」アプローチと述べた）。アメリカにおける近年の環境に関連した最も重要な運動が、貧しい環境で生活しているのは通常貧しい人々であるという実感に基づいた、環境正義運動であるのは偶然ではない――そしてこのことは世界を通じて真実である。こうした事実は教室で教えることができる。しかし日々そうした実態の中で生活している人々こそ先駆的な政治行動を担っている人々である。もちろん、教育経験はこの現実をある程度真似ることはできる。私が前節の最後の方で提起したように、一つの方法は、子供や若い人を、環境的シチズンシップやエコロジカル・シチズンシップキャンペーンに実際に参加させることである。このことは「シチズンシップ・シラバス」を教えるだけでなく、彼らを政治化する（公式の教育文脈において）最高の機会を提供するものでもある。政治化はイギリス政府のシチズンシップ・シラバスに関する文献では述べられていない。それは恐らく政府がわれわれをより政治に参加させたいと考える一方、従順にさせたいとも考えており、政治化された諸個人は政治的に予測不能になるからである。ただし、シチズンシップ・シラバスはトロイの木馬〔訳注1〕のようなものであると私は考えている。一般的なレベルや、環境シチズンシップとエコロジカル・シチズンシップという両方の事例から、それは当初予定していた合意を突き崩す機会を教師と生徒に提供するのである。

結論

第3章で私は、環境的シチズンシップを、伝統的に公的領域にあると考えられてきた国家に対して、また公的領域と結びついた政治メカニズムを通じた、環境権の要求として特徴づけた。この種のシチズンシップは、イギリスの中学校で現在法律上の要件となっているシチズンシップ・カリキュラムを通じて教えられることができるだろうか。然り、可能である。環境的シチズンシップのすべての要素はカリキュラムの中に含まれている。同じ章で私は、エコロジカル・シチズンシップを、公的領域と私的領域の両方で、国家的、国際的、そして世代間で、正義に根ざしたエコロジーに関連した責任の履行と特徴づけた。この種のシチズンシップは公式のシチズンシップ・カリキュラムを通して教えることができるであろうか。あらためて、可能である。エコロジカル・シチズンシップのすべての要素もまたカリキュラムの中に含まれている。言い換えれば、シチズンシップ・カリキュラムは環境を政治化する見映えのある機会を若者に提供している。この機会はきちんと捉えられるだろうか。それは一部、個々の教師と学校の意思にかかっている。しかしそれはまた、カリキュラムにおいて何が強調されるべきなのか、そしてそれをどのように教えるかについて正しい教育上の選択を行うということにかかっている。私の助言は、限られた時間割の中で、議員に対する手紙の書き方を教えることよりも倫理、正義、公正を優先すべきであるし、教師は体系的に教室で自分の傾倒とか偏見を演じるべきであり、教科書は環境キャンペーンに取って代わられるべきだということである。

むすび

二〇××年八月、オープン・ユニヴァーシティ図書館のテーブルの上に、『シチズンシップと環境』と題した論文が置かれていました。学生の課題レポートであったと考えておりますが、本書の内容を正確に要約したものとして、この結論の章で再録しておきたいと思います。最後の段落は内容記述から評価へと移っていますが、そこで行われている指摘は私の共感するものであります。

ドブソンは、エコロジカル・シチズンシップが環境持続性にいたる未開発の経路だと考えている。彼の主張――いかなる経験的資料によっても立証されていない――は、「エコロジカルな市民」と呼ぶ人々は、財政的ディス／インセンティブにだけ反応して持続可能な行動を取るのではなく、持続可能性により深い関わりを持とうとしている人々であるという点にある。彼は環境的シチズンシップとエコロジカル・シチズンシップを区別しており、前者が自由主義と市民共和主義という二つの主要なシチズンシップ伝統から表現することができるのに対して、エコロジカル・シチズンシップは「ポストコスモポリタン」と呼ぶ新しい枠組みを必要としていると論じている。

この枠組みは第1章で、グローバル化する世界における政治的主体の「相関性」や「相互依存性」を強調するグローバル化描写に対する批判を通じて展開されている。ヴァンダナ・シヴァやその他の洞察に基づいて、ドブソンはグローバル化の中心的な特徴はその権力と影響の非対称性にあると論じている。これらの非対称性は、互恵的に課せられるとは見なすことのできない義務を生み出す。なぜなら、離れた地域にも被害を与える能力は、「グローバル化している」国や政治組織だけが保持しているからである。このことは、そうした国や組織だけがポストコスモポリタン的義務の負担を引き受けるべきだということを意味している。本書では、地球温暖化が、離れた場所においても非互恵的義務を生み出す非対称的な影響の一例として示されている。

グローバル化に対する政治的対応として二つのタイプのコスモポリタニズムが議論されている。ドブソンはこれらを「対話的」コスモポリタニズムと「分配的」コスモポリタニズムと呼んでいるが、彼のポストコスモポリタニズムには国家を越えたシチズンシップへの関与という点で両者と共有しているものがある。しかし、前者二つは共に、推論的な脱国家的市民共同体を結びつける「薄い」紐帯という考え方を保持している点で批判されている。ポストコスモポリタニズムは正義への関心を分配的コスモポリタニズムと共有しているが、シチズンシップの伝統的概念にあるような政治的境界線によってではなく、グローバル化する特徴を持つ行為によって「生み出された」市民共同体の自覚的な「物質主義的」説明を受け入れている。エコロジーの文脈では、「シチズンシップ」の空間は「エコロジカル・フットプリント」によって描かれており、ドブソンは第3章で詳細にそれを論じている。ドブソンは一貫してシチズンシップ共同体を人間共同体から区別することを強調しており、この区別がシチズンシップの義務とより幅広い人道主義的義務との対比につながっている。この区別を明らかにするために、善き市民と善きサマリア人の組み合わせが本書全体で展開されれている。

ポストコスモポリタン・シチズンシップや、それを拡張したエコロジカル・シチズンシップには、自由主義及び市民共和主義的シチズンシップが確立した枠組みから溢れ出してしまう四つの主要論点がある、とドブソンは述べている。第一に、われわれが先に見たように、それらが対象としている義務は非互恵的に課せられるものと考えられている。第二に、ポストコスモポリタン・シチズンシップが、徳という言葉を市民共和主義と共有しているのに対して、その主な徳（あるいはドブソンが「第一の徳」と呼ぶもの）とは正義であることである。ドブソンは、どのような徳が一般的な徳と対立したシチズンシップの徳と考えられるのかというアリストテレスが最初に主張した古典的なシチズンシップの問題に取り組んでいる。彼はシチズンシップの徳がシチズンシップの義務の履行を可能にするものであり、ポストコスモポリタンの文脈では、正義を可能にするような徳の採用を意味すると述べている。「第二」の徳のリストにはそのために、配慮や共感といった一般的にはシチズンシップと結びつかないものが含まれている。

ポストコスモポリタニズムが標準的シチズンシップの構造と異なる三つ目の点は、公的領域と並んで私的領域にあるとドブソンは述べている。このことはまず第一に、ポストコスモポリタン・シチズンシップの行為は私的領域の中で行うことができること、第二に、この領域がポストコスモポリタン・シチズンシップのいくつかの徳が理想的に学ばれる場所であるという理由による。こうした私的領域のシチズンシップの例は、第3章のエコロジカルな文脈の中で提示されている。最後に、ポストコスモポリタン・シチズンシップは国家を越えたシチズンシップであり、それはコスモポリタニズムと共有した特徴であると同時に、自由主義と市民共和主義の枠組みを越えるような特徴でもある。

ドブソンは、最も一般的な形態において、エコロジカルな市民の志向は持続可能な社会に向けて活動することにあると述べている。「持続可能な社会」という目標が、しばしば確定的な「善き生」の解釈を暗黙のうちに含んでいるという点を考慮するならば、自由主義国家——「包括的教義」に関する限り、原理的に中立性を維持することが決められている——が持続可能性に向けた旅程の中でシチズンシップという資源を正当に用いることができるかどうかという問題を提起することになる、とドブソンは述べている。ドブソンは第4章でこれらの課題を議論し、そのことによって、自由主義と持続可能性が調和するかどうかに関する議論の展開に論評を加えている。彼はこの点に関して、自由主義的な「善き生」の中立性をそのまま受け入れることで、調和に至る困難な道を進もうとしており、自由主義に疑問を持ってきた人よりも楽観的立場をとっている。ただし、ドブソンの議論は自由主義の中立性が自由主義を強い持続可能性形態に関わらせることになると示唆していることから見ても、居心地の良いものではない——通常、住み慣れた場所と見なされているような領域ではないからである。

この議論は、ドブソンが——国家の正規の教育制度を通じた——市民「創造」の一側面を考察している第5章でも続けられている。自由主義国家がシチズンシップ授業を行う場合、自由主義国家は自らが課した中立性原則と衝突することなく、エコロジカルな市民を育成することはできるだろうか。ドブソンはこの問題を、イングランドでの中学校（高校）向けナショナル・カリキュラムに新しく採択された必修のシチズンシップ教育の検討を通じて探究している。繰り返し彼は、このカリキュラムがエコロジカル・シチズンシップを教える十分な機会を提供し、それを行うことによって、自由主義が価値によって引き起こされる自己との対立に直面する必然性はないという結論に達している。しかし、第4章での楽観主義が自由主義に対する内在的な批判を伴っていたように、まさしく、エコロジカル・シチズンシップがその規範的性格を持っていることと完全に関わり、その認識を持って教えられることを自由主義が保証するのであれば、自由主義はシチズンシップ教育に関して、価値中立的なままであるだろうとドブソンは論じている。

本書を評価する上で重要な問題は、ポストコスモポリタン・シチズンシップとそのエコロジカルな類型が本当に「新しいタイプ」のシチズンシップを成立させているかどうかという点にある。コスモポリタンはその点について難しいと感じるかもしれないし、自由主義者と市民共和主義者は共に、依然としてドブソンがここで概観した環境的基礎の多くを取り上げているのは自分達であると主張するかもしれない。しかしその場合、環境政治学は常に誰かが、どこかで占有しているものとなってしまう。持続可能性に向けた自由主義的経路をドブソンが明確に支持していることは多くの立場の急進派を失望させるであろう。しかしここで重要なことは、この支持が、われわれが期待するものとかなり異なった自由主義に対する形を大きく変えた批判によるものであることを理解することである。シチズンシップに対する関心はおそらく、持続可能性にとって恐ろしいほど力強い構造的障害物が今日の世界で機能していることを過小評価している――これらの構造そのものが市民あるいは個々人から作られていることを想起することは時宜にかなっているが。最後に、エコロジカル・シチズンシップが国家の教育制度という正規の手段を通じて教えることができるか否かの点は、一時間程度の「生きた経験」が一年間教室で勉強するより多くの政治的感覚を養うことにつながるという結果に対する第3章の指摘とは緊張関係にある。あるいは本書を読むことより。

訳注

［1］トロイの木馬＝コンピューターウィルスの一種、ここでは政府が教員に提供するシチズンシップ・カリキュラムをドブソンが比喩的に表現している。より詳細は第5章を参照されたい。
［2］Bollywood「ボリウッド」＝インドの大衆映画および映画産業を指す（ボンベイが中心）。ボンベイと映画の都ハリウッドをもじってボリウッドと呼ばれ始めた。
［3］Blade Runner「ブレードランナー」＝二〇一九年の近未来社会を描いた米国映画（一九八二年）
［4］The Waltons「わが家は一一人」＝米国のテレビ番組（一九七二～八一年）。一九三〇年代（大恐慌から第二次世界大戦に至る時代）を背景に、バージニア州の山地に住む大家族ウォルトン家を描いた物語。

訳者解説

本書は Andrew Dobson, *Citizenship and the Environment*, Oxford : Oxford University Press, 2003 の全訳である。

著者アンドリュー・ドブソンは、現在英国キール大学（the School of Politics, International Relations and the Environment）の政治学教授である。ドブソンは、一九五七年、英国のドンカスターに生まれ、一九七九年、レディング大学（政治学専攻）卒業後、一九八三年にオックスフォード大学で政治学博士（D. Phil-Politics）の学位を取得している。一二年間キール大学で環境政治思想、環境政治理論などを教えた後、二〇〇二年からオープン・ユニヴァーシティに移り、二〇〇六年から再びキール大学で教鞭を執っている。ドブソンは欧州における環境政治思想研究の主導的理論家であり、国内外で高い評価を受けている。

主要な著作は以下のとおりである。

・*Green Political Thought*（1st–1990 : 2nd–1995 : 3rd–2000）London, Routledge.
・(ed.) *The Green Reader*, Andre Deutsch, London, 1991.

- *The Politics of Nature, Exploration in Green Political Theory*, London, Routledge, 1993.
- *Justice and the Environment: Conceptions of Environmental Sustainability and Dimensions of Social Justice*, Oxford, Oxford University Press, 1998.
- (ed.) *Fairness and Futurity : Essays on Environmental Sustainability and Social Justice*, Oxford, Oxford University Press, 1999.
- with Valencia, A. (eds.), *Citizenship, Environment, Economy*, London, Routledge, 2005.
- with Bell, D. (eds.), *Environmental Citizenship : getting from here to there*, MIT Press, 2006.
- with Eckersley, R. (eds.), *Political Theory and the Ecological Challenge*, Cambridge University Press, 2006.

本書『シチズンシップと環境』は、エコロジズムにおけるシチズンシップ論を本格的に取り扱った世界的に見ても最初の成果であり、他の先行研究と比べて最も包括的な議論を提供している。さらに本書出版後、シチズンシップ関連の著作二冊の編纂に携わっており、このことからもドブソンが現在このテーマに強い関心と期待を寄せていることがうかがえる。また本書は、後述するように、持続可能性と社会正義を統合するという課題を、シチズンシップ概念のエコロジー的再考を通じて、より実践化かつ具体化することを目的としており、その意味で、彼の前著である『正義と環境』や『公正と未来』の成果をさらに具体化、実践化することを目指したものと位置づけることができる。

本書のテーマであるシチズンシップは、近年、とりわけ環境哲学や環境倫理学、環境政治学などの諸領域において新しい重要なテーマとなりつつある（その先駆的な研究の多くが本書の中で少なからず言及されている）。それらの研究の多くは、自由主義と市民共和主義のどちらの枠組みを下敷きにしているかという違いこそあれ、シチズンシップ概念にエコロジー的危機の空間的・時間的側面を組み込んだり、あるいは人間と他の自然存在との関係をその基層に据えることで、伝統的なシチズンシップの理解に暗黙の内に含まれていた現在世代への強い偏向や人間中心的性質を暴き出し、大きく動揺させるという極めて野心的な関心を共有している。したがってこのテーマの持つ潜在的視野は相当に広く、従来のシチズンシップ研究の枠組みに到底収まるものではない。

さて、本書の内容については、その要約が結論部分に手際よくまとめられているので、ここではそれとの重複を避けるため、本書のテーマである環境問題とシチズンシップをめぐる議論の背景を述べることで、本書の意義を考えてみたい。

本書で取り上げられている「シチズンシップと環境」という問題関心が浮上してきた背景には、何より近代市民社会の下で発展してきたシチズンシップ理念が、エコロジー的危機に直面して、現在の時代文脈と鋭く矛盾ないし対立するようになったということが指摘できよう。たとえば、近代自由主義的シチズンシップ概念に最も有名な定式を与えたT・H・マーシャルは、社会的シチズンシップを「経済的福祉と安全の最小限を請求する権利に始まって、社会的財産を完全に分かち合う権利や、社会の標準的な水準に照らして文明市民としての生活を送るに至るまでの、広範囲の諸権利」（『シチズンシップと社会的諸階級』、一九九三年、一六頁）と定義づけたが、エコロジー的危機の出現はこの「文明市民としての生活」を極めて疑わしいものにしている。マーシャルの想定していた「文明市民」の理想とは、経済的パイの拡大に生産的貢献を行うため勤勉に働くことで（雇用倫理）、その見返りに極めて高水準の物質的な消費生活を送ることのできる産業的市民（industrial citizen）に他ならなかった。何故なら、戦後福祉国家体制そのものが、経済成長に強く依存しており、その点で大量生産・大量消費という産業主義的性格を抱え込んでいたからである。しかし、とりわけ経済成長のエコロジー的限界は、一九七〇年代からの大幅な経済成長率の低下や慢性的な高失業率と並んで、福祉国家のこのような基本的前提を根底から突き崩すものであった。様々な環境問題が露呈してきた事実からも分かるように、物質的にもエネルギー的にも有限な地球にあって、五〇年以上前にマーシャルが約束した、際限ない経済成長に依存する文明市民としての生活を、何の犠牲もなしに現実化し得ることは本来あり得ない。そこには常に、最低限の生活の営みすら十分に享受できない二級市民だけでなく、そうした文明そのものが引き起こすエコロジー的・社会的費用をただ一方的に転嫁されるだけの非市民――例えば南の貧しい人々、将来世代、そして人間以外の自然存在――も不断に生み出されてくる。このように、マーシャル的な社会的シチズンシップの保証を通じた社会正義の実現と環境持続性は鋭く対立するようになっている。この点こそ本書の背景となっている問題の核心であった。

ここで注意しておかなければならないのは、「シチズンシップ」と「環境」ないし「エコロジー」という本書の問題設定そのものが、相互に対立した言葉の組み合わせであるという点である。というのも、近代シチズンシップは、生きた自然との関係を断ち切り、それらの全面的な道具的支配＝

操作の上に成立した近代市民社会の中核概念に他ならず、その意味で本来的に反エコロジカルな性格を持っているからである。ここでわれわれに残された選択肢は、シチズンシップという概念そのものを近代の所産として放棄するか、あるいは現在の時代文脈に合わせて概念の根本的な再構築を試みるかのいずれかであろう。言うまでもなく、本書は後者の立場に立っている。したがって、環境とシチズンシップというテーマには、グローバル化している先進諸国に生きるわれわれが、国民国家という境界線を越え、空間と時間の双方で遠く離れた他者に強い影響を及ぼし、彼らの生活機会を脅かしている状況の中で、国家という政治共同体から切り離して市民あるいはシチズンシップ概念を捉え直すとともに、自明のものとされてきた産業的市民の持つ自然に対する破壊的な行為能力を、権利と義務の双方から根本的に反省しなければならないという問題意識がある。

今日、環境問題の規模に合わせて多様な形態で形成されている環境運動——環境権運動、環境正義運動、バイオリージョナリズム運動、動物・自然の権利運動——は、われわれにこうした反省を強く要請するものであった。例えば、わが国でも、一九六〇年代の公害問題の激化を背景に、環境権ないし環境享有権が新しい市民の権利として主張されてきたし、環境倫理学の発展とともに、アマミノクロウサギ訴訟など人間以外の動物や自然それ自体の権利まで要求されるまでに至っている。本書でも述べられているように、こうした運動が従来の女性や社会的マイノリティの解放運動と決定的に異なっているのは、その目的が市民として享受すべき新しい権利を要求するにとどまらず、むしろ人類に他の自然存在や将来世代に対する「義務」や「責任」を求めるものであったということにある。シチズンシップは市民の権利だけでなく、義務や責任、アイデンティティや政治参加などの非常に多面的な概念であるが、こうした権利から義務への重点変化は、エコロジズムのシチズンシップ論に際立った特徴と言うことができるだろう。

では、国民国家の境界線を越えて広がるエコロジー的危機との関わりで、シチズンシップを再構築するとはいかにして可能となり、具体的にどのような意味を持つのであろうか。本書は、グローバルな環境問題を背景にして必然的に生じてくるこの新しいシチズンシップの政治空間を、エコロジカル・フットプリント概念を用いて検討することで、この難問に真正面から答えようとしている。ドブソンは、「エコロジカル・シチズンシップの『空間』は、国民国家という境界線や、欧州連合などの超国家的組織といった境界線、あるいはコスモポリスという想像上の領土によって与えられたものではない。むしろそれは、個々人の環境との代謝的及び物質的関係によって創造されるのである」（一三二頁）と指摘し、その具体的な現れとして、エコロジカル・フットプリントを提起している。ドブソンはフットプリント概念をエコロジカル・シチズンシップに具体的な意味を付与する政治空間と捉えることで、われわれに何を示そうとしているのであろうか。何よりもそれは現在進行しつつあるグローバル化の性質を特徴づけている圧倒的な非対称性（asymmetry）の構造である。ドブソンは、政治的主体の「相互依存性」や「相関性」を強調するグローバル化の描写（コスモポリタニズム）を鋭く批判しながら、地球上に住むあらゆる人々の日常生活の隅々まで圧倒的な非対称性が行き渡っていることを繰り返し主張している。グローバル化とは「その果実が不平等に分配されるばかりか、『グローバルである』可能性もまた不均衡であるという非対称的なプロセスに他ならない」（一六頁）。したがってそこでは、一部のコスモポリタニズムが想定するような理想的な発話状況や平等な権原によって想定される道徳共同体における自由で対等な市民間の関係は登場しない。その代わりに、他者に多大な影響を及ぼす能力を持った「グローバル化している者」と、ただその影響を被るだけの「グローバル化された者」との非対称的な関係こそが強調されることになる。

こうした非対称性は所得格差や移動の自由など多くの事例から引き出されうるが、それをとりわけ環境の文脈において最も明確に示す分析ツールがエコロジカル・フットプリント概念である。先進国の石油の燃焼は、一九五〇年以来ほぼ五倍に膨れ上がり、環境の汚染吸収能力を脅かし、先進国と途上国の消費の差異はますます極端に広がっている。ワケナゲル等によるエコロジカル・フットプリント分析によれば、現在の人間活動によって生み出されるエコロジカル・フットプリントが地球の収容能力に占める割合はすでに一三〇%に達しており、三〇%もオーバーシュートしてしまっている。環境持続性の観点からすれば、このこと自体極めて深刻なものと受け止められなければならないが、それにも増してわれわれが見過ごしてはならないことは、一三〇%のうち八〇%を先進工業国の消費が占めており、結果的に先進工業国のフットプリントだけで、環境収容能力の一〇四%を過剰占有しているという事実である（マティース・ワケナゲル&ウィリアム・リース『エコロジカル・フットプリント』）。この分析からもわかるように、先進工業国の人々のフットプリントは一般に、途上国の住民のフットプリントよりもはるかに大きい。同様に重要なのは、そうしたフットプリントが空間的な広がりだけでなく、時間的な広がりも表現しているということにある。現在世代の一部の者が地球の環境収容能力から見てエコロジカル・フットプリントを過剰占有しているということは、将来世代が利用することのできる潜在的機会を収奪していることを意味している。ドブソンにとって決定的に重要なのは、われわれが日常生活の中で意識しているかどうかにかかわらず、とりわけ先進国の人々は国民国家という境界線を越えた広がりを持つほどのエコロジカル・フットプリントの過剰占有を通じて、空間と時間の双方で遠く離れた他者の生活機会を脅かすほどの物理的影響を「いつも、すでに（always already）」及ぼしており、その影響が持続不可能なものとなっているという現状認識と、そしてそれらを一貫して構造的な不正義の諸関係として理論的に解明するという点にある。

したがって、エコロジカル・シチズンシップにとって最も重要なのは、現在及び将来の人間と自然をめぐる体系的な不正義の解消＝正義の徹底に他ならない。エコロジカルな市民に課せられる義務の根拠は何よりも持続不可能かつ不公正な規模のエコロジカル・フットプリントを占有しているという事実に求められる。それゆえこの義務は、持続不可能かつ不公正な物理的影響を生み出し、他者の自律性を損なう能力を持つ者、より一般的に言えば、富裕な生活を送り、その分過剰に資源を消費する者に、非対称的な形で課せられることになる。今日、地球市民とかグローバルな環境市民といった呼び方がある種の流行となっているが、その際われわれはこうしたグローバル化の非対称性という事実を重大なものとして認識することから始める必要があるだろう。

しかし、ドブソン自身認めているように、彼のエコロジカル・シチズンシップが、シチズンシップ概念の潜在的視野を相当に広げるものである一方、対自然関係においては結局のところ人間中心主義的概念に留まっていることについては議論の余地があるかもしれない。ドブソンが解消を試みている非対称性は、人間社会内部や、現在と将来との間にだけ存在しているわけではなく、より根源的には、何よりもまず人間と残りの自然存在との間で現実化しているものである。とりわけ先進国の人々の豊饒な産業文明が、われわれが埋め込まれているより大きなエコロジー的共同体の他の成員との間に築かれた非対称的な関係の上に初めて成立しえていることは改めて確認されるべきであろう。ドブソンが採用する「将来世代主義」――つまり、将来世代への義務の履行が必然的に自然の多様な側面の保護につながるという考え――から直ちに、他の自然存在そのものに対するいかなる態度の変更や義務の観念も生まれてくるわけではない以上、本書はこの問題にきちんとした回答を提供できていないのではないだろうか。この点は、第4章でドブソンが展開している自由主義への内在的批判や、そこから引き出された結論――すなわち、多様な自然を将来に引き継ぐために、われわれは環境主義者ではなく、将来世代の善き生に対して中立性を確保する自由主義者にならなければならないという主張――の妥当性とも密接につながっていると同時に、エコロジカル・シチズンシップが近代的な人間による自然の支配とのつながりを根本的に断ち切り、文字通りエコロジカルなものとして、人類と自然との宥和に積極的な理念となりうるかどうかに関わっている。

次にエコロジカル・シチズンシップの活動領域を取り上げてみたい。ドブソンは、エコロジカル・シチズンシップの義務の性質について、それが成員資格（membership）や地位身分（status）よりも、市民の活動（practice）に関わる概念であると主張している。その際重要になるのは、市民が自らの義務・責任を果たしていく活動領域である。この点についてもドブソンは注目すべき斬新な回答を行っている。これまで緑の政治理論家の多くは、この問題に対して、持続可能な社会に関わる公共的な討議が行われる場＝緑の公共圏（green public sphere）への参加であると応えてきた。本書の冒頭でも触れられているように、この動きは主として一九九〇年代以降の環境政治学における熟議ないし討議民主主義（deliberative or discursive democracy）論への際立った関心の増大を背景としている（環境政治学の討議的転回）。そこでは、ローカルからグローバルなものまで様々な規模の公共圏への参加が、諸個人を将来世代や非人間的自然存在の多様な利害を考慮し、それらを擁護する一連のエコロジカルな義務を内面化しうる市民へと成熟させる有効な文脈を提供することが強調された。エコロジズムにおけるシチズンシップ論は、程度の差はあるものの、市民的共和主義やコミュニタリアニズムからの影響を強く受けながら、公共圏への参加を通じた幅広い他者への義務の履行やそれを可能にする徳の涵養など、道徳的市民の形成の問題を扱ってきた。

しかし、ドブソンは公共圏への参加によってエコロジカル・シチズンシップの義務がすべて果たされるとは考えていない。それは、既述したようにエコロジカルな市民が帰属する政治共同体が、理想的な発話状況——コミュニケーション的共同体——などではなく、人々の外なる自然との物質代謝関係によって創造されるエコロジカル・フットプリントという物理的空間に根ざしているからである。エコロジカル・シチズンシップにおける正義の義務は、何よりわれわれの産業的な過剰な物質的消費に依存した文明的生活のラディカルな変更を求めている。それゆえドブソンが描いたシチズンシップは、エコ・スペースの生産につながる「日常生活のすべてに関わって」（一七六頁）おり、その活動は、伝統的な政治領域を越えて、人々が日常生活の物的必需品を生産・再生産するいわば生殖的諸関係の総体としての私的領域にまで入り込んでこざるをえない。

ただし、ここで私的領域におけるシチズンシップ活動を、たんに個人消費やライフスタイルの問題に還元してはならないであろう。何故なら持続可能性の観点からすれば、いかにして富や財を分配・消費するかということだけでなく、いかにしてそのような富が持続可能な方法で創造されるのかということが決定的な意味を持ってくるからである。言い換えれば、持続可能で公正なエコロジカル・フットプリントの占有というドブソンの環境正義の定式は、富の分配をめぐる正義から、富の生産における正義にまで踏み込まなくてはならなくなっていることを示唆している。私的領域におけるシチズンシップ活動をたんに個人消費の問題に還元してしまえば、それは容易に「環境にやさしい製品」を進んで購入する「緑の消費者主義（green consumerism）」にからめ取られてしまう。もちろん、緑の消費はそれ自体重要な市民的行為であるが、私的領域のシチズンシップはそれに留まるものではない。むしろ、われわれが産業的市民ではなく、エコロジカルな市民として、これまで自明とされてきたニーズや富、豊かさを再検討し、非産業主義的な方法で生活を生産・再生産していくのかという生産領域の問題として広義に捉えておく必要があろう。この意味で、従来のシチズンシップ研究では明示的にも暗示的にも私的なものと見なされてきた――それゆえシチズンシップの領域ではない――必要の領域＝生産領域は、エコロジカル・シチズンシップの義務が実践され、果たされる正当な舞台としてあらためて見直される必要があろう（このような点は、ドブソン自身編纂に携わっている『シチズンシップ、環境、経済』や『環境的シチズンシップ』の中でも、何人かの論者によって指摘されている論点である）。

この必要領域のシチズンシップが豊かな意味を持ちうるかどうかは、エコロジカルな市民が、たんに国家や市場から一方的に提供される生活様式を受動的に享受し消費するだけの消費者を越えて、自らのエコロジカルな義務に従って生活を持続可能な方法で生産・再生産していくための知恵や経験、そして資源を獲得しうるかどうかにかかっている。現在、社会正義や環境持続性といった真のニーズの充足を目的に、コミュニティ・ビジネスや有機農業運動、地域通貨、市民金融、ワーカーズ・コープなど、所謂コミュニティ・セクターや社会的経済（social economy）と呼ばれる市民の多様な試みが行われているが、こうした活動はエコロジカルな実践の模範例となり、それゆえ義務を果たす不可欠な舞台となりうるかもしれない。今後、本書で展開されたドブソンの定式の妥当性をめぐって議論がたたかわされることを前提とした場合でも、エコロジカル・シチズンシップは、ローカルなものからグローバルなものまで多様な市民の運動や実践の意義を受け止め、同時にそれを方向づけていく一つの視座を提供するキー概念となるはずである。

桑田　学

訳者あとがき

地球温暖化、オゾン層の破壊、酸性雨問題など、環境問題は地球的な規模でますます深刻化してきている。私たちは、一人の市民として、こうした新しい問題にどのようにのぞむべきなのだろうか。本書は、この問題に対して、シチズンシップの観点から本格的に探究しようとした最初の研究成果と言ってよいだろう。訳者解説にあるように、本書はアンドリュー・ドブソンが数年来取り組んできた成果である。ドブソンが提起するのはエコロジカル・シチズンシップである。シチズンシップはこれまで、権利と義務から構成される総合概念であり、したがってシチズンシップの観点から環境問題を探究する場合でも、環境をめぐる権利と義務の互恵的関係を明らかにすることがシチズンシップ研究の主要な論点と考えられてきた。

環境問題が国民国家の中でローカルに発生する問題であるならば、環境とシチズンシップの関係も、国民国家を前提としてきた従来のシチズンシップ研究の枠組みを援用することで十分明らかにされるだろう（勿論そのこと自体大変難しいが）。しかし私たちが現在直面している環境問題は、国民国家の中だけで発生しているわけではない。国境を越え、グローバルに発生する地球環境問題を視野に入れ、権利と義務の双方から、矛盾のないシチズンシップ概念を新しく提起するには、従来のシチズンシップ研究の枠組みではおさまることのできないいくつかの論点にきちんと答えておくことが必要になる。本書は、こうした難しい問題に挑もうとした野心的な試みである。ここでは、主な論点を三点だけ挙げてみよう。

第一に、シチズンシップとはこれまで、ある政体（polity）に属する者のメンバーシップ（成員資格）に関する概念であると考えられてきた。市民はその政体に属することで、市民としての義務や責任を果たす一方、その見返りに権利を獲得すると考えられてきた。それではエコロジカル・シチズンシップの場合、成員に資格を与える政体とはどのようなものなのだろうか。グローバル化が進行する世界で、果たしてそのような政体を想定することなどできるのだろうか。第二に、仮にそのような政体を想定することができないとすれば（世界政府など存在しない）、エコロジカルな市民が持つ（はずの）権利は誰によっても与えられないということになる。エコロジカル・シチズンシップとは、権利規定の不明確な、拠り所のない、一方的な概念にしかすぎないのだろうか。世界でおよそ三〇の国が、環境に対する権利を憲法上規定していると言われている。こうした環境を享受する権利は、国民国家だけに限定され、国境を越えた環境に対する権利をわれわれは持つことができないのだろうか。環境問題が地球的規模で発生している時、環境に対するグローバルな権利の獲得を議論することなどそもそも不可能なのだろうか。第三にこのことは、エコロジカルな市民が果たすべき義務はどこから発生するのか、またその義務はどの場所でどのように果たされるべきなのかという問いを生むことになる。そもそもその義務を市民の義務と理解することは正しいのだろうか。市民が果たすべき義務を、人間が果たすべき道徳的義務と考えてはならない根拠は何なのだろうか。

本書はこれらの論点に対するドブソンの回答である。その回答の一部は非常に刺激的で、他の一部は未消化である。いずれの回答も、従来のシチズンシップ研究になじんできた者にとって、直ちに受け入れられるといった常識的な内容になっていない。その意味で本書は論争の書である。環境問題を視野に入れたシチズンシップ研究が今後本格的に行われるとすれば、本書が提起している問題は、必ずくぐり抜けていかなければならない論点となる。当面、ドブソンの主張をどのように受け止めるかをめぐって議論がたたかわされることになると言ってよいだろう。

右に挙げた論点についてドブソンの考えを整理する場合、その前提として彼が、エコロジカル・シチズンシップを非領土的シチズンシップに属すると主張していたことにまず注目しておかなければならない。環境問題が国境を越えて発生しているというだけなら、環境問題とコスモポリタニズムの関係を探るだけですむ。だがグローバル化が問題になるのは、国境を越えた人間の経済活動の広がりにともなう非対称的影響、すなわち貧困、格差、排除といった深刻な事態を受けるのはある特定の国や地域だけでしかないという一方的な影響である。グローバル化がこのように世界を二極に分化してしまうのだとすれば、これを解決するのは平和裏に行われる対話などでは決してなく、この現象を解消する基本的理念こそ求められることになる。グローバルな影響を与える国と影響を受ける国との交渉（対話ではない）は、この理念の実現をめぐる闘いの場となる。この理念を追究するには、風船がすべての方向に一律に膨張していくことで、世界が相互に関連し合うといった生易しいコスモポリタニズムではなく、非対称性を組み入れ、それを克服しようとするポストコスモポリタニズムが想定されていなければならない。ドブソンが主張するエコロジカル・シチズンシップはこのようにポストコスモポリタン・シチズンシップを具体化したシチズンシップである。ドブソンはこの理念を正義に求めた。彼の言う正義とは、エコロジカル・フットプリントを基準として、すべての人間が平等なエコスペースを確保することにある。言い換えれば、ある国や地域の人々が過剰なフットプリントを占有し、他の人々が適正なフットプリントを確保することができず、人間らしい生活の営みにも届かないといった格差を是正することこそが正義である。ドブソンが主張するエコロジカル・シチズンシップはまず、このような正義の実現をめぐる、市民が果たすべき義務と権利の関係として理解されなければならない。問題は、このようなドブソンの理論的枠組みが有効なのかどうかである。

従来の研究（とくにT・H・マーシャルによって代表される）では、シチズンシップは市民の地位身分を規定する概念として理解されてきた。しかし本書におけるドブソンの主張が斬新なのは、シチズンシップを地位身分としてのシチズンシップと、活動としてのそれに区分し、後者の視点、すなわち「環境問題に市民はどのようにのぞむべきか」という活動の視点からシチズンシップ研究を行おうとしていることにある。メンバーシップを規定する政体の存在が問題になるのは、地位身分としてのシチズンシップを取り上げようとするからであって、活動としてのシチズンシップの視点から接近する場合には、活動の空間的広がりとその意義こそが重要となり、メンバーシップに関わる問題は二義的重要性しかなくなる。ドブソンのこうした視座は、自由主義的シチズンシップと市民共和主義的シチズンシップが一見対立しているように見えながら、しかし実際には市民—国家関係という契約でシチズンシップが定められることに共通点を持っているのに対して、エコロジカル・シチズンシップの場合は市民―市民関係という非契約的関係に根ざしており、国家という政体によるメンバーシップの規定を必ずしも必要としないという認識に支えられている。このようにドブソンの場合、政体は幅広く、広義にとらえられ、政治概念もかなり拡張されている。

このようにドブソンは、エコロジカル・シチズンシップの場合、ある政体によってメンバーシップを規定することに一義的重要性があるわけではないと主張している。このことは、市民が持つ権利と市民が果たす義務とが、従来のシチズンシップ研究のような互恵的関係ではなく、非互恵的関係に転換していくことへつながっている。ドブソンは、「ポストコスモポリタニズムでは、契約という言葉やそれが意味する暗黙の互恵性は避けられている」（五〇頁）と述べている。実際本書は、驚くほど権利についての記述が少なく、市民が果たすべき義務や責任、そしてそれを根拠づけている徳の概念の説明に多くの紙幅が割かれている。従来のシチズンシップ研究が主に権利概念を中心に議論してきたことを考えればきわめて対照的である。これはドブソンの記述に偏りがあるためではない。そうした叙述方法をとっているのは、グローバル化の進行とともに生み出された非対称性を解消するには、権利の前にまず、エコロジカル・フットプリントを過剰に占有している豊かな国の市民が負う義務や責任こそ問題にされなければならないという、確信に裏付けられているからである。

しかし、市民が果たすべき義務は道徳義務ではない。エコロジカルな市民が果たすべき義務を問題にする時、ドブソンの関心は、「義務の性質（何をする義務なのか）だけでなく、その根拠（なぜ義務を負うのか)、そしてその対象(誰、もしくは何に義務を負っているのか)を考慮する」(五九頁)ということにこそあった。「何を」の前に、「何故」、「誰に」を問わなければならないというドブソンの主張は、エコロジカル・シチズンシップにおける義務が善きサマリア人(したがって人間一般に解消された)が行う人道主義にではなく、政治共同体に属する市民が行う義務という認識に基づいている。市民が属するのは政治共同体であって、道徳的共同体では決してない。両者が区別されているのは、「エコロジカル・シチズンシップ共同体は人間自らが行う物質活動によって生み出される」(一四〇頁)というように、不平等なエコ・スペースの占有が偶然ではなく、過去から現在につながっている人間の経済行為によって必然的に生み出されるからである。ドブソンはこのことから、「エコロジカル・シチズンシップの主な義務は、エコロジカル・フットプリントが持続不可能ではなく、持続可能な影響を及ぼすことを保証することにある」(一五一頁)と述べている。このように義務は正義の実現にある。

それでは権利はどうだろうか。前述したようにドブソンは本書で、エコロジカル・シチズンシップを権利の側面からあまり取り上げていない。しかしそのことは、エコロジカル・シチズンシップが権利を問題にしなくてもよいということを意味するものではない。ドブソン自身、「過剰なフットプリントの規模を削減する義務は、十分なエコ・スペースに対する相関的権利から生まれている」(一五四頁)と述べているように、市民の義務を強調する一方、すべての市民が平等な環境空間を持つ権利の重要性も同時に訴えている。

ここで注意しておかなければならないのは、こうした義務と権利は、一人の市民が持つ互恵的な義務と権利ではないということである。豊かな国や地域に生きる者が過剰なエコロジカル・フットプリントを削減し、貧しい国や地域に生きる者が不足したそれを受け取る権利を有するというように、依然として義務と権利は非対称的な状態である。ドブソンの意図は、非対称的な権利を是正するには、何よりもまず豊かな国の過剰なエコロジカル・フットプリントを削減する義務こそまず明らかにしなければならないということにあった。

ドブソンのこの主張がわからなければ、気候変動枠組み条約や京都議定書に盛り込まれた「共通だが差異のある責任」という非対称的な義務も理解できず、途上国が温室効果ガスの削減義務を課せられていないことを理由に京都議定書から離脱した国に対しても、きちんとした批判ができなくなってしまう。すべての人間が温室効果ガスを排出しているという意味で地球温暖化を招いている責任はすべての人間にある。その限りで途上国もその責任を免れるわけにはいかない。しかしこの主張では、すべての人間が温室効果ガスの排出削減を行わなければならないという道徳的義務しか出てこない。ドブソンは、こうした道徳義務が問題なのではなく、フットプリントを過剰に占有している者とわずかしか占有できていない者が同時に存在し、前者が「いつも、すでに」後者に影響を与えているという構造問題を解消する正義の問題こそ取り上げられなければならないと主張している。

このようなドブソンの主張に対して従来のシチズンシップ研究者は、誰がその義務と権利を規定するのかという問いをあらためて投げかけるであろう。ドブソンの議論では、政体や政治概念が拡張されすぎているために、結局、義務も権利も明確に規定されないという結果を招来してしまうのではないか。根拠規定が明らかにされなければ、市民が果たすべき義務も、市民の道徳に委ねられてしまうという意味で、ドブソンが批判した道徳的義務にしかすぎなくなってしまうのではないかというのである。私もそう思う。その点でドブソンの議論は未消化の部分が多い。しかしこうした疑問は、ドブソンのエコロジカル・シチズンシップを議論する枠組みが有効ではないということを決して意味しない。地球環境問題を解決するには国際協力しかない。国際的な協力を模索する中で辿り着いた合意を遵守する義務や責任が、政体によって授けられるメンバーシップを代替する役割を担うことになる。この合意に正義の理念が盛り込まれているかどうかは、「緑の政治思想」の力量にかかっている。

本書を翻訳するにあたって、日本経済評論社の清達二氏には並々ならぬご迷惑をおかけした。学術書の出版が困難になっている状況の中で翻訳を許可していただいたことに、訳者を代表して御礼申し上げたい。

二〇〇六年一〇月二三日　　小金井の自宅にて

福士正博

＊「あとがき」を執筆するにあたって、*Environmental Politics* 誌一五巻三号（二〇〇六年）に掲載されたティム・ヘイワードとドブソンの論争を参考にした。

新版 現代政治理論　W・キムリッカ　訳者代表＝千葉眞・岡﨑晴輝　本体4500円

アイデンティティの政治学　M・ケニー　藤原孝・山田竜作・松島雪江・青山円美・佐藤高尚 訳　本体4200円

グローバル時代のシティズンシップ　新しい社会理論の地平　G・デランティ　佐藤康行訳　本体3000円

グローバル社会民主政の展望　経済・政治・法のフロンティア　D・ヘルド　中谷義和・柳原克行訳　本体2500円

グローバル化と反グローバル化　D・ヘルド／A・マッグルー　中谷義和・柳原克行訳　本体2200円

変容する民主主義　グローバル化のなかで　A・マッグルー編　松下洌監訳　本体3200円

第三の道を越えて　アレックス・カリニコフ　中谷義和監訳　吉野浩司・柚木寛幸訳　本体2000円

グローバルな市民社会に向かって　M・ウォルツァー　石田・越智・向山・佐々木・高橋訳　本体2900円

政治の発見　Z・バウマン　中道寿一訳　本体4300円

訳者紹介

福《ふく》士《し》正《まさ》博《ひろ》

東京経済大学経済学部教授．1952年北海道生まれ．東京大学農学系大学院博士課程修了．農学博士（東京大学）．東京大学農学部助手，国立国会図書館調査及び立法考査局調査員を経て現職．

主著：『環境保護とイギリス農業』日本経済評論社，1995年．『市民と新しい経済学』日本経済評論社，2001年．「地域通貨—社会的経済論から見たコミュニティ・ワークの役割」『歴史と経済』179号，2003年4月．「完全従事社会と参加所得」『思想』983号，岩波書店，2006年3月．ほか

桑《くわ》田《た》　学《まなぶ》

東京大学大学院総合文化研究科国際社会科学専攻博士課程．1982年東京都生まれ．

論文：「エコロジー的熟議民主主義への潮流」『公共研究』第2巻第2号，2005年9月．

シチズンシップと環境

2006年12月20日　第1刷発行

定価（本体3800円＋税）

著　者　アンドリュー・ドブソン
訳　者　福　士　正　博
　　　　桑　田　　　学
発行者　栗　原　哲　也
発行所　株式会社 日本経済評論社

〒101-0051 東京都千代田区神田神保町3-2
電話03-3230-1661　FAX 03-3265-2993
振替00130-3-157198

装丁＊静野あゆみ　シナノ印刷・協栄製本

落丁本・乱丁本はお取替えいたします　Printed in Japan

ISBN4-8188-1908-5

人名索引

［ア行］

アーサー Arthur, J. 228, 232, 238, 243, 246-7, 251-2, 254, 258
アーミテージ Armitage, S. 19
アットフィールド Attfield, R. 145
アリストテレス Aristotle 62, 3, 82-3, 169, 269
アンダーソン Anderson, V. 192
イグナティエフ Ignatieff, M. 55-6, 62, 81-3, 98, 172
ヴァレンシア Valencia, A. 108
ヴァン・グンステレン van Gunsteren, H. 71, 74
ヴァン・シュテルベルゲン van Steenbergen, B. 109-11, 124-5, 150, 164, 171-2
ヴィッセンバーグ Wissenburg, M. 130-1, 184, 200-2, 216-7, 222
ウィリアムズ Williams, J. 162
ウォルツァー Walzer, M. 33, 62, 90
ウォルドロン Waldron, J. 185
エルシュタイン Elshtain, J. 75, 80

［カ行］

カー Carr, D. 256
カー Kerr, D. 230, 235, 239, 240, 253, 261,
カーティン Curtin, D. 145
カステルズ Castells, M. 24-5,
ガットマン Gutman, A. 71
カリー Curry, P. 121, 134, 138-40, 158, 160, 167-8
カント Kant, I. 89
ギデンズ Giddens, A. 52, 54, 57
キムリッカ Kimlicka, W. 50,, 2-3, 67, 70-3, 166-7, 229, 252-3
グッドール Goodall, S. 131, 240-1
クラーク Clark, P. 67
グリーン Green, D. 247
クリストフ Cristoff, P. 108-9, 119-20, 122-3, 161, 176
クリック Crick, B. 73-4, 231-2, 234-5, 240, 242, 247, 253, 261-2
クリッテンデン Crittenden, B. 257
ケイニー Caney, S. 36
ケイン Cain, D. 243-4
ゴードン Gordon, L. 58
コーヘン Cohen, A.L. 94

［サ行］

サース Szasz, A. 117
サゴフ Sagoff, M. 120-1
サッチャー Thatcher, M. 72, 81, 172
サマーズ Somers, M. 164
シヴァ Shiva, V. 15-6, 21, 26-7, 61, 268
ジェリン Jelin, E. 150
シェルトン Shelton, D. 114-5
ジックリング Jickling, B. 227, 229
シモンズ Simmons, C. 126-30
ジャービス Jarvis, T. 244
ジャック Jacks, L.P. 51
シャフィール Shafir, G. 43, 63-4, 177

ジョーンズ Jones, C.　27, 36
ジョナサン Jonathan, R.　258
シルマー Schirmer, J.　78
スチュワート Stewart, A.　55
スチュワード Steward, F.　142, 147
ステファンズ Stephens, P.　184-6, 204-6, 209, 216-7
スポーク Spork, H.　227, 229
スミス Smith, G.　9
スミス Smith, M.　107-9, 144-5, 150, 178-9
セブンヒュージセン Sevenhuijesen, S.　80

［タ行］

ターナー Turner, B.　44-7, 85, 115
ダーレンドルフ Dahrendorf, R.　50-1, 115-6
ダウィ Dowie, M.　117
ダッガー Dagger, R.　55, 75-6
チアー Cheah, P.　27,
チェンバース Chambers, N.　126-130, 132, 134
ディーン Dean, H.　105-7, 171
テイラー Taylor, A.　248
テイラー Taylor, B.　117-9, 137-8, 140-1
デュフェル Duffell, I.　244-5
デランティ Delanty, G.　86, 89, 91-2, 95
ドワー Dower, N.　141, 162
トワイン Twine, F.　110-1

［ナ行］

ニール Neal, P.　254-5, 263
ノートン Norton, B.　143, 210-4, 218-20
ノーマン Norman, W.　50, 52-3, 67, 70-3, 166-7

［ハ行］

バーチェル Burchell, D.　62
ハード Hurd, D.　68
バウマン Bauman, Z.　18-9, 21-2, 26
ハッチングス Hutchings, K.　78-9, 100-1
バリー Barry, B.　188-90, 192, 198, 205, 207-9, 211, 218-9
バリー Barry, J.　107-9, 120, 141, 144, 150, 154-7, 166, 169-72
ハリス Harris, P.　57
パルマー Palmer, J.　254-5, 263
バルマー Bulmer, M.　51
ヒーター Heater, D.　47, 70, 73-4, 87-91
フィリップ Phillips, A.　68, 174
フォーク Falk, R.　93, 124-5, 159-62
フォックス Fox, W.　136-7
ブッシュ （Bush, George W.）　23-4, 31
ブランケット Blunkett, D.　230-1
プラント Plant, M.　262
プリード Pulido, L.　117
プリストン Preston, C.　209
フリュウ Flew, A.　253
ブレア Blair, T.　52
フレイザー Fraser, N.　58
ブレックリッジ Breckenridge, C.　27
プロコビック Prokhovnik, R.　66-7,
ヘイワード Hayward, T.　113, 15-7
ベーンケ Behnke, A.　136
ベケット Beckett, M.　1

ベックマン Beckman, L. 3-4, 165
ベル Bell, D. 202-3
ヘルド Held, D. 12-7, 21, 25-6
ベンサム Bentham, J. 141
ボエット Voet, R. 77, 80
ポーコック Pocock, J. 64-6,
ホートン Horton, J. 56, 96, 157-9
ホーランド Holland, A 212-3, 215-6
ホールデン Holden, B. 9
ポッター Potter, I. 247
ホノハン Honohan, I. 135
ホフリヒター Hofrichter, R. 117
ホワイトブック Whitebook, M. 172
ボンネット Bonnett, M. 256

［マ行］

マーシャル Marshall, T.H. 50, 10, 163-4
マカロック McCulloch, R. 243
マキャヴェリ Machiavelli, N. 73-4, 121, 167-8
マセド Macedo, S. 70
マルガン Mulgan, G. 52-3,
ミッドグレイ Midgley, M. 158
ミラー Miller, C. 114-5, 117
ミラー Miller, D. 147
ミル Mill, J. S. 186
メージャー Major, J. 48
メドウズ Meadows, D. 132
メルロ-ポンティ Merleau-Ponty, M. 138
モス Moss, J. 251

［ヤ行］

ユヴァル-デイヴィス Yuval-Davis, Nira. 77

［ラ行］

ライゼンバーグ Reisenberg, P. 43-4, 60, 75, 5-6, 88, 94, 164
ライト Light, A. 86, 120, 146
ライト Wright, D. 228, 232, 238, 243, 246-7, 251-2, 254, 258
レーガン Reagan, R. 72
リーズ Rees, A. 51-2, 81, 86, 163
リース Rees, W. 153
リスター Lister, R. 65, 67-8, 174, 176
リヒテンバーグ Lichtenberg, J. 38, 59-60, 83-4, 123, 125, 133, 157, 160
リンクレーター Linklater, A. 27-35, 38, 87-8, 94-101
ルーカス Lucas, A. 262-3
ルソー Rousseau, J-J. 149
レイド Raid, B. 117-9, 137-8, 140-1
ローチェ Roche, M. 50, 52-55, 68, 90, 135-6, 149
ロールズ Rawles, K. 259
ロールズ Rawls, J. 205
ロック Locke, J. 185, 204-6, 214
ロビンズ Robbins, B. 27

［ワ行］

ワーブナー Werbner, P. 67, 77-80, 82
ワクス Waks, L. 115
ワケナゲル Wackernagel, M. 126-8, 134, 153, 174

事項索引

［タ行］

［ナ行］

［ハ行］

[マ行]

[ヤ行]

[ラ行]

参考文献

Aarhus Convention (1998), Convention on Access to Information, Public Participation in Decision-Making and Access to Justice in Environmental Matters, http://www.unece - org/env/pp/documents/cep 43 e. pdf.

Alliance of Small Island States (n. d.), 'Climate Change', http://www.sidsnet.org/aosis/.

Anderson, V. (1991), *Alternative Economic Indicators*, London : Routledge.

Aristotle (1946), *The Politics* (*Book III*), Oxford: Oxford University Press. アリストテレス『政治学』(山本光雄訳), 岩波書店, 1961 年.

Armitage, S. (2002), 'The Convergence of the Twain', http://www.bbc.co.uk/radio 4/today/reports/arts/millenniumpoem.shtml.

Arthur, J. and Wright, D. (eds.) (2001), *Teaching Citizenship in the Secondary School*, London : David Fulton Publishers.

Attfield, R. (2002), 'Global Citizenship and the Global Environment', in N. Dower and J. Williams (eds.), *Global Citizenship : A Critical Reader*, Edinburgh: Edinburgh University Press.

Barry, B. (1999), 'Sustainability and Intergenerational Justice', in A. Dobson (ed.), *Fairness and Futurity : Essays on Environmental Sustainability and Social Justice*, Oxford : Oxford University Press.

Barry, J. (1999), *Rethinking Green Politics*, London, New Delhi : Sage.

——— (2002), Vulnerability and Virtue : Democracy, Dependency, and Ecological Stewardship', in B. Minteer and Pepperman B. Taylor (eds.), *Democracy and the Claims of Nature*, Lanham, Boulder, New York, Oxford: Rowman and Littlefield.

Bauman, Z. (1998), *Globalization : The Human Consequences*, Cambridge : Polity.

Beckerman, W. and Pasek, J. (2001), *Justice, Posterity and the Environ-*

ment, Oxford : Oxford University Press.

Beckman, L. (2001), 'Virtue, Sustainability and Liberal Values', in J. Barry and M. Wissenburg (eds.), *Sustaining Liberal Democracy: Ecological Challenges and Opportunities*, Houndmills : Palgrave.

Behnke, A. (1997), 'Citizenship, Nationhood and the Production of Political Space', *Citizenship Studies*, 1/2, 243-65.

Bell, D. (2002), 'How can Political Liberals be Environmentalists?', *Political Studies*, 50/4, 703-24.

Bonnet, M. (2002), 'Education for Sustainability as a Frame of Mind', *Environmental Education Research*, 8/1, 9-20.

Breckenridge, C. *et al*. (eds.) (2002), *Cosmopolitanism*, North Carolina : Duke University Press.

Bulmer, M. and Rees, A. (1996), *Citizenship Today : The Contemporary Relevance of T.H. Marshall*, London, Pennsylvania : UCL Press.

Burchell, D. (1995), 'The Attributes of Citizens : Virtues, Manners and the Activity of Citizenship', *Economy and Society*, 24/4, 540-58.

Bush, G. (2001), 'President Bush Discusses Global Climate Change' (June), http://www.whitehouse.gov/news/releases/2001/06/20010611-2.html.

Cain, D. (1994), 'Mathematics', in S. Goodall (ed.), *Developing Environmental Education in the Curriculum*, London : David Fulton Publishers.

Carr, D. (1999), 'Cross questions and Crooked answers', in J. Halstead and T. McLaughlin (eds.), *Education in Morality*, London : Routledge.

Castells, M. (2001), 'The Rise of the Fouth World', in D. Held and A. McGrew, *The Global Transformations Reader : an introduction to the Globalization debate*, Cambridge : Polity.

Caney, S. (2001), 'International Distributive Justice', *Political Studies*, 49/5, 974-97.

Chambers, N., Simmons, C., and Wackernagel, M. (2000), *Sharing Nature's Interest : Ecological Footprints as an Indicator of Sustainability*, London, Stirling : Earthscan. ニッキー・チェンバース,

クレイグ・シモンズ，マティース・ワケナゲル『エコロジカル・フットプリントの活用―地球１コ分の暮らしへ』(五頭美知訳)，インターシフト，2005年.
Cheah, P. and Robbins, B. (1998), *Cosmopolitics : Thinking and Feeling Beyond the Nation*, Minnesota : University of Minnesota Press.
Christoff, P. (1966), 'Ecological Citizens and Ecologically Guided Democracy', in B. Doherty and M. de Geus (eds.), *Democracy and Green Political Thought : Sustainability Rights and Citizenship*, London, New York : Routledge.
Clarke, P.B. (1996), *Deep Citizenship*, London, Chicago : Pluto Press.
Cohen, J. (19549) *The Principles of World Citizenship*, Oxford : Basil Blackwell.
Crick, B. (2001), 'Foreword', in J. Arthur, I. Davies, A. Wrenn, T. Haydn, and D. Kerr (eds.), *Citizenship Through Secondary History*, London: Routledge.
——— (2002), 'Should Citizenship be Taught in British Schools?', *Prospect* (September), 16-19.
Crittenden, B. (1999), 'Moral Education in a Pluralist Liberal Democracy', in J. Halstead and T. McLaughlin (eds.), *Education in Morality*, London : Routledge.
Curry, P. (2000), 'Redefining Community : Towards an Ecological Republicanism', *Biodiversity and Conservation*, 9, 1059-71.
Curtin, D. (2002), 'Ecological Citizenship', in I. Isin and B. Turner (eds.), *Handbook of Citizenship Studies*, London : Sage.
Dagger, R. (2000), 'Republican Virtue, Liberal Freedom, and the Problem of Civic Service', unpublished paper.
Dahrendorf, R. (1994), 'The Changing Quality of Citizenship', in B. van Steenbergen (ed.), *The Condition of Citizenship*, London : Sage.
Dean, H. (2001), 'Green Citizenship', *Social Policy and Administration*, 35/5, 490-505.
Delanty, G. (2000), *Citizenship in a Global Age: Society, Culture and Politics*, Buckingham, Philadelphia : Open University Press. ジェラード・デランティ『グローバル時代のシティズンシップ―新しい社会

理論の地平』（佐藤康行訳），日本経済評論社，2004 年.
Department for Education and Employment and the Qualifications and Curriculum Authority (1999), *The National Curriculum for England: Citizenship*, London : Department for Education and Employment and the Qualifications and Curriculum Authority.
Department for Environment, Food and Rural Affairs (DEFRA) (2000), *The Government's Response to the Royal Commission on Environmental Pollution's 21st Report*, http://www.defra.gov.uk/environment/rcep/21/index.htm.
Dobson, A. (1998), *Justice and the Environment : Conceptions of Environmental Sustainbility and Dimensions of Social Justice*, Oxford : Oxford University Press.
——— (2000a), *Green Political Thought* (3rd edn.), London, New York : Routledge. アンドリュー・ドブソン『緑の政治思想―エコロジズムと社会変革の理論』（松野弘，池田寛二，栗栖聡，丸山正次訳），ミネルヴァ書房，2001 年（ただし邦訳は原著の第 2 版）.
——— (2000b), 'Ecological Citizenship : A Disruptive Influence?', in C. Pierson and S. Tormey (eds.), *Politics at the Edge : the PSA Yearbook 1999*, Houndmills, Basingstoke, New York : St. Martin's Press.
Dower, N. (2002), 'Global Ethics and Global Citizenship', in N. Dower and J. Williams (eds.), *Global Citizenship : A Critical Reader*, Edinburgh: Edinburgh University Press.
——— and Williams, J. (eds.) (2002), *Global Citizenship: A Critical Reader*, Edinburgh: Edinburgh University Press.
Dowie, M. (1995), *Losing Ground : American Environmentalism at the Close of the Twentieth Century*, Cambridge : MIT Press. マーク・ダウィ『草の根環境主義―アメリカの新しい萌芽』（戸田清訳），日本経済評論社，1998 年.
Duffell, I. (1994), 'Finance', in S. Goodall (ed.), *Developing Environmental Education in the Curriculum*, London : David Fulton Publishers.
Education for Sustainable Development (1999), http://www.nc.uk.net/esd/.

Environmental News Network (1999), 'Small Island States Meet Over Rising Sea Levels', http://www.enn.com/enn-news-archive/1999/07/071499/smallislands_4336.asp.

Falk, R. (1994), 'The Making of Global Citizenship', in B. van Steenbergen (ed.), *The Condition of Citizenship*, London : Sage.

——— (2002), 'An Emergent Matrix of Citizenship : Complex, Uneven, and Fluid', in N. Dower and J. Williams (eds.), *Global Citizenship : A Critical Reader*, Edinburgh : Edinburgh University Press.

Flew, A. (2000), *Education for Citizenship*, London : IEA.

Fox, W. (1986), *Approaching Deep Ecology : A Response to Richard Sylvan's Critique of Deep Ecology*, Tasmania : University of Tasmania.

Fraser, N. and Gordon, L. (1994), 'Civil Citizenship Against Social Citizenship? On the Ideology of Contract-versus-charity', in B. van Steenbergen (ed.), *The Condition of citizenship,* London : Sage.

Giddens, A. (1998) *The Third way : The Renewal of Social Democracy*, Cambridge : Polity. アンソニー・ギデンズ『第3の道—効率と公正の新たな同盟』(佐和隆光訳), 日本経済新聞社, 1999年.

Goodall, S. (ed.) (1994), 'Introduction-Environmental Education', *Developing Environmental Education in the Curriculum*, London: David Fulton Publishers.

Gutman, A. (1995), 'Civic Education and Social Diversity', *Ethics*, 105/3, 557-79.

Harris, P. (1999), 'Public Welfare and Liberal Governance', in *Post-structuralism, Citizenship and Social Policy*, London : Routledge.

Hayward, T. (2000), 'Constitutional Environmental Rights : A Case for Political Analisis', *Political Studies*, 48/3, 558-72.

——— (2001), 'Constitutional Environmental Rights and Liberal Democracy', in J. Barry and M. Wissenburg (eds.), *Sustaining Liberal Democracy : Ecological Challenges and Opportunities*, Houndmills : Palgrave.

——— (2002), 'Environmental Rights as Democratic Rights', in B.

Minteer and Pepperman B. Taylor (eds.), *Democracy and the Claims of Nature*, Lanham, Boulder, New York, Oxford : Rowman and Littlefield.
Heater, D. (1999), *What is Citizenship?*, Cambridge: Polity Press. デレック・ヒーター『市民権とは何か』(田中俊郎, 関根政美訳), 岩波書店, 2002年.
Held, D. (2002), 'Globalization, Corporate Practice and Cosmopolitan Social Standards', *Contemporary Political Theory*, 1/1, 59-78.
Hofrichter, R. (ed.) (1994), *Toxic Struggles : The Theory and Practice of Environmental Justice*, Philadelphia : New Society Publishers.
Holden, B. (2002), *Democracy and Global Warming*, London, New York : Continuum.
Holland, A. (1999), 'Sustainability : Should We Start From Here?', in A. Dobson (ed.), *Fairness and Futurity : Essays on Environmental Sustainability and Social Justice*, Oxford : Oxford University Press.
Honohan, I. (2001), 'Friends, Strangers or Countrymen? The Ties between Citizens as Colleagues', *Political Studies*, 49/1, 51-69.
Hutchings, K. (1996), 'The Idea of International Citizenship', in B. Holden (ed.), *The Ethical Dimensions of Global Change*, Houndmills, New York : Macmillan Press and St. Martin's Press.
——— (2002), 'Feminism and Global Citizenship', in N. Dower and J. Williams (eds.), *Global Citizenship : A Critical Reader*, Edinburgh : Edinburgh University Press.
Ignatieff, M. (1991), 'Citizenship and Moral Narcissim', in Geoff Andrews (ed.), *Citizenship*, London : Lawrence and Wishart.
——— (1995), 'The Myth of Citizenship', in R. Beiner (ed.), *Theorizing Citizenship*, Albany : State University of New York Press.
Jacks, L.P. (n.d.), *Constructive Citizenship*, London : Hodder and Stoughton.
Jarvis, T. (1994), 'Design and Technology', in S. Goodall (ed.), *Developing Environmental Education in the Curriculum*, London : David Fulton Publishers.
Jelin, E. (2000), 'Towards a Global Environmental Citizenship', *Citizen-*

ship Studies, 4/1, 47-64.
Jickling, B. and Spork, H. (1999), 'Education for the Environment : A Critique', *Environmental Education Research*, 4/3, 309-28.
Jonathan, R. (1999), 'Agency and Contingency in Moral Development and Education', in J. Halstead and T. McLaughlin (eds.), *Education in Morality*, London : Routledge.
Jones, C. (1999), *Global Justice : Defending Cosmopolitanism*, Oxford : Oxford University Press.
Jones, K. (1998), 'Citizenship in a Woman-Friendly Polity', in G. Shafir (ed.), *The Citizenship Debates: A Reader*, London, Minneapolis: University of Minnesota Press.
Kerr, D. (2001), 'Citizenship Education and Education Policy Making', in J. Arthur, I. Davies, A. Wrenn, T. Haydn, and D. Kerr (eds.), *Citizenship Through Secondary History*, London : Routledge.
Kymlicka, W. (1999), 'Education for Citizenship', in J. Halstead and T. McLaughlin (eds.), *Education in Morality*, London : Routledge.
——— and Norman, W. (1994), 'Retirn of the Citizen', *Ethics*, 104/January, 352-81.
Lichtenbarg, Judith (1981), 'National Boundaries and Moral Boundaries : A Cosmopolitan View', in Peter Brown and Henry Shue (eds.), *Boundaries : National Autonomy and its Limits*, New Jersey : Rowman and Littlefield.
Light, A. (2002), 'Restoring Ecological Citizenship', in B. Minteer and Pepperman B. Taylor (eds.), *Democracy and the Claims of Nature*, Lanham, Boulder, New York, Oxford: Rowman and Littlefield.
Linklater, A. (1998a), *The Transformation of Political Community : Ethical Foundations of the Post-Westphalian Era*, Cambridge : Polity.
——— (1998b), 'Cosmopolitan Citizenship', *Citizenship Studies*, 2/1, 23-41.
——— (2002), 'Cosmopolitan Citizenship', in E. Isin and B. Turner (eds.), *Handbook of Citizenship Studies*, London : Sage.
Lister, R. (1991), 'Citizenship Engendered', *Critical Social Policy*, 32/

Autumn, 65-71.
——— (1995), 'Dilemmas in Engendering Citizenship', *Economy and Society*, 24/1, 1-40.
——— (1997), *Citizenship : Feminist Perspectives*, Basingstoke : Macmillan Press.
Lucas, A.M. (1991), 'Environmental Education : What is it, for whom, for what purpose, and how?, in S. Keiny and U. Zoller (eds.), Conceptual Issues in Environmental Education, New York : Peter Lang.
Marshall, T.H. (1950), *Citizenship and Social Class and Other Essays*, Cambridge : Cambridge University Press. T.H. マーシャル『シティズンシップと社会的階級―近現代を総括するマニフェスト』(岩崎信彦・中村健吾訳) 法律文化社, 1993年.
McCulloch, R. (1994), 'English', in S. Goodall (ed.), *Developing Environmental Education in the Curriculum*, London : David Fulton Publishers.
Meadows, D.H., Meadows, D.L., Randers, J., and Behrens III, W. (1974), *The Limits to Growth*, London : Pan Books. ドネラ・H. メドウズ (ほか)『成長の限界―ローマ・クラブ人類の危機レポート』(大来佐武郎訳), ダイヤモンド社, 1972年.
Midgely, M. (1995), 'Duties Concerning Islands', in R. Elliott (ed.), *Environmental Ethics*, Oxford : Oxford University Press.
Miller, D. (2002), 'The Left, the Nation-State and European Citizenship', in N. Dower and J. Williams (eds.), *Global Citizenship : A Critical Reader*, Edinburgh : Edinburgh University Press.
Moss, J. (2001), 'Series Editor's Preface', in J. Arthur, I. Davies, A. Wrenn, T. Haydn, and D. Kerr (eds.), *Citizenship Through Secondary History*, London : Routledge.
Mulgan, G. (1991), 'Citizens and Responsibilities', in G. Andrews (ed.), *Citizenship*, London : Lawrence and Wishart.
Nisbet, R. (1974), 'Citizenship : Two Traditions', *Social Research*, 41/4, 612-37.
Norton, B. (1991), *Toward Unity Among Environmentalists*, New York,

Oxford : Oxford University Press.

Norton, B. (1999), 'Ecology and Opportunity : Intergenerational Equity and Sustainable Options', in A. Dobson (ed.), *Fairness and Futurity : Essays on Environmental Sustainability and Social Justice,* Oxford : Oxford University Press.

Palmer, J. and Neal, P. (1994), *The Handbook of Environmental Education,* London, New York : Routledge.

Phillips, A. (1991), 'Citizenship and Feminist Theory', in G. Andrews (ed.), *Citizenship*, London : Lawrence and Wishart.

Plant, R. (1991), 'Social Rights and the Reconstruction of Welfare', in G. Andrews (ed.), *Citizenship*, London : Lawrence and Wishart.

Plant, M. (1995), 'The Riddle of Sustainable Development and the Role of Environmental Education', *Environmental Education Research,* 1/3, 253-66.

Pocock, J.G.A. (1995), 'The Ideal of Citizenship Since Classical Times', in Ronald Beiner (ed.), *Theorizing Citizenship*, Albany : State University of New York Press.

Potter, I. (2001), 'Implementing Citizenship Education : A Curriculum Case Study', in J. Arthur and D. Wright (eds.), *Teaching Citizenship in the Secondary School*, London : David Fulton Publishers.

Preston, C. (2002), 'Animality and Morality : Human Reason as an Animal Activity', *Environmental Values*, 11/4, 427-42.

Prokhovnik, R. (1998), 'Public and Private Citizenship : From Gender Invisibility to Feminist Inclusiveness', *Feminist Review*, 60, 84-104.

Publido, L. (1996), *Environmentalism and Economic Justice,* Tucson : University of Arizona Press.

Qualifications and Curriculum Authority (1998), *Education for Citizenship and the Teaching of Democracy in Schools*, (London : QCA).

Rawles, K. (1998), 'Philosophy and the Environmental Movement', in D. Cooper and J. Palmer (eds.), *Spirit of the Environment : Religion, Value and Environmental Concern*, London : Routledge.

Rees, A.M. (1995), 'The Promise of Social Citizenship', *Policy and Politics*, 23/4, 31-325.

——— (1996), 'T.H. Marshall and the Progress of Citizenship', in M. Bulmer and A.M. Rees (eds.), *Citizenship Today : The Contemporary Relevance of T.H. Marshall*, London, Pennsylvania : UCL Press.

Reid, B. and Taylor, B. (2000), 'Embodying Ecological Citizenship : Rethinking the Politics of Grassroots Globalization in the United States', *Alternatives*, 25/4, 439-66.

Reisenberg, P. (1992), *Citizenship in the Western Tradition : Plato to Rousseau*, Chapel Hill, London : University of North Carolina Press.

Roche, M. (1987), 'Citizenship, social theory and social change', *Theory and Society*, 16/3, 363-99.

——— (1992), *Rethinking Citizenship : Welfere, Ideology and Change in Modern Society*, Cambridge : Polity Press.

——— (1995), 'Citizenship and Modernity', *The British Journal of Sociology*, 46/4, 715-33.

Royal Society, The (1998), *Genetically Modified Plants for Food use and Human Health-An Update*, London : Royal Society.

Sagoff, M. (1988), *The Economy of the Earth : Philosophy, Law and the Environment*, Cambridge : Cambridge University Press.

Schlosberg, D. (1999), *Environmental Justice and the New Pluralism*, Oxford : Oxford University Press.

Schools Council Project Environment (1974), *Education for the Environment*, London : Longman Group.

——— (1975), *Ethics and Environment*, London : Longman Group.

Sevenhuijesen, S. (1998), *Citizenship and the Ethics of Care : Feminist Considerations on Justice, Morality and Care*, London : Routledge.

Shafir, G. (ed.), (1998), 'Introduction : The Evolving Tradition of Citizenship', in *The Citizenship Debates : A Reader*, London, Minneapolis : University of Minnesota Press.

Shelton, D. (1991), 'Human Rights, Environmental Rights, and the Right to Environment', *Stanford Journal of International Law*, 28, 103-38.

Shiva, Vandana (1998), 'The Greening of Global Reach', in Gearoid O. Thuatail, Simon Dalby, and Paul Routledge (eds.), *The Geopolitics Reader*, London : Routledge.

Smith, G. (2004), 'Liberal Democracy and the "Shaping" of Environmentally-enlightened citizens', in Wissenburg and Y. Levy (eds.), *Liberal Democracy and Environmentalism : The End of Environmentalism?*, London: Routledge.

Smith, M. (1998), *Ecologism : Towards Ecological Citizenship*, Buckingham : Open University Press.

Somers, M. (1994), 'Rights, Relationality and Membership : Rethinking the Making and Meaning of Citizenship', *Law and Social Enquiry*, 19/1, 63-112.

Stephens, P. (2001a), 'Green Liberalisms : Nature, Agency and the Good', *Environmental Politics*, 10/3, 1-22.

——— (2001b), 'The Green Only Blooms Amid the Millian Flowers : A Reply to Marcel Wissenburg', *Environmental Politics*, 10/3, 43-7.

Steward, F. (1991), 'Citizens of Planet Earth', in G. Andrews (ed.), *Citizenship*, London : Lawrence and Wishart.

Stewart, A. (1995), 'Two Conceptions of Citizenship', *The British Journal of Sociology*, 46/1, 63-78.

Strategy Unit, The (2002), *Waste Not, Want Not : A Strategy for Reducing the Waste Problem in England*, London : Cabinet Office, http://www.cabinet - office.gov.uk/innovation/2002/waste/report_menu.shtml.

Sylvan, R. and Bennett, D. (1994), *The Greening of Ethics : From Human Chauvinism to Deep-green Theory*, Cambridge : The White Horse Press.

Szasz, A. (1994), *Ecopopulism, Toxic Waste and the Movement for Environmental Justice*, Minneapolis : University of Minnesota Press.

Taylor, A. (1992), *Choosing Our Future : A Practical Politics of the Environment*, London: Routledge.

Taylor, B. (ed.) (1995), *Ecological Resistance Movements : The Global*

Emergence of Radical and Popular Environmentalism, New York : SUNY Press.
Teachers' Guide-National Curriculum (2002), http://www.standards.dfes.gov.uk/pdf/secondaryschemes/cit_guide.pdf.
Turner, B. (1986), 'Personhood and Citizenship', *Theory, Culture and Society*, 3/1, 1-16.
——— (1990), 'A Theory of Citizenship', *Sociology*, 24/2, 189-217.
——— (ed.) (1993a), 'Preface', *Citizenship and Social Theory*, London : Sage.
——— (ed.) (1993b), 'Contemporary Problems in the Theory of Citizenship', *Citizenship and Social Theory*, London : Sage.
——— (1994), 'Postmodern culture/Modern citizens', in B. van Steenbergen (ed.), *The Condition of Citizenship*, London : Sage.
Twine, F. (1994), *Citizenship and Social Rights : The Interdependence of Self and Society*, London : Sage.
UK Government (2002), *Sustainable Development Objectives*, http://www.sustainable-development.gov.uk/what_is_sd/object.htm.
Valencia, A. (2002), 'Ciudadanía y teoría política verde : hacia una arquitectura conceptual propia', in M. Alcántara Sáez (ed.), *Política en América Latina*, Salamanca : Ediciones Universidad de Salamanca.
van Gunsteren, H. (1994), 'Four Conceptions of Citizenship', in B. van Steenbergen (ed.), *The Condition of Citizenship*, London : Sage.
van Steenbergen, B. (ed.) (1994a), 'The condition of citizenship : an introduction', *The Condition of Citizenship*, London : Sage.
——— (ed.) (1993b), 'Towards Global Ecological Citizen', *The Condition of Citizenship*, London : Sage.
Voet, R. (1998), *Feminism and Citizenship*, London : Sage.
Wackernagel, M. and Rees, W. (1996), *Our Ecological Footprint : Reducing Human Impact on the Earth*, British Columbia : New Society Publishers. マティース・ワケナゲル，ウィリアム・リース『エコロジカル・フットプリント―地球環境持続のための実践プランニング・ツール』(和田喜彦監訳) 合同出版，2004 年.

Waks, L. (1996), 'Environmental C;aims and Citizen Rights', *Environmental Ethics*, 18/2, 133-48.

Walzer, M. (1989), 'Citizenship', in T. Ball, J. Farr, and R. Hanson (eds.), *Political Innovation and Conceptual Change*, Cambridge : Cambridge University Press.

Werbner, P. (1999), 'Political Motherhood and the Feminisation of Citizenship : Women's Activism and the Transformation of the Public Sphere', in P. Werbner and N. Yuval-Davis (eds.), *Women, Citizenship and Difference*, London, New York : Zed Books.

——— and Yuval-Davis, N. (1999), 'Women and the New Discouse of Citizenship', in P. Werbner and N. Yubal-Davis (eds.), *Women, Citizenship and Difference*, New York : Zed Books.

Wheeler, K. (1975), 'The Genesis of Environmental Education', in G. Martin and K. Wheeler (eds.), *Insights into Environmental Education*, Edinburgh : Oliver and Boyd.

Whitebrook, M. (2002), 'Compassion as a Political Virtue', *Political Studies*, 50/3, 529-44.

Wissenburg, M. (1998), *Green Liberalism : The Free and the Green Society*, London : Taylor and Francis.

——— (2001), 'Liberalism is Always Greener on the Other Side of Mill : A Reply to Piers Stephens', *Environmental Politics*, 10/3, 23-42.

World Commission on Environment and Development (1987), *Our Common Future*, Oxford, New York : Oxford University Press. 環境と開発に関する世界委員会編『地球の未来を守るために』(大来佐武郎監修—環境庁国際環境問題研究会訳), 福武書店, 1987年.